Introduction to Microbial Ecology

(Second Edition)

WEISHENGWU SHENGTAIXUE DAOLUN

微生物生态学导论（第二版）

陈声明　吴甘霖　编著

高等教育出版社·北京

内容简介

本书涵盖了微生物生态学基本内容，主要包括微生物生态学的基本原理，自然界中的微生物种类及其多样性，极端微生物的类型及开发意义，微生物种群的相互作用，微生物群落的发展与演替，微生物与生物地球化学循环，环境因子对微生物的影响，微生物与动植物的相互关系，微生物分子生态学，微生物生态学的研究方法、技术及其应用，还介绍了微生态学与微生态制剂等，尤其是极端环境中的太空微生物和微生物分子生态学与研究技术以及基因芯片技术等最新前沿知识。

本书取材新颖，编排合理，结构紧凑，内容丰富而精练。可作为生命科学、生物技术专业及农林、畜牧、医学等领域研究生的教科书，是硕士生专业必修课和博士生选修课的教材，还可以作为从事微生物生态学研究人员的参考用书。

图书在版编目（CIP）数据

微生物生态学导论 / 陈声明，吴甘霖编著.--2版.--北京：高等教育出版社，2015.8（2018.7重印）
ISBN 978-7-04-042947-3

Ⅰ.①微… Ⅱ.①陈… ②吴… Ⅲ.①微生物生态学 Ⅳ.①Q938.1

中国版本图书馆 CIP 数据核字（2015）第123639号

策划编辑 柳丽丽　责任编辑 柳丽丽　封面设计 王凌波　版式设计 王艳红
插图绘制 尹文军　责任校对 刘娟娟　责任印制 毛斯璐

出版发行	高等教育出版社	网　址	http://www.hep.edu.cn
社　址	北京市西城区德外大街4号		http://www.hep.com.cn
邮政编码	100120	网上订购	http://www.landraco.com
印　刷	三河市华骏印务包装有限公司		http://www.landraco.com.cn
开　本	787mm×960mm 1/16		
印　张	16.5	版　次	2007年3月第1版
字　数	350千字		2015年8月第2版
购书热线	010-58581118	印　次	2018年7月第2次印刷
咨询电话	400-810-0598	定　价	49.00元

物 料 号 42947-00

第二版前言

本书自出版以来，在一些高校的生命科学学院引起了较大的反响，被选作为教材或主要参考书，尤其是重点大学的微生物学专业研究生考试的指定参考书，具有一定的社会效应。

本书第一版出版距今已有 8 年，微生物生态学领域的研究突飞猛进，特别是分子生态学的发展和微生物组学研究的深入，相关领域取得了飞速发展，亟须对本书的部分章节进行修订，增加某些新内容和新知识。为此，我们组织力量，重新审核书中的内容，尤其是对第九章、第十二章和第十三章根据学科发展进行了修改和补充，主要涉及人体微生态学的新知识、新方法和新技术，特别是对人体微生物组学的发展进行了补充。此次修订工作具体分工如下：第一章至第八章及第十三章由吴甘霖（安庆师范学院生命科学学院教授，院长）编著、修改；第九章至第十二章由陈声明（浙江大学生命科学学院教授，博导）编著、修改。尽管我们力求精品，但由于该学科领域的发展实在太快，限于我们自身的学术水平，书中难免会有遗漏和不足，企盼同行专家、学者和广大读者批评指正。

本书第一版出版时吴甘霖、陈海敏和周旭辉几位老师做了大量工作，当时由于他们工作单位的变动或在国外攻读博士等原因，在署名时放在次要位置，尤其是吴甘霖、周旭辉，连署名也没有，这次再版时，陈海敏和周旭辉两位老师自愿放弃署名，在此表示歉意和感谢。

本书再版得到安庆师范学院的大力支持与资助，在此深表感谢。

今年正值我校微生物学科创建、发展的前辈之一——钱泽澍先生九十寿诞，我们后辈以本书的再版向他老人家献礼，祝他健康长寿！

陈声明 于杭州

第一版序言

微生物生态学是研究微生物与其环境相互作用规律的学科。

微生物是一大群不同类型的微小生物的统称。它们包括非细胞形态而依靠其寄主生物进行繁殖的噬菌体和动植物的病毒,原核生物的古菌和细菌以及低等真核生物的真菌、藻类和原生动物。微生物的共同特点是形体小,大多肉眼难见,因而不易引起人们的注意。但它们种类繁多,而且广泛分布于自然界:上至高空,下达海底,从南极到北极,从高山到平原,从陆地到水域,从生物体内到体外,特别是在一般真核生物不能生存的极端环境中(如强酸、强碱、高温、高压、高盐、无氧或强辐射)都滋生着与之相适应的微生物。因此,微生物生态学的研究范畴比动、植物生态学的更为广阔,既要介绍一般生物生态学的共性原理,也要介绍生存于各种特殊环境中的微生物生态学的特点。

这本《微生物生态学导论》是陈声明教授和林海萍博士等在多年从事微生物生态学教学和科研的基础上编写的。该书涵盖了微生物生态学基本内容,主要包括微生物生态学基本原理,自然界微生物种类及其多样性,极端微生物类型及其开发意义,微生物种群相互作用,微生物群落发展与演替,微生物与自然界的物质循环,环境因子对微生物的影响,微生物与动植物间的相互关系,微生物分子生态学,微生物生态学研究方法、技术及其应用等。该书取材新颖,编排合理,结构紧凑,内容丰富而精练。可供相关专业大学生和研究生以及科研人员学习和参考。

中国农业大学微生物学系教授　中国科学院院士

2006年9月25日,于北京

第一版前言

微生物生态学(microbial ecology)是生态学的一门重要分支学科,同时也是微生物学的一门重要分支学科,它是由生态学和微生物学相结合而产生的一门边缘学科。它是研究微生物与其环境之间相互作用规律的学科。主要研究微生物的分布、种群组成、数量和活力与环境的关系,以及微生物之间及其与高等有机体之间的相互关系。

近代生态学的研究推进到了生态系统生态学的水平,生态系统生态学从生态系统的整体出发来考察系统中生物之间、生物与环境之间的生态关系,形成了生态系统、食物链、食物网、能量流、物质循环、信息传递以及生产者、消费者、分解者的新概念和新的理论框架,而微生物是生态系统的重要成员,特别是作为分解者分解环境中的有机物,对生态系统乃至整个生物圈的能量流动、物质循环发挥着独特的、不可替代的作用。近几十年的科学技术、社会经济迅速发展相伴而来的是环境问题——环境污染和生态破坏。微生物降解污染物的巨大潜力在控制污染,修复污染环境中发挥着重要作用。另外,微生物对植物生长的促进和其他有益作用,有助于缓解生态破坏,恢复受损生态系统。正是由于微生物在生态系统中的这些至关重要的作用,使得微生物生态学越来越受到重视。

生态学在生命科学中是一门新兴的学科,而微生物生态学更是一门年轻的学科,充满无限的生机和无穷的活力。微生物生态学的发展经历了始前阶段、初级阶段、确定阶段和现代阶段等四个发展阶段,正在朝向纵深发展,国内很多研究机构和高等院校正在努力把微生物生态学的发展推向学科前沿的现代水平。

林海萍博士在浙江大学读硕士时,开始主攻微生物生态学方向,后与指导老师陈声明教授(博导)和张立钦教授(博导)共同进行微生物生态学的教学,经多年的积累和总结,将研究生教学的讲义予以整理,应运而生。

本书是集多位教授、专家长期从事微生物生态学教学和科研经验的总结。在编写过程中既注重保留传统的经典的基础理论和基本技术,又尽量捕获科学前沿的现代先进知识和近代生物技术。本书涵盖了微生物生态学基本内容,主要包括微生物生态学基本原理,自然界微生物种类及其多样性,极端微生物类型及开发意义,微生物种群相互作用,微生物群落发展与演替,微生物与生物地球化学循环,环境因子对微生物的影响,微生物与动植物间的相互关系,微生物分子生态学,微生物生态学研究方法、技术及其应用,还介绍了微生态学与微生态制剂等,尤其是极端环境中的太空微生物和微生物分子生态学与研究技术以及基因芯片技术等最新前沿知识。

本书可作为生命科学、生物技术专业及农林、畜牧、医学等领域研究生的教科书,是硕士生专业必修课和博士生选修课的教材,还可以作为从事微生物生态学研究人员的参考用书。

根据中华人民共和国国家科委与俄罗斯科学部1995年7月18日的协议,浙江大学同俄罗斯国家应用微生物学科学中心进行"微生物抗冷冻干燥生理生化机制的研究"的合作项目。陈声明教授、张立钦教授和林海萍博士等与该中心生态生物工程部、植物保护部多位教授、博士进行生态保护、植物保护的全面合作,已获得中国国内两个"948"项目的资助。

俄方的合作伙伴有:俄罗斯国家应用微生物学科学中心主任Urakov N.N.院士,副主任Volkov V.Ya.教授;俄罗斯科学院微生物生化生理研究所中试部主任Samoilenko V.A.博士;莫斯科国立大学生物系普通微生物学教研室主任Alexander I.V.教授;季米里亚捷夫农业科学学院农业与生物化学教研室主任Jagodin B.A.院士;圣彼得堡大学生物与土壤学系主任Gorlinskii I.A.教授,微生物教研室主任著名学者Gromov.P.V.教授。

随着与俄方进行学术互访和交流,目前正在深化合作内涵,扩大合作范围,准备互派留学生,共同培养研究生,试图将俄方生态学和微生物生态学教材和著作引进国内并予以翻译。将我们的教材和著作译成俄文,输出至俄方。

尽管编写中力求做到全面系统,但是本书涉及面宽,难免有疏漏之处,企盼同行和读者提出宝贵意见。

本书编写分工如下:陈声明(浙江林学院兼职教授、浙江大学教授)编写大纲和前言,全书统稿;林海萍博士(浙江林学院)编写大纲,全书统稿;张立钦教授(浙江林学院副校长)编写大纲和全书统稿;寿森炎教授(浙江大学)编写第一、三、八、十二和第十三章;陈海敏博士生(浙江理工大学)编写第五、七及第九至十一章;吕琴博士(浙江大学)编写第二、四、六章。另非常感谢宣瑛硕士(浙江大学);林英硕士(北京师范大学);徐田红硕士(杭州市第三医院);魏建华硕士(吉林大学);罗依惠博士(浙江大学);陈国东、刘持正、樊琳和许昕昕(浙江林学院)等为本书所做的部分工作。

本书在编写过程中,得到了浙江大学微生物研究所所长、长江学者、特聘教授冯明光教授和浙江工业大学微生物学专家裘娟萍教授的支持和帮助,特别有幸邀请到中国科学院院士李季伦先生为本书作序,在此一并感谢。

还要特别提出感谢的是浙江林学院森林保护重点学科和浙江林学院副校长张立钦教授,浙江理工大学生命科学学院院长张耀洲教授和浙江大学园艺系寿森炎教授的大力支持和资助。

向安庆第一中学百年校庆、浙江林学院五十年校庆、浙江理工大学一百一十年校庆、浙江大学一百一十年校庆献礼。

陈声明

2006 年 9 月 30 日

目　录

第一章 生态学与微生物生态学

第一节 生态学

一、生态学的定义

地球上的一切生物都是在极其复杂的条件下,经历了漫长的地质变迁、气候变化、冰川袭击和生物之间的竞争等无数次考验才幸存下来的。它们的形态、生理、行为特点都是与它们生存的特定环境相适应的,它们同周围的环境相互联系、相互依存、相互协调,通过繁衍后代,才得以生存和发展。

生态学(ecology)就是研究生物与其周围的生物与非生物环境之间相互作用规律的科学。这里所指的周围环境有两个明显区别的部分,即无机环境和有机环境。无机环境是指温度、光、水分、空气及土壤等的物理和化学因素。有机环境是指来自其他生物的任何影响,如竞争、捕食、寄生和共生等。这就是说,生物的生存、活动不仅受环境中无机因素的影响,而且和环境中的其他生物有着密切的关系,即生物之间彼此互为环境条件。生物与环境之间的相互关系不仅表现在生物受环境的影响,而且生物通过自己的生命活动,可以影响甚至改变周围的环境,表现出动态平衡的关系。生态学是生物科学的一个重要分支与基础学科之一。

生态学一词,由希腊文"oikos"和"logos"两个词的词根组成,前者意为"居住地"或"住所",后者是指"研究"或"科学",从字面上来看,生态学意为生物的科学。最早使用这个词的是德国生物学家海克尔(E.Haeckel)。

后来许多学者对生态学也作过各种解释,可以说是众说纷纭,但一般可归纳如下 6 个方面。

① 生态学是研究包括人类在内的生物与环境相互作用规律的科学。

② 生态学是研究生物与生物以及生物与自然环境相互作用及其动态规律的科学。

③ 生态学是研究人类活动与社会环境和自然环境之间相互作用规律的科学。

④ 生态学是研究包括人类在内的生态系统与地理环境系统之间物质循环和能量流动规律的科学。

⑤ 生态学是研究生物在自然因素及人为因素作用下,在数量变化、空间分布及生理功能方面适应环境变化的科学。

⑥ 生态学是研究自然景观的形成及其动态规律的科学。

以上的定义都反映了不同的侧面。从长远来看,对这个内容广泛的学科领域,最好的定义可能是最短的和最不专业化的,如可定义为环境的生物学。而至今为大家所广泛采用的定义为生态学是研究生物与其周围的生物与非生物环境之间相互作用规律的科学。

生态学概念的确立标志着人类对自然生态规律的认识发展到了一个新的阶段,然而生态学的现象和知识却是生物有史以来就存在的。它反映自然界生物生存、发展和进化的必然规律,表现为生物与环境之间协同进化的过程。

二、生态学的研究内容

生态学由其定义可见,它不仅涉及生物之间的相互关系,其研究内容还包括生物与非生物之间的相互关系。前者包括种群内和种群间关系,后者包括非生命物质,如土壤、水体、空气、温度、湿度和光等。

生态学在很广的尺度上讨论问题,从个体分子到全球生态系统,但对于四个明显可辨别的、不同尺度的亚部分有特殊的兴趣,它们是个体(individual)、种群(population)、群落(community)与生态系统(ecosystem)。具体为以下 4 个方面。

① 探讨个体对其环境的反应。

② 研究单个物种的种群对于环境的反应,并探讨诸如多度(abundance)及其波动等的过程。

③ 群落(出现在确定面积中的种群集合)的组成和结构。

④ 生态系统(群落与环境的非生物成分的结合)内的各种过程,例如,能流、食物网和营养物的循环等。

在每个尺度上,生态学家感兴趣的对象是有变化的。在个体水平上,个体对环境(生物的和非生物的)的反应是关键项目,而在单种种群水平上,多度与种群波动的决定因素是主要的。群落是给定领域内不同种种群的混合体,生态学家的兴趣在于决定其组成和结构的过程。生态系统包括生物群落和与之关联的描述物理环境的各种理化因子联成的复合体。在这个水平上生态学家感兴趣的项目包括能流、食物网和营养物循环。

同时,生态学的研究内容并不局限于"自然系统",了解人类对自然的影响和人工生态系统(例如农田)也是生态学研究的重要领域。

三、生态学的分类

生态学作为一门学科有自己的体系。

生态学以生物群落来分，有植物生态学、动物生态学和微生物生态学（microbial ecology）。而每一个门类中，又可以按更小的类群细分，例如，在动物生态学中又有昆虫生态学、鱼类生态学、鸟类生态学和兽类生态学等。在微生物生态学中又有水域微生物生态学、土壤微生物生态学、草原微生物生态学、森林微生物生态学和工业微生物生态学、农业微生物生态学与医学微生物生态学等。

生态学从其研究的内容来看，则各有其特点。例如，有的是研究自然环境不同区域范围中环境因素和生物的关系，谋求提高生物的生产力和改善环境条件，因而形成了诸如森林生态学、草原生态学、海洋生态学、淡水水域生态学以及以人工控制为主的农业生态学等。

生态学也可按其研究对象的不同来划分。行为生态学（behavioral ecology）关心动物行为模式的解释。生理生态学（physiological ecology）探讨个体的生理及其对于功能与行为的后果。特别强调进化对于现有模式的影响是进化生态学（evolutionary ecology）的焦点。利用分子生物学方法研究生态学问题产生了一个新的分支——分子生态学（molecular ecology）。另外还有个体生态学（individual ecology）与群体生态学。后者包括种群生态学（population ecology）、群落生态学（community ecology）和生态系统生态学（ecosystem ecology）等。

各类群的生态学和纵向发展的生态科学的四级水平以及各种自然环境的生态研究相互交错、相互联系，形成了自己独特的学科体系，而且从各个方面与工农业生产和建设紧密联系。

四、生态学的发展

从生态学的发展来看，在生态学名词提出之前，在人类历史的早期，人们就已经为了某些实际目的而与生态学建立了密切的关系，人们常常在自己没有意识到的情况下进行着生态学的研究。约在公元前 200 年以前，我国的古籍《管子·地员篇》中就已记载了江淮平原上沼泽植物的带状分布与水文地质的关系。在 18 世纪和 19 世纪生物学复兴时期，许多科学家也致力于生态学的研究。例如：列文虎克曾经开创“食物链”和“种群调节”这两个现代生态学重要领域的研究。约从 1900 年开始，生态学被公认为是生物学的一个独立领域。到 20 世纪 50 年代，生态学已发展成为一门具有明确理论基础和特殊方法论的学科。特别是近 50 年来，由于科学技术的突飞猛进，世界各国工农业的不断发展，各地大力开发自然资源，工业三废（废水、废气、废渣）和农业化肥、农药等造成了日趋严重的世界范围的环境污染，已经到了直接威胁人类生存、非解决不可的时刻。

同时还有能源危机、人口爆炸和动植物相继灭绝等问题的加剧给社会带来了沉重的压力。正是解决这些问题的迫切性,推动了生态学的发展,使其成为当代最活跃的学科之一,它的观点正在深入到许多自然科学和社会科学领域,而且将进入成熟阶段,其发展趋势大致可以归纳为以下 6 个方面。

① 信息生态学的兴起。

② 模型在生态学中的广泛应用。

③ 与社会经济学的密切结合。

④ 重视全球性的生态功能。

⑤ 植被科学——动态模型化。

⑥ 加强微生物生态学的研究。

由此可见,生态学与人类的关系极为密切,近年来,在一些国家"生态学"已成为一个普通的词汇,几乎每个人都深刻地认识到,生态学研究对于创造和保持高水平的人类文明是必不可少的,因此受到普遍重视,并得到较快发展。

第二节 微生物生态学

一、微生物生态学的定义

在生态学所研究的生物与环境之间相互作用中,微生物占有极其重要的地位,它在自然界中起着生物媒介物的作用,将地球上的一切非生命组分与所有其他生物联系了起来。绿色植物与藻类利用太阳能将无机物质转化为有机物质,成为建造活细胞的材料,这些活细胞又是所有其他生物的主要营养来源,但随着生物的衰老、死亡,又会留下一具具尸体。如果没有微生物的作用,可以设想,不用很久,地球表面的动植物尸体就会堆积如山,而氮、磷等重要元素,也将很快被耗尽而无法再加以利用。又如在土壤或水中,要是营养成分投入过多,或某些有毒化学物质进入其中,常常会刺激或抑制某种或某几种微生物的生长而造成灾难。例如氮肥流失而进入饮用水池,经过细菌的作用就会被氧化而生成有毒的硝酸盐或亚硝酸盐。可见微生物与其环境(包括生物与非生物)之间的关系是何等密切,相互之间的影响又是多么深刻。

近代生态学的研究已推进到生态系统生态学的水平,生态系统生态学从生态系统的整体出发来考察系统中生物之间,生物与环境之间的生态关系,形成了生态系统、食物链、食物网、能量流动、物质循环、信息传递以及生产者、消费者、分解者的新概念和新理论框架,而微生物是生态系统的重要成员,特别是作为分解者分解环境中的有机物,对生态系统乃至整个生物圈的能量流动、物质循环发挥着独特的、不可替代的作用。近几十年的科学技术、社会经济迅速发展,相伴而来的是环境问题——环境污染和生态破坏。微生物降解污染物的巨大潜力在控制污染、修复污染环境中发挥重要作用。另外,微生物对植物生长的促进和其他有益作用,有助于缓解生态破坏,恢复受损生态系统。正是由于微生物在生态系统中的这些至关重要的作用,使得微生物生态学越来越受到重视。

微生物生态学(microbial ecology)是生态学的一个重要分支学科,同时也是微生物学的一个重要分支学科,它是由生态学和微生物学相结合而产生的一门边缘学科。它是研究微生物与其环境之间相互作用规律的科学。主要研究微生物的分布、种群组成、数量和活力等与环境的关系,以及微生物之间及其与高等有机体之间的相互关系。

由于微生物的个体微小,微生物所处的环境也是微小的,以致对微生物的真实环境常常难以定义和测量。因此,在微生物生态学中,除了有大环境(macro-environment)外,还有小环境(microenvironment)。小环境是指紧密围绕微生物细胞的环境,与大环境相比,小环境与微生物细胞的关系最为密切,对微生物细胞的影响最大。某个小环境往往只适合某类微生物的生长和繁殖,而不适合其他微生物的生长。甚至在同一大环境的不同小环境中,存在着不同微生物的群体结构。因而在微生物生态学中,对小环境的研究具有十分重要的意义。

在自然界中,微生物几乎都是以群体的形式存在。由于微生物种类多、特异性强、分布广、世代时间短和比表面积大等特点,使之可以与环境因子充分作用,能更好地适应环境和修饰环境。因此,微生物群体结构的特征具有指示某种特定环境的意义,以及具有人为修饰某种环境的可能性。所以在微生物生态学中,研究微生物群体与环境的相互关系尤为重要。

微生物生态学是一门综合性很强的学科,涉及自然科学的广泛领域。它以微生物学知识作为基础,包括微生物分类学、微生物生理学、微生物遗传学等。同时,由于微生物生态学是研究微生物与环境之间相互关系的科学,不仅要有土壤学和土壤微生物学的知识,而且还要有森林学、气象学、生态学、环境学、植物学、动物学和发酵工艺学等方面的知识。而作为应用科学的污染微生物生态学,更是与社会科学有着广泛的联系,它包括了相当广泛的由多个学科相互渗透所产生的许多新学科,例如,农业微生物生态学、工业微生物生态学、医学微生物生态学及兽医微生物生态学等。

二、微生物生态学的研究范畴和方法

微生物生态学的研究内容极为广泛和丰富,尤其是20世纪50年代后,随着人口剧增、能源紧张和环境污染的危机不断加剧,研究全球性物质和能量的流动规律成为世人瞩目的课题,这就进一步推动了微生物生态学的发展,使它的研究内容不断丰富,研究水平不断提高。在生态系统中微生物占有特别重要的地位,因为它是物质循环和能量流动的重要参与者之一。微生物在生态系统中既是分解者,又是生产者,具有供能、储能,而且具有把能量从一种生物传递到另一种生物的功能。在生态系统的食物链中,微生物是不可忽视的重要环节。

(一)微生物生态学研究范畴

微生物生态学广泛和丰富的研究内容可概括为以下几个方面。

1. 微生物行为生态学

微生物行为生态学又叫微生物个体生态学。它是以某种微生物为研究对象,研究它与周围环境的相互关系。例如,研究营养、温度、水分对微生物分布、生长繁殖、活动等的影响,以及微生物在生理机能上对环境产生的反应和调节等。

2. 微生物种群生态学

微生物种群生态学研究微生物种群间,以及微生物与周围环境之间的相互关系。例如,微生物种群间的共生、互生、竞争、拮抗等关系以及研究微生物种群在环境中的结构、消长、活动、调节和演替等及其与动植物之间的相互关系。

3. 微生物群落生态学

微生物群落生态学是研究微生物群落与其生存的环境之间的相互关系。例如,研究各生态系统中微生物群落的特征、组成、功能和演替规律,以及各类微生物在群落中的地位和作用。

4. 微生物生态系统生态学

微生物生态系统生态学是研究微生物在不同的生态系统中的结构与功能,以及微生物在生态系统中的物质循环和能量流动中所起的作用,阐明微生物在生态系统中的作用与地位。

5. 土壤微生物生态学

土壤微生物生态学是陆地生态系统研究中最重要的组成部分。在森林生态系统、草原生态系统、沙漠生态系统以及农田系统等的研究中,土壤微生物的生态分布以及在土壤物质转化中的作用;土壤微生物的群落分布和动物群落之间的相互关系,包括共生、联合、拮抗等的影响以及土壤微生物在土壤中的“能量平衡”,特别是碳和氮平衡中的意义和重要性等,都是土壤微生物生态学研究的重要课题。

6. 水域微生物生态学

水域微生物生态学研究水域生态系统中(包括海洋生态系统、淡水生态系统、湖泊生态系统等)物质的生物地球化学循环,微生物在海洋和淡水生物食物链中的作用和意义,微生物与水生生物之间的相互关系,海水和淡水的自净及水的富营养化的形成和防治等。

7. 污染环境微生物生态学

微生物在污染环境与保护环境中起着重要的作用。因此,微生物生态学的研究已为微生物污染和修复环境提供了有价值的理论基础和经验,成为污染生态学不可分割的一部分。

污染环境微生物生态学主要研究污染后的环境中的微生物群落结构及微生物与环境污染物质的相互关系,即污染物在微生物生态中的代谢转化及在食物链中的富集和转移过程;研究微生物降解有机和无机污染物的能力;研究土壤和水体的自净能力和代谢控制;研究污染物对人畜健康的危害和微生物在污染治理、环境保护和环境修复中的作用;研究空气的污染、流行病原微生物的传播和防治等。

8. 水处理微生物生态学

水处理微生物生态学研究水处理构筑物中微生物群落的结构和功能,以便控制和提高处理效果。一般着重研究好氧处理的微生物生态,研究表面曝气池、生物转盘、生物滤池等水处理构筑物以及氧化塘的好氧微生物种类、菌群及其功能。其中以活性污泥法研究得最多,主要研究菌胶团形成的理论、活性污泥膨胀、活性污泥细菌和活性污泥生态系统模拟等。

9. 极端环境微生物生态学

在异常或称极端环境下,微生物为了适应环境,必须对其遗传特性和适应机能进行修饰和改造,使其组织机能具有一定的特异性。这种自然选择,推动了生物的进化。

极端环境一般包括高盐环境、高低温环境、高酸和高碱环境、高压环境和其他特殊的环境,如火山地、沙漠、地下的厌氧环境、原子炉高放射性环境等。

极端环境微生物生态学主要研究异常环境下的微生物物种生态和微生物适应异常极端环境,如高温、高盐、高压和低温等的机制。对极端环境微生物适应机制的研究可促进微生物生化生态学的形成和发展,为开发新的微生物资源和进行生物进化理论的研究提供重要依据。

极端环境微生物生态学研究一般从两方面进行,一是研究微生物物种生态,即研究微生物物种生态位的分布,以及新种的形成过程;二是研究微生物适应极端环境条件的机制。也就是说,极端环境微生物生态学主要研究微生物物种生态位的分布,在极端环境下这些种类是如何形成的,以及它们怎样适应极端环境。

极端环境下的微生物生态学的研究已涉及宇宙微生物生态学问题。探求地球之外是否有生命存在,微生物是重要的研究对象之一。人类已登上月球,对火星上生命的模式试验也正在开展。

10. 工业微生物生态学

工业微生物生态学主要是在人为控制的生态环境(包括反应器)中,研究微生物的生长发育和代谢活动与环境条件的相关性。生物工程与生态工程有着密切联系,用微生物生态学观点去研究发酵工程、酶工程、细胞工程以及遗传工程也已引起更多研究者的关注。

工业产品的主要原料和成品对环境中微生物的吸附,在一定条件下微生物的生理活动造成对工业产品的严重损害。人类赖以生存的食品以及其他许多生活、生产资料都是微生物生长的潜在基质,可以在不同程度上被微生物所利用:在加工、包装、运输和储藏等过程中,都可以被霉菌、细菌、酵母菌等微生物污染,在合适的温、湿度条件下迅速生长。在大多数情况下,微生物对这些物质的作用导致酸败、腐败及霉腐,甚至常常产生各种毒素而引起人或畜禽食物中毒或癌变。消除微生物或抑制有害微生物的代谢活动,特别是应用微生物生态学原理抑制有害微生物的活动是防止食品、材料腐败变质的重要方法。

11. 医学微生物生态学

由于流行病病原微生物的传播与生态环境条件有关,特别是所谓"悉生生物"在微生物研究中的应用和发展,使医学微生物生态学的研究也有了很大的发展。

12. 农业微生物生态学

在自然界某一环境下,微生物群落结构中各类微生物种群的生理生化特征和微生物种的特征是使微生物生态系统具有一定稳定性的理论基础。在相对稳定的生态系统中,环境对微生物群落结构的影响及微生物群落对环境的影响是相互适应的。因此微生物群落既具有一定的稳定性,又具有自动调节的功能,这就是说,既由于环境中各种限制性因子的作用而具有多样性,又因其适应机制而具有可塑性。因而,人为地修饰某系统结构可使它成为对人类产生最高效率的最优化结构。这在农田生态系统、森林生态系统、草原生态系统、淡水生态系统和海洋生态系统等的研究中已引起高度重视。微生物生态学与农业、林业、渔业、牧业以及农产品加工业等行业都有密切的关系,所以,目前已被广泛地应用于农业生产实践。

微生物生态学在农业上最常见的是在林木地真菌共生营养和植物土传病原菌生态防治以及在土壤肥料、畜牧业和饲养业中的应用。

(二) 微生物生态学的研究方法(详见第十章)

由于微生物个体微小和肉眼不可见等特点,研究微生物生态学时,在研究方法上就存在一定的困难和特殊性。微生物生态学所涉及的主要是复杂生态系统中的结构与功能,实验室的纯培养方法尽管在一定程度上可以研究自然环境中的微生物,但并不能完全揭示它们的组成和活动,因此需要发展自然状态下的研究方法,这种方法称为原位研究法,包括原位观察、微生境模拟技术应用与现代分子生物学技术应用等。具体来说,如研究微生物与环境的相互作用时,往往是将微生物在试管中和培养皿内得出的有关增殖和机能的数据移到自然界,于是就存在着技术上和理论上的问题。因此,需要探索近似自然界的培养条件,研究培养条件下与自然条件下微生物性质的异同;建立采集微生物样品的合适方法;探索测定生态系统中微生物群体活性的方法,以及建立生态系统模型,发展数学生态学等。

除此之外,还有草原微生物生态学、石油微生物生态学和农业微生物生态学方面的研究内容也日益受到重视。

三、微生物生态学的任务

微生物生态学的任务是探索微生物在不同环境中的分布及其生活和活动的规律,探索微生物的代谢功能及其在自然界物质循环和转化中的作用,探索微生物对污染物质降解和在环境修复中的机制,探索微生物与高等动植物之间以及微生物相互之间的关系等。掌握这些知识和规律可以为改造自然、开发资源、发展生产、保持生态平衡、改善环境及防治病害等提供理论基础和实践依据,也就是为保障人类生活和发展工农业生产服务,为经济建设服务。

微生物生态学是研究微生物与其生活环境之间相互关系的学科。所谓环境,通常是指自然环境。在生态学的范畴内,环境也包括城市和工业的综合环境,这是因为随着工业的发展,已经几乎没有不受人类生产活动影响的自然环境了。

微生物生活的生态环境大的可以分为生物圈、生态系统,小的可以是一个微生境、一个反应器。由于微生物的比表面积,即面积与体积之比,远大于动物和植物的比表面积,使环境因子可与之充分作用。微生物对温度、光、pH、有机及无机营养物、二氧化碳、氧气和水等在一定程度上比较敏感,比同一环境下的动植物更能适应环境,因而在各方面起着重要的作用。同时,微生物还有世代时间短、特异性强、种类多和分布广等特点,是研究生物与环境之间相互关系的理想材料,也是改造自然的有力武器。例如,研究和探索自然生态系统中微生物的结构和功能以及在生态系统物质和能量转化中的作用和规律,可以对生态系统的质量评价和改造提供微生物学的依据。对自然环境中存在的微生物的生态分布和活动的调查研究,可以为保存和开发有益的微生物资源、防治动植物病虫害和发展生产提供科学依据。研究微生物对污染物质的代谢、转化、降解以及对环境的自净作用,对于了解微生物种间的平衡、污染物对人类健康的危害,对生产力的影响,发展生物治理技术以及保护和修复环境等都具有重要的意义。

在生物圈和生态系统的物质循环和能量流动中,微生物既是食物链中的生产者，又是营养物质的分解者和转化者，还是物质和能量储存的保存者，在生物地球化学循环中起着重要作用。

微生物不仅在污染物的生物监测和环境质量的生物评价中有重要意义，而且在消除污染、净化环境等方面，特别是对大量人工合成化合物的降解和转化中，微生物也发挥着巨大的作用。

在微生物与动植物相互关系以及利用微生物进行生物防治的研究和应用方面，也显示了微生物与人类的密切关系和微生物生态学研究的重要性。在实践中人们逐渐认识到需要加强微生物生态学基础理论的探索以及研究方法和实验技术的进一步提高和完善。

国际上自 20 世纪 60 年代开始，出现了世界性的四大社会问题，即人口、粮食、能源和环境等问题。目前这些问题不仅未得到较好的解决，而且其中有的还在恶化。这些问题的突出程度以及它们之间的相互联系或因果关系，各国有所不同。如何去预测这些问题的发展趋势，并进而找出解决途径，是自然科学家和社会科学家的共同任务，尤其是当代生态学家面临的重大课题。

研究自然环境中微生物群体的结构、功能与动态，研究微生物在不同生态系统物质循环和能量流动中的作用与机制，可为环境质量综合评价提供微生物生态学参数。同时，可以查明自然环境中存在着的微生物天然资源，为保存和开发利用有益微生物提供科学资料，并为防止生态系统失调和破坏，为保护人类赖以生存的自然环境和自然资源提供微生物生态学依据，使微生物在生态系统中能更好地发挥作用。

在污染日趋严重的情况下，通过研究微生物与环境中污染物的关系，查明各种污染环境对微生物活动的影响，以及由此而引起的微生物活动对环境质量变化的影响，从而了解微生物影响环境质量的规律，以便更好地采取防治措施。研究微生物对污染物的降解与转化，从而了解微生物修复及改善环境的作用与规律，指导人们更好地利用环境。目前，正着重研究微生物对各种污染物的降解、代谢和转化可能性的探讨，以及作用条件、代谢途径与代谢产物的研究，为解决环境污染物的净化处理问题提供理论依据。这些研究的成果已分别用于污水、石油、农药、化纤原料和重金属等各种污染物的微生物处理工作，其效果都能达到消除污染和保护环境的目的。

总之，微生物生态学的任务是掌握自然规律，更好地发展生产，保护环境，造福于人类。

四、微生物生态学的发展

微生物生态学作为一门学科，正式形成的时间不长，但其发展迅速，在现代生态学中已是活跃的前沿学科之一。

微生物生态学的发展经历了四个阶段。

1. 微生物生态学的始前阶段

人类涉及微生物生态学方面的活动和研究还是比较早的。在公元前,人们就已开始利用微生物进行谷物酿酒,或用干燥、盐腌制等方法储存食物、防止腐败。在微生物学的发展中,也先后开展了微生物与环境相互作用的研究。这是人类对微生物生态学研究和应用的开始。

早在 16 世纪,已有许多学者对一些自然现象、生物的形态和习性以及生物间的关系进行观察和记载,并有一些关于生态学方面的著作问世,这些都为 19 世纪 60 年代生态学概念的提出和生态学的发展打下了基础。到了 20 世纪,生态学已经成为一门独立的科学,这些年来,随着困扰人类的人口、粮食、能源和环境四大问题日益突出,生态学受到普遍的重视,并得到迅速的发展。

微生物生态学与动物生态学和植物生态学相比,发展比较晚。19 世纪中叶,一些学者注意到了微生物与周围环境的相互关系以及微生物在自然界物质转化中的作用。

2. 微生物生态学的初级阶段

早在 19 世纪,有关微生物生态学方面的研究就比较活跃。法国著名的微生物学家巴斯德(L.Pasteur)在 1837—1885 年研究了发酵与腐败的特性和过程,探讨了环境因子对微生物的影响和在不利条件下微生物的存活和微生物的演替等。1857 年,他发现乳酸发酵是由微生物引起的,并指出微生物在有机质的降解中起着重要作用。Schloesing 等(1871—1879)发现了污水内的铵在通过沙柱期间被氧化成硝酸盐,他指出土壤里有硝化作用的有机体存在。俄国土壤微生物学创始人维诺格拉斯基(S.Winogradsky)在 1890—1893 年进行了广泛的研究工作,并开始重视微生物生态学的内容。他在 1890 年从土壤中分离出硝化细菌,发现了微生物的另一大类,即自养微生物,提出了模拟土壤环境、研究土壤微生物的特殊方法。他强调要研究土壤微生物的活动应该研究土壤的物理和化学本质。维诺格拉斯基的工作涉及土壤生物学的很多领域。

到了 20 世纪,荷兰学者贝叶林克(M.W.Beijernck)于 1921 年成功地从土壤中分离出好氧性自生固氮菌。他认为,用生态学的方法研究微生物,应该包括两个互补方面,即研究有机体的发育条件和在已知的人工或野外条件下发现新的有机体。瓦克斯曼(S.A.Waksman)于 1927 年在他的《土壤微生物学原理》一书中,系统地阐述了微生物在土壤形成中的作用以及微生物的活动与土壤环境之间的关系。霍洛德尼(N. Cholodny)1930 年在直接改进土壤微生物方面发展埋片法,为研究自然环境中的微生物提供了新技术。Rossi 等(1930—1936)发展了埋片技术,为研究自然环境中的微生物提供了原位观察的方法。Gause 等(1934)进行了种群动态的研究,他们在大草履虫(*Paramecium caudatum*)和双环栉毛虫(*Didinium nasutum*)种群方面的著名实验,揭示了自然界种群间某些捕食关系的种群特征。同期,Kluyver 等研究了与物质循环过程有关的微生物代谢。Waksman 等研究了土壤、淤泥沉积物和湖泊、海水内单个细菌类群的分布,并指出了微生物在这些环境生化过程中的作用。Winogradsky 进一步指出,自然界内微生物区系的活性不是单个过程构成的,而是代表一个自我调节的过程,微生物的功能因为竞争基质以及环境的物理化学条件而受到限制,因此对微生物进行实际过程的研究,不仅要考虑单个微生物种群,更重要的是研究自然环境内具有整体活性的微生物群落。以上这些研究从各方面推动了微生物生态学的发展。

3. 微生物生态学的确立阶段

1960 年前后,微生物生态学才发展成一门独立的学科,微生物生态学这一名词也是 20 世纪 60 年代早期才开始经常使用。所以说,微生物生态学的确立是近五十多年的事,在这短短的时间里,微生物生态学的发展成为一门独立的分支学科。

环境污染的日益加剧,促使人们对环境与生态问题特别关注。目前环境污染的主要问题是:微生物不能迅速地完全降解人工合成的污染物;清洁剂和肥料流失引起湖泊富营养化;辐射和污染物对土壤、水土内微生物循环活性的影响,DDT、汞和其他污染物的生物放大作用,等等。正是对这些问题的研究推动了微生物生态学的发展。如生物放大作用引起人们对食物网相互关系的注意,引起对水体食物网内微生物作为初级生产者重要位置的注意;氮肥不足导致人们对共生和非共生固氮过程的强烈兴趣等。

微生物生态学研究工作者在土壤微生物、海洋微生物、地质微生物和环境微生物等领域做了许多工作,写出了不少专著。米舒斯金(E.N.Mishastin)1956 年从生态学原理出发,阐述了微生物与土壤肥力的关系。克拉西里尼科夫(N.A.Krasilnikov)1958 年论述了土壤微生物与高等植物之间的相互关系。克利斯(A.E.Kriss)1958 年研究了海洋微生物。勃罗克(T.D.Brock)1966 年从生态学角度阐述了微生物与环境间的动力学关系。这些研究已成为发展和利用自然资源的理论基础。由于从事微生物生态学研究工作的队伍有了较大的发展,在 1970 年成立了国际微生物生态学委员会(International Commission of Microbial Ecology,ICOME)。其后,于 1972 年在瑞典乌普萨拉召开了第一届国际微生物生态学会议,这是一次微生物生态学现代方法的国际专题讨论会,这次会议是微生物生态学发展中的重要里程碑。1977 年在新西兰达尼丁召开了第二届国际微生物生态学会议,1980 年在英国考文垂召开了第三届会议,1983 年在美国的东兰辛召开了第四届会议。与此同时,许多关于微生物生态学的专著和杂志相继问世。由此,促进了微生物生态学的学术交流,进而加快了微生物生态学的发展。

4. 微生物生态学的现代阶段

微生物生态学的真正兴起则是近20多年的事。

近20多年来,由于科学技术和经济的飞跃发展,人口增长过快,从而引起了环境退化和非再生性自然资源的快速耗尽。同时,又由于微生物在破坏环境和修复环境中具有决定性的作用,在全球性生态系统的物质循环和能量流动中占有重要的地位。因此,大大加速了微生物生态学的兴起。首先,环境保护方面的呼声促进了人工合成化合物与微生物关系的研究,包括碳氢化合物和石油压力范围内的降解、农药对土壤微生物的影响、气体和重金属的空气污染等。并且,在这同时必然也带动了对非污染微生物生态系统的研究,包括土壤环境中的泥土-腐殖质-微生物的相互作用、碳的矿化作用、土壤和沉积物内氮的矿化作用、有机物质分解期间的微生物演替、硝化作用、反硝化作用、固氮作用、磷循环和海洋的初级生产者等。其次,对火星和月球的探索,推动了对极端陆地环境和极端环境条件下的微生物的研究,试图摸清微生物生长和存活的参数,并由此设计合适的微生物实验去占据这些领域。另外,为了有效地利用农业资源,促使人们了解微生物与植物的相互关系,这包括根系微生物、豆科植物根瘤、菌根、微生物与植物病害的相互关系等。在这个时期,微生物生态学的研究水平可概括为六个方面,即群体水平、细胞水平、分子生物学水平、分子遗传学水平、人工模拟微生物生态系统水平、生态系统分析和数学微生物生态系统水平。每一个水平都在前一个水平的基础上有所提高,研究问题的理论也逐步深入。研究对象从宏观深入到微观,又从微观螺旋上升到说明更复杂的问题,以至成为网络结构的宏观复合系统。这种螺旋上升的研究思维,代表了当前微生物生态学研究的一种趋势。

步入20世纪80年代以来,由于分子生物学技术的引入,加之用于检测和清除环境污染的"工程菌"的构建,计算机技术的普及和各种先进研究方法的应用,使微生物生态学研究得到迅速发展,并被应用于指导工农业生产和人、畜等的病害防治中,微生物生态工程已成为一门前沿学科。

特别是近10年来,微生物生态学领域中出现了许多新内容,涉及诸如极端环境微生物、海洋、大气乃至航天等特定区域的生态环境。从学科领域来看,它与生物化学、地球化学的结合更趋紧密。由于分子生物学的迅速发展和在本学科中的应用,分子生态学成为当前的前沿,微生物则是重要的研究对象。

微生物在环境净化中的作用的研究是一个重点。在河流的自净方面,曾应用同位素示踪技术以研究微生物的生长、繁殖速率,各类微生物的分布、代谢活性、同化与分解作用等,建立了微生物对河水净化的生态模式,从而为水污染的预测预报和市政建设提供有益的生物学理论依据。由于微生物与环境化学、环境地学及环境工程等其他学科相互影响和渗透,形成了综合性的微生物生态学。

同时,由于微生物在物质与能量的生物地球化学循环中占有极重要的地位,生物成矿的微生物作用已经受到重视。近来发现的“有生命的不能培养状态的细菌”(viable but unculturable state of bacteria)的研究也引起了人们的注意。

目前,国外微生物生态学的研究,比较集中于极端环境微生物生态学和污染环境微生物生态学。此外,还着重研究海洋微生物生态学、土壤微生物生态学、水处理微生物生态学、水污染微生物生态学、宇宙微生物生态学和微生物生态学现代方法论等方面的内容。

国内微生物生态学的研究还很薄弱,虽然在土壤微生物生态学、石油微生物生态学和污水、海洋、湖泊、草原和菌根等微生物生态学方面作过一些工作,但工作零散没有形成体系,同时在研究手段方面也比较落后,与国外先进水平相比有很大差距。我国于 1977 年参加了联合国教科文组织制定的“人与生物圈”(简称 MAB)研究计划,进行研究的内容主要有长白山森林生态系统定位站土壤微生物生态、黄渤海上游污染区微生物生态、重金属污染物在微生物生态系统内的迁移和转化规律等。这些研究工作的开展,都推动了我国微生物生态学的发展。1984 年,我国在昆明召开了第一次全国微生物生态学会议,成立了中国微生物生态学学会,会议期间交流和讨论了微生物生态学研究方法。在该次会议的会议纪要中明确提出要把培养微生物生态学研究人才及编写微生物生态学教材提到议事日程上来。1985 年在郑州召开了第二次全国微生物生态学会议,着重交流和研究了微生物生态学的应用问题。

总的来说,由于微生物的微观性,给研究方法带来一定的困难。如何使微生物生态学能真实地反映客观世界,更好地为人类造福,还存在很大的差距。因此,无论在基本理论和研究方法及实验技术方面都亟须进一步充实和完善。

五、微生物生态学与其他学科的关系

微生物生态学是生态学的一个重要分支学科,同时也是微生物学的一个重要分支学科。它的发生与发展,既需要微生物分类学、微生物生理学、微生物遗传学等方面的知识作为基础,又与森林学、植物学、动物学、医学和环境科学互有影响、互相渗透。同时,还需要物理学、化学、地质学、气候学、水文学、海洋学、湖泊学和土壤学等自然学科的知识。

如研究微生物与其非生物环境之间的相互作用,必须要有微生物生理学知识,才能较为正确和完整地理解环境因子对微生物的各种影响,了解了自然环境条件,才能理解这些因子如何影响微生物群落;对群落和生态系统的研究,必须借助微生物分类学,才能确定其生物组成中包括微生物种群的名称及其亲缘关系;研究微生物与高等动植物的共生、寄生等关系,必须了解作为环境因子或作为作用对象的动物和植物的特性。由于微生物生态学是研究微生物与周围环境之间相互关系的科学，它是自然界不同生态系统的重要组成部分。研究陆地生态系统中的微生物生态学，例如，研究森林生态系统中的微生物的生态分布及其在森林物质转化中的作用，不仅要有土壤学和土壤微生物学的知识，而且还要有森林学、植物学、动物学、气象学和水文学等知识。在研究水域生态系统中的微生物生态学问题时，例如研究湖泊生态系统中的微生物生态分布、微生物在水生生物食物链中的地位，水体的富营养化以及微生物与水生生物之间的相互关系等，就必须具有湖泊学、鱼类学、藻类学、环境科学以及物理学和化学等有关知识。研究环境中自然疫源的微生物生态学（又称为流行病生态学），它与医学、兽医学、动物学、昆虫学、地理学、气候学等密切相关。在研究微生物与高等植物相互关系，包括共生、寄生和致病等生态学问题时，便涉及植物学、植物生物化学、植物生理学、植物病理学、微生物生物化学、土壤学、耕作学以及植物栽培学等。研究微生物在土壤物质变化过程中的生物催化效应，以及微生物和其他生物代谢产物，其中包括酶、维生素、植物生长素、抗生素和毒素等其他许多化合物，不仅要求有酶学知识，而且也要求有抗生素等有关学科的知识。在研究一个人工生态系统中微生物与环境条件的相关性时，例如，研究工业发酵过程中微生物的生长、发育、代谢和演替等，就必须有酶学、生物化学、发酵工艺学等有关的知识。此外，微生物生态变异特性的研究和极端环境下微生物生态生理特性的研究等，都与遗传学、地质学，甚至古生物学等学科有着密切的联系。另外，微生物生态学方法的研究，又有赖于分析化学、光学、电子学、分子生物学、免疫学、数学、统计学及计算机技术等学科的发展和应用，例如，为了设计合适的实验方案和评价所得数据的意义还需要统计学知识；计算机在资料整理和数据建模中具有十分重要的作用，作为微生物生态学工作者，熟练使用计算机也是十分必要的。

综上所述，微生物生态学是一门综合性学科，它不仅与生物科学的关系极为密切，而且还有赖于许多其他的学科。

微生物生态学与其他一些学科间的密切联系以及微生物生态学研究中所涉及对象的特殊性和广泛性等随着整个科学的发展和学科间相辅相成互为渗透的作用，将会得到充分的表现，并将获得更大的社会、经济和环境等方面的综合效益。

第二章 微生物生态学的基本原理

第一节 环境与微环境

一、环 境

环境(environment)是指所有生物赖以生存的空间。在这个空间里,存在着各种不同的物理和化学因素,这些统称为非生物因素,构成环境的另一类是生物因素。所有生物因素和非生物因素错综复杂地交织在一起,构成生物赖以生存的环境。其中诸如光照、水水、空气和营养这些环境条件是生物所必需的,而另一些虽非必需,但都直接或间接地对生物的生存和发展起着重要作用。环境的生态因素之间是相互联系、相互影响和相互制约的。由于它们长期地同时出现,并存在相互的转化和影响,因此,常常表现为环境整体的综合作用。

环境的结构与组成见图 2-1。

- 环境条件
  - 非生物因素
    - 物理：光照、温度、水分、气候、土壤
    - 化学：化学物质
  - 生物因素
    - 动物
    - 植物
    - 微生物

图 2-1 环境的结构与组成

二、生 境

生境(habitat)是指生物个体、种群或群落所在的具体地段环境,即在环境中的一定范围的空间,因而也可称之为生物生活的地方。

某种生物的有机体能在某一个地区生活、繁殖,并长期生存下来,是这个地区的温度、水分、气候、地形及其他生物等各种生态因素综合作用的结果,也就是环境的综合作用。每种生物都有自己特定的分布区,这是它对环境综合作用的反映,也是它生存的最适宜的场所。

三、生 态 位

1. 生态位的概念

在生态系统中,另一个有关环境的概念是生态位(niche),它的范围要比生境更大一些。生态位不仅指生物生长的空间范围,而且包括生物在这一生境内的活动、它们的功能作用及其与其他生物的相互作用。在一个生境中,某些微生物是土著的(autochthonous),它们在所存在的生态系统内有生存、生长和进行代谢活动的能力。它们在特定的生境中有很大的适应性和竞争力,占领着生态位。外来的(allochthonous)微生物是指那些因为自然的或人为的原因偶然进入微生物群落的过客。它们有的很快消失,有的则通过对不同环境因素的适应存活和定居下来,逐渐占据所进入的生态系统中的生态位。

一个种的生物能维持其生育的种群,只能在一定的条件中,只能利用特定的资源。它们也只能在特殊时间里的该环境下出现(例如,食虫的蝙蝠在夜间活动,这时鸟类却很少觅食)。这些因子的交叉情况描述生态位的概念,它是指生物在环境中所占据的地位。同时,随着生物个体的发育,它们也能改变生态位,例如,蟾蜍(*Bufo bufo*)在变态前占据着水体环境(是藻类和碎屑的取食者),当变为成体时它们则成为陆生的(食虫)。

2. 栖息地

与生物的生态位不同,栖息地是生物所处的物理环境。栖息地一般包括许多生态位并支持许多不同的物种。例如,温带阔叶林为一系列鸟类、哺乳动物、昆虫、植物、微生物和原生动物等提供了大量的生态位。

3. 基础生态位

一个物种能够占据的生态位空间,是受竞争和捕食强度影响的。一般地说,如果没有竞争和捕食的胁迫,物种能够在更广的条件和资源范围内得到繁荣。这种没有竞争和捕食胁迫的、潜在的生态位空间就是基础生态位。

4. 实际生态位

物种暴露在竞争者和捕食者面前是很正常的事,因此,物种就被限制在较为狭窄的生态位空间中,这就称为实际生态位。

竞争对于基础生态位的影响可以用一个经典的实验来说明:植物生态学家Tansley 研究了两种拉拉藤(*Galium* spp.),其中 *G.saxatile* 生长在酸性土壤上,而 *G.pumilium* 则生长在石灰性土壤上。当单独生长时,两个种在两类土壤都能繁荣,但当两个种在一起生长时,在酸性土壤中,*G.pumilium* 被排斥,而在石灰性土壤中,*G.saxatile* 被排斥。显然,竞争影响了生物的生态位。孔雀鱼(*Poecilia reticulata*)和刺鱼(*Gasterosteus aculeatus*)实验显示,捕食者的接近把鱼限制在隐蔽的地区内活动,因为那里被捕食的风险低。

另外，值得一提的是互利共生也影响生物的实际生态位，但它和竞争者和捕食者的作用恰恰相反，互利共生的存在倾向于扩大生态位，而不是缩小它。例如许多兰科植物种与其真菌菌根的互利共生，对于兰科植物来说，单个种的生态位是不存在的，因为兰科植物如果没有菌根是不可能生长的。

四、微 环 境

微生物的个体很小，所以微生物所处的环境也是微小的，肉眼不能见到的，一般称为微环境（microenvironment）。例如，在一块土壤碎片内或植物根的表面就可能有很多环境因素不同的微环境。而每一微环境只适宜于某种或某些微生物的生长、繁殖，而不适合其他种微生物的生长，从而形成复杂的微生物区系（microflora）。

要研究微生物的微环境，必须采用一定的显微技术。因为不少被研究的样品，如土粒，往往是不透明的，用一般的显微镜无法观察。采用荧光抗体染色后再进行显微镜观察和利用扫描电子显微镜进行检验，常常可以达到理想的效果。荧光抗体染色技术的基本原理是把荧光染料与抗体结合，然后抗体与相应细菌的抗原结合，从而把荧光素带到菌体上，通过荧光显微技术来检验细菌在自然环境中存在的部位。还有一种简单的研究方法，就是把载玻片浸泡在要研究的环境里（如土壤或水中），微生物就附着在载玻片的表面生长。经过一段时间后，把载玻片取出，用相差显微镜观察微生物菌落在载玻片上的发展情况，以推测它们在天然环境中的生长方式。

五、表 面 环 境

考察水体中的微生物的生态环境时，表面环境是一个不可忽视的因素，因为环境中的营养常常吸附在表面，所以在一个微环境表面，其营养水平可能要比表面以外的其他部位的营养水平要高得多。所以，在对一个水体（如河、湖泊、海洋等）进行营养分析时，其测定的结果往往并不反映水体底部的砂粒、石块、底泥表面的营养状态。我们还常常发现微生物集中在水中物体的表面，并以这些物体表面作为微生物的活动场所，其原因也在于此。要是把自然水体中的固体颗粒滤去，也就滤去了 99% 的微生物。

在海水中，表面环境对于微生物生长非常重要。当把不同体积的水放到同样大小的玻璃容器中，就产生了不同的表面积与体积之比，表面积与体积之比越大，细菌的活力就越强，单位体积内的含菌量也就越高。由此可见，在进行微生物生态学研究时，必须十分重视表面环境的分析。目前对微生物附着表面的机制还不完全了解。据研究，大致可把微生物在物质表面形成表面膜的过程分为三个阶段：第一阶段是有机物质附着在表面，凡是水接触的物体表面，都能很快地形成这一层；第二阶段，开始有初步的细菌膜附着在表面，运动着的细菌也可以因化学物质的引诱而朝着它作定向运动，因而附着在物体表面上。这时细菌只是以一端附着，使菌体与表面呈直角，因而附着往往不很牢固，第二阶段约需几小时；第三阶段，当初步吸附在表面的细菌分泌出胞外聚合物时，就使细菌和表面粘连在一起，形成了牢固的吸附层，此即微生物表面膜。在第三阶段，一些生长缓慢的细菌，如柄细菌等，也能通过缓慢地增殖而逐渐覆盖原来的表面膜，这一过程常需 7d 时间，最终柄细菌又被原生动物所吞食。

第二节 生物圈和生态系统

一、生 物 圈

生物圈(biosphere)是指地球表面全部生物以及和它们相关的自然环境的总称。生物有机体生活在地球表面薄层的区域内，依靠地球表面存在的空气、水、土壤等维持生命。因此，人们把地球上所有生物与环境的各种因素之间的相互联系、相互制约所形成的统一整体称为生物圈。

生物圈的范围包括地面以下几千米深度至地球表面几十千米高度，即包括大气圈下层、岩石圈上层和整个水圈，在这个范围内，生物有机体与自然环境相互作用，相互渗透着，进行着巨大的生物地球化学变化。生物圈是由非生物组分(包括无机物质、有机化合物及气候)和生物组分(包括初级生产者，如藻类、光合细菌和绿色植物；消费者，即所有最终要依靠初级生产者作为能源的生物；分解者)所组成。

生物圈是生命科学研究对象中最高的一个层次，是自然界中最大的生态系统，是生物和环境之间相互依赖和相互制约的关系，使它们结合成一个严密的统一体，是地球表面全部生物及其生活领域的总称。同时，生物圈又是由对流层(大气圈的下层)、水圈和风化壳(岩石圈的上层)等三个地理圈的总和所组成，是地壳的一部分。也即生物圈是指地球表层有生命的地带或圈层。是地球上一切有生命的机体(人类、植物、动物和微生物)和它们赖以生存的环境(大气圈、水圈、岩石圈)的综合体，一般而言，生物圈是指地球有机体层和有机体生活及与之相互作用的地球表面环境。生物圈的厚度很小，生物在地球表面以上分布的最高限和海面以下分布的最深处都是 10 km 左右。从实践意义看，生物圈不存在于极地或极端环境，如最干旱的巨大沙漠区，永久冰雪的高山区，有毒废水高度污染的陆地或水域，以及整个最深海域。在这些范围内，生物最集中、最活跃的地方仅在树木的顶端和根系分布所达到的土壤深度之间，亦即有植物生长的地方。但也有人认为，生物圈范围较大，尤其是水圈部分，可以延伸到水圈的任何地方。生物圈不仅是生物生存的场所,同时也是生物与环境之间进行极大规模的物质和能量交换的场所。而微生物是地球表面生物圈的重要成员,是食物链里的转换者,它们广泛分布在自然界,将一切尸体和各种排泄物进行最后分解,并同时释放出二氧化碳、氨气、硫化氢及所含的各种离子等,对自然界的物质转化和元素的生物循环具有重要的意义和作用。

换一个角度来说,地球表层是由大气圈、水圈、岩石圈(包括土壤)和生物圈组成的(图 2-2)。

地球表层
- 大气圈:由多种气体组成,提供C、H、O、N等因素,促进生态系统物质循环,同时保护地面生物
- 水圈:海洋、江河、湖泊、地下水等,为物质储藏库
- 岩石圈(包括土壤):为人类和其他动物提供食物和必要的生存条件
- 生物圈:与自然环境相互作用、相互渗透,进行着生物地球化学循环

图 2-2 地球表层的结构与组成

二、生态系统

微生物体积虽小,却在自然界中起着巨大的作用,因而促使人们去了解微生物在自然界所占的位置。而要了解这一点,就必须首先研究生态系统,因为微生物生态学的研究与生物学科领域里其他学科的研究一样,可以从微观的方面去发展,即从研究某个种的特性着手,从研究微生物细胞的显微结构以及对细胞进行遗传学改造等方面着手去进行微生物生态学的研究。我们也可以从宏观的方向去发展,即研究微生物群体与其周围环境的关系,研究微生物在整个生物群体中的作用,这也是我们研究生态系统的意义。

1.“生态系统”一词的提出

生态系统(ecosystem)一词是由英国植物生态学家 A.G.Tansley(1871—1955)在 1935 年首先提出来的。Tansley 兴趣广泛,它对植物群落学进行了深入的研究,发现土壤、气候和动物对植物的分布和丰度有明显的影响,于是提出了一个概念,即居住在同一地区的动植物与其环境是结合在一起的。他指出:“更基本的概念是整个系统,它不仅包括生物复合体,而且也包括了人们称为环境的各种自然因素的复合体。我们不能把生物与其特定的自然环境分开,生物与环境形成了一个自然系统。正是这种系统构成了地球表面上具有不同大小和类型的基本单位,这就是生态系统。”

这个最初的生态系统概念强调了生物与其环境是不可分割的整体,认为生态系统的基本概念是物理学上使用的系统整体,这个系统包括生物群体和它的周围环境,两者联合起来构成某一特定区域的生态系统。因此,对一个生态系统的研究应包括整个生物群体以及这个生物群体栖息环境中的一切物理和化学条

件。当认识到自然界中微生物的多样性及发生变化的范围时,便会明了生态系统的动态性质。近来,许多学者不仅把生态系统看成是生物群体与其环境组成的一个自然系统,而且强调它是生物群体与周围环境相互作用的功能系统。周围环境作用到有机体,有机体也作用到周围环境,在其功能方面包括在活有机体影响下的物质循环和能量流动。同时,这一概念还强调了在生态系统内生物成分和非生物成分在功能上的统一,把生物成分和非生物成分当作一个统一的自然实体,这个自然实体——生态系统就是生态学上的功能单位。例如,森林群落与其环境就构成了森林生态系统,草原群落与其环境就构成了草原生态系统,而池塘中的鱼、虾和藻类等生物与水域环境就构成了池塘生态系统。

2. 生态系统概念的发展

生态系统的概念由 Tansley 提出来以后,作为一种理论受到很多人的赞赏,半个多世纪以来,许多生态学家对生态系统理论和实践做出了巨大贡献。

R.Lindman(1915—1942)在学生时代就深受 W.S.Cooper 的影响,重视实践。于 20 世纪 30 年代末在塞达波格湖(Cedar Bog Lake)开展了研究工作,取得了大量的数据,为生态系统的研究做出了卓越的贡献。他在对湖泊生态系统进行深入研究的基础上,揭示了营养物质移动规律,创造了营养动态模型,成为生态系统能量动态研究的奠基者。他以科学的数据,论证了能量沿着食物链转移的顺序,提出了著名的"百分之十定律",标志着生态学从定性走向定量的阶段。

R.E.Ricklefs(1979)在《生态学》一书中绘制了生态系统中物质循环能量流动的基本格局,形象地表明生态系统中生物和非生物成分间相互作用和相互依赖的关系;它们通过物质交换而联系在一起;驱使生态系统物质循环的能量来自太阳。

F.B.Golley(1960,1968)曾对陆地生态系统进行过营养结构及能量流的研究工作,较深入地揭示了陆地生态系统能流的渠道:能量在沿着各营养级流动时是逐级减少的。1990 年在日本举行了第五届国际生态学大会,Golley 作为国际生态学会主席在开幕式上作了《生态系统概念的发展——对序(order)的探讨》的报告,强调应加强人类活动对生态系统、生物圈和全球变化影响的研究。

在谈到生态系统概念的发展时,不能不提到 Odum 家族的工作。E.P.Odum 和 H.T.Odum 兄弟二人和 W.E.Odum 都是当代著名的生态学家,他们对生态系统概念的发展做出过杰出的贡献。

从 20 世纪 50 年代以来,E.P.Odum 就一贯强调生态系统研究工作的重要意义,他创造性地提出了生态系统发展中结构和功能特征的变化规律,并在营养动态和能量流动方面提出了许多新思想和新方法。H.T.Odum 对佛罗里达州银泉(Silver Spring)生态系统能流收支的研究,是当今生态系统水平上能量流动分析的典范。

他们的著作甚为丰富,E.P.Odum 的《生态学基础》(*Fundamental Ecology*)不仅

是一本现代生态学的教科书，而且是一部以生态系统为框架的很有新意的论著。H.T.Odum 的《人和自然的能量基础》一书被誉为能量研究方面的经典著作。

E.P.Odum 提出了大小不同的组织层次谱系，进一步把生态系统的概念系统化。每个层次的生物成分和非生物成分之间的相互关系（能量和物质关系）产生了具有不同特征的功能系统。

20 世纪 80 年代末，H.T.Odum 对生态系统的边界问题的确定提供了方法和思路。他指出生态系统是生物及与之发生相互作用的环境所形成的开放系统。在划界时应考虑输入及输出的已加工的能量和物质，即

生态系统=输入环境+输出环境

到 20 世纪 90 年代，E.P.Odum 深刻指出，生态系统是一个开放的、远离平衡态的热力学系统，并多次强调生态系统水平的研究应当成为生态学的核心。他分析了生态系统内部生物群落中的生产者、消费者和分解者的组成及其结构、能量流动和物质循环等途径及有关的概况。表明生态系统是个功能单元（functional unit），充分体现出生态系统的专一性（obligatory relationship）、相互依存性（interdependence）和因果关系（causal relationship）。

H.T.Odum（1992）指出，生态系统是个超级系统，它包括了相互作用的植物、动物、微生物及其依赖的非生物环境。

以上生态学者对生态系统的种种看法，表明生态系统概念正处于活跃的发展阶段。有关的新概念、新理论还会随着时代的发展，不断增加。正如 G.C.Evans（1976）在英国植物生态学年会上的开幕词中所指出的那样：生态系统概念的优越性在于它的全面，包括了生物有机体的全部物理、化学和生物的要素。全部的科学知识，是一袋未经雕琢的金刚石。

综上所述，如果给生态系统概念作一个简要的小结，可以得到生态系统被广泛接受的定义：在一定的空间范围内，由生物群落与其环境所组成、具有一定格局，借助于功能流（物种流、能量流、物质流、信息流和价值流）而形成的稳态系统。

3. 生态系统的组成

生态系统的成分，不论是陆地还是水域，或大或小，都可概括为生物和非生物两大部分。或者分为非生物环境、生产者、消费者和分解者四种基本成分（图 2-3）。

作为一个生态系统来说，非生物成分和生物成分都是缺一不可的。如果没有非生物成分，生物就没有生存的场所和空间，也就得不到物质与能量，因此也难以生存下去；当然，仅有环境而没有生物成分也谈不上生态系统。

多种多样的生物在生态系统中扮演着不同的重要角色。根据生物在生态系统中发挥的作用和地位的不同，可以将其分为生产者、消费者和分解者，即三大功能类群。

- 生态系统
  - Ⅰ.生物成分
    - 1.生产者：
      绿色植物、光合细菌、化能细菌等
    - 2.消费者（动物）：
      食草动物：一级消费者
      一级食肉动物：二级消费者
      二级食肉动物：三级消费者
      杂食动物：杂食消费者
      食碎屑动物、其他消费者
    - 3.分解者（还原者）：
      微生物（细菌、真菌等）
  - Ⅱ.非生物成分（生命支持系统）
    - 4.非生物环境：
      能源：太阳能、其他能源
      气候：温度、降水、风等
      基质和介质:岩石、土壤、水、空气等
      物质代谢原料：二氧化碳、无机盐、有机质等

图 2-3 生态系统的结构与组成

(1) 生产者

在自然界中,绿色植物通过光合作用将简单的无机物转变为有机物,为自养生物(autotroph),因此植物是最主要的生产者(producer)。另外,发光细菌(photobacteria)和蓝绿藻(blue green algae)(又叫蓝细菌)也有这种功能,所以生产者包括所有的绿色植物与某些细菌。由生产者固定的太阳能和所制造的有机物是生态系统能量流动和物质循环的基础,因此,生产者是生态系统中最基本的成分。

植物在地球上广泛分布,利用空间和时间资源上的差异,从而保证了资源的充分利用。绿色植物通过光合作用制造出初级产品——碳水化合物(糖类)。糖类可进一步合成脂质和蛋白质,用来建造自身。这些有机物也成为地球上包括人类在内的其他一切异养生物的食物资源。

(2) 消费者

消费者(consumer)是不能用无机物制造有机物的生物,而是直接或间接依赖生产者而生存,属于异养生物(heterotroph)。它们消耗有机物,使能量和物质重新分配。根据食性的不同,消费者可以分为以下几类:

食草动物(herbivore)是以植物为营养的动物,又称食植动物,是初级消费者(primary consumer),如马、牛、羊等。

食肉动物(carnivore)是以食草动物或其他动物为食的动物,又可以分为:

一级食肉动物,又称二级消费者(secondary consumer),是以食草动物为食的捕食性动物。

二级食肉动物,又称三级消费者(third consumer),是以一级食肉动物为食的动物。

另外,也有一些动物的食性复杂,很难归类。如狐狸既食浆果,又捕食老鼠,

甚至吃动物的尸体,它们是杂食性动物(omnivorous animals)。此外,还有寄生生物(parasitism)和食碎屑动物(detritivore)等。

消费者在生态系统中起着重要作用。不仅对初级生产物起着加工、再生产的作用,而且对其他生物的生存、繁衍起着积极作用。H.Remment(1980)指出植食性甲虫实际上并不造成落叶林生产的下降,相反,对落叶林的发育还有一定的裨益。因为甲虫的分泌物及其尸体常常含有氮、磷等多种营养物质,进入土壤后为土壤微生物的生长繁殖提供了宝贵的营养物质,从而加速了落叶层的分解。如果没有这些甲虫,落叶层的分解迟缓,常会造成营养元素积压和生物地球化学循环的阻滞。

蚜虫与甲虫不同,蚜虫从寄主植物吸取大量具有糖分的液体,除了合成自身代谢必需的部分以外,还有蜜露排出体外,饲养了许多蚂蚁。蜜露进入土壤后能刺激固氮细菌大大提高其固氮效率。这表明,寄主植物-蚜虫-固氮细菌是一个业已优化了的协同进化系统。

由动物进行授粉已有大约2.25亿年的协同进化史。显花植物中约有85%为虫媒植物,苹果有70%以上靠蜜蜂授粉。

许多土壤动物主要以细菌为食。它们控制着土壤微生物种群的大小。如果没有它们的吞食,微生物种群高速繁殖后,维持高密度水平,往往处于增长速率很低的状态,这时微生物的分解作月就会大大降低。土壤动物的不断取食可促使微生物种群保持着指数增长,保持着强大的活力。

(3) 分解者

分解者(decomposer)在生态系统中连续地进行着分解作用,即把复杂的动、植物尸体分解并释放出能被生产者重新利用的简单化合物。最终以无机物的形式回归到环境中,因此,这些异养生物又常称为还原者(reductor)。分解者的作用与生产者正好相反,它们都属于异养生物,如细菌、真菌、放线菌、软体动物和蠕虫及原生动物等。

微生物一方面分解有机物,将它还原为无机物,使之能重新被植物利用,所以微生物显然是分解者。另一方面,微生物又可将无机物合成为有机物,所以从这个角度来说,微生物又是生产者。微生物造成了自然生态系统的物质循环。

(4) 非生物环境

由能源、气候、基质和介质与物质代谢原料组成的非生物环境是生命支持系统,它们为生物提供了赖以生存的空间和条件。生物种群的存活、生长与繁殖都受到环境条件的强烈制约和修饰。所以,非生物环境也是生态系统中的重要组成要素之一。

非生物因素如气候、岩石、土壤等与生物因素即动物、植物和微生物之间处在相互依存、相互制约、相互影响和相互改造之中。在生态系统中,非生物因素的组成成分是形成生态系统的基本资料，而植物、动物、微生物在各个生态系统中都占有重要的地位。

生态系统是生物群落和复杂的环境条件相结合所构成的自然系统（或基本单位）。在这个统一的整体中，能量不断地流动，物质不断地循环，以维持生态系统的代谢过程和相对稳定。从整体而言，地球上的生物圈就是一个巨大又精密的生态系统，也就是所有的生态系统综合形成了生物圈。

生态系统的范围大小可以相差悬殊。生态学家（E.P.Odum）1978 年提出生态系统是在一定空间内存在的各种生物体和非生物体。它们相互依存、相互制约，它们之间进行着物质和能量的交换，成为一个能够自己维持下去的、有一定独立性的体系。从这个观点出发，对于生态系统的划分主要是根据营养链的关系和特征来进行。一株植物及其周围的环境、森林中的林木伐根与它的一切共生联合，直到植物群落、一个流域或自然区域（如城镇、工厂、村落、矿山、湖泊、海洋）甚至整个生物圈都可以看成是生态系统。宇宙飞船的密封舱和自动调节的人工气候室、恒化器等也是特殊的人造生态系统。由此可见，生态系统是适合于任何范围的没有等级的广泛概念，它包括个体、群体、区域和整个生物圈的水平，或同时从几种水平的基础上出发来进行研究。

一个生态系统由许多亚系统构成。每一个亚系统都是整个生态系统中一个基本的组成单元。例如土壤是生态系统的重要组成成分之一，其生成和发育是整个自然因素综合影响的结果。从生态系统的角度看，土壤是随着生态系统的发展而演变的，同时，土壤的变化又为生态系统的演变打下了基础，或者说，土壤在陆地生态系统的演变中起着杠杆作用。土壤既是生态系统中的一个自然因素，又是一个独立的生态系统。

生态系统是一个有机整体，具有特定的空间结构、物种结构和营养结构。因此，生态系统是一个功能单位，它是生物物种和群落在长时间的进化过程中，与环境之间相适应而产生的，具有一定抗拒能力的稳定结构，它能在一定的范围内调节生物和环境的变化，具有稳定性。生态系统的主要机制是截获太阳的辐射能，通过光合作用使它转变为化学能，并把这些化学能进行合理的分配，用它们来维持生态系统的结构和功能。

4. 微生物对生态系统的重要影响

微生物的天然生境是十分多样性的，在一些高等生物不能生活的地方，也往往有微生物的存在，它对生态系统起着极为重要的影响。

我们把已经认识到的微生物对生态系统的重要影响归纳为如下几点。

（1）在生态系统中，作为食物链的第一级（即初级生产者），是由光合生物组成的，它们利用光能和无机营养，就能合成有机物质，作为食物链中其他生物的基本食料。而作为初级生产者的光合生物，除了绿色植物和藻类外，水体中的蓝细菌和光合细菌也是重要的成员。

(2) 生态系统存在着的大量生物残体,是通过异养微生物的矿化作用加以分解的,最后无机化并放出能量,完成能量流的最后阶段。我们可以设想,如果地球上没有异养微生物的这一作用,则历年积累下来的生物残体,将会堆积如山,生态系统会因其中的几个重要变化难以顺利进行而失去生态平衡。

(3) 在自然界元素转移中,例如氮、硫、铁、磷等由一种形式转变为另一种形式,主要是靠微生物来完成的。同时微生物又是石块风化和形成土壤过程中的一个重要因子,所以它是生物地球化学循环中一个不可缺少的成员。

(4) 微生物在煤和石油、硫黄等重要矿藏的形成过程中,可能起着十分重要的作用。例如,当有机物质处于厌氧条件下,首先为细菌所发酵,随后产生有机酸类,酸类的累积导致细菌活动受到抑制,有机物的分解也就停止,有机物被慢慢积累起来。有人认为煤就是这样形成的。必须指出,当有机物一旦转化成煤和石油时,从初级生产者所获得的能量,就不再被生态系统所用而丧失掉。

5. 生态系统健康

(1) 生态系统健康的概念

生态系统健康(ecosystem health)是生态系统的综合特性,它具有活力、稳定和自我调节的能力。换言之,一个生态系统的生物群落在结构、功能上与理论上所描述的相近,那么它们就是健康的,否则就是不健康的。一个病态的生态系统往往是处于衰退、逐渐趋向于不可逆的崩溃过程。

关于生态系统的健康问题,已早有论述:

健康的生态系统具有弹性(resilience),保持着内稳定性(homeostasis)。系统发生变化就意味着健康状况的下降。如果系统中任何一种指示者的变化超过正常的幅度,系统的健康就受到了损害。当然,并不是所有的变化都是有害的,它与系统多样性相联系,多样性是易于度量的。事实上生态系统健康可能更多地表现在系统创造性地利用胁迫的能力,而不是完全抵制胁迫的能力。健康的生态系统对干扰具有弹性,有能力抵制疾病。Holling(1986)就认为这是"一个系统在面对干扰时保持其结构和功能的能力。"弹性能力越大,系统越健康。弹性强调了系统的适应属性,而不是摆脱它。

"生态系统健康是生态系统发展的一种状态。在此状态中,地理位置、光照水平、可利用的水分、营养及再生资源量都处在适宜或十分乐观的水平。或者说,处在可维持该生态系统生存的水平"(Woodley,1993)。

"生态系统有能力供养并维持一个平衡、完整、适应的生物群落。此群落由若干物种组成并且构成一个有功能的组织"(Karr *et al.*, 1981)。

"健康是一种状态。在此状态中,生态系统在为人类提供需求的同时,维持着系统本身的复杂性特征"(O'Laughlin *et al.*,1994)。

"生态系统健康是一种程度,是生态可能性与当代人需求之间的重叠程度"(Bormann *et al.*,1993)。

"如果一个生态系统有能力满足我们的需求并且在可持续方式下,产生所需要的产品。这个系统就是健康的"(美国国家研究委员会,1994)。

从以上的论述可以看出,生态系统健康是与人类的生存和社会的需求密切相关的。

(2) 生态系统健康评估的要点

① 生态系统健康评估不应该建立在单个物种的存在、缺失或某一状态为基础的标准上,不应该仅仅在对物种的大量调查或统计的基础上。同时,应有实验室的工作配合。

② 生态系统健康评估应该能反映人们对生态系统可能发生的相应变化的认识。

③ 虽然作为最佳的生态系统健康评估度量应该是简单的,可以系列化、有可分辨的变化状态。然而生态系统健康并不是必须为一个单一的数值。因为单一数值将多个维度(一维度代表一类型项目)压缩到了一个几何级数上,维度为零的程度。

④ 生态系统健康评估的标准应该与在数量值上的变化相对应,即使经过几十年,发生的数量改变也不应该出现间断。健康的度量应该具有统计学属性。

⑤ 在考虑到最小数值的观察时,生态系统健康的度量应该与观察的次数不具有相关性。

6. 生态系统管理

(1) 生态系统失调

在生态系统中,每个生物体和它的物理、化学环境之间,以及与其他生物之间都存在相互作用,相互制约,并不断演变,处于一个具有一定结构与功能的相对稳定的统一体中,所以,在一定程度上,这个系统具有自我调节的能力。这种调节能力与成分的多样性、与物质和能量转移的复杂程度有密切关系。在成分多样和循环途径复杂的生态系统中,即使部分机能受到干扰,在一定限度内仍可为其他部分的功能所补偿。

生态系统受到人类活动的干扰和影响日益增加,但生态系统的稳定性是有限的。当环境的变化超过了生物所能适应的限度时,生态系统的稳定性就受到破坏,这就称为失去了生态平衡。例如,气候、土壤、地下水、地壳结构的急剧变化以及森林火灾和一切自然现象以外的人类错误活动所引起的生态平衡的破坏都会导致严重的后果。由于人类的生产活动违背了生态规律而受到大自然惩罚的例子是很多的。例如开荒种粮,有的地区不是在综合调查的基础上,本着宜农则农、宜林则林、宜牧则牧的原则,合理地开发利用。而是不管具体情况,任意开荒种粮,结果土地资源被破坏造成粮食减产。又如,森林的过量采伐或毁林垦荒造成了严重的水土流失和生物种类的急剧减少。再如,过度放牧造成草原退化。还有大气污染、河流污染及大量使用农药使鸟类及昆虫相继消失,致使虫害大量发生;海洋污染造成鱼类灭绝以及地方病流行等。

造成生态系统失调的原因主要有以下几个方面:

① 种类成分的改变,如由于人类的干扰,使一种控制食草动物的食肉动物消失,而使该食草动物大量繁殖,导致草原生态系统的破坏。

② 环境因素的改变,如湖泊受到污染,引起富营养化,使水质变坏。同时,由于过度生长的藻类所产生的毒素以及藻体分解时消耗大量的氧气而使水质恶化,引起鱼类和其他水生生物的大量死亡。

③ 信息系统受到破坏,生态系统的信息传递对生物的种内和种间关系以及对生物种群和生态系统的调节都起着重要作用。它可表现为营养信息、化学信息、物理信息和行为信息等多种形式。如进入到生态系统的污染物往往会使化学信息系统受到分解、干扰,从而引起生态系统的失调。

(2) 生态系统管理的紧迫性

过度开发造成的破坏和环境的恶化已危及人类自身的生存,环境质量不断下降,生物圈面临严重威胁,而至今仍未找到有效措施来制止此种状况的恶化。人类在较为漫长的时间中才意识到由于自身的粗心大意造成的影响正逐渐增长,且不可逆地威胁着地球上的生态系统。

20 世纪 90 年代,美国一些机构,特别是环境保护局科学顾问委员会承认过去执行的计划还未能切实阻止国家环境质量的下降。为此,要求尽量制止生态系统的恶化,强调应用保护人类健康的范例来保护生态系统健康,而且环保机构根据人类健康情况建立了生态健康目标,试图治疗地球生命支持系统。

1990 年 10 月和 1991 年 2 月分别在美国马里兰和华盛顿召开了生态系统健康的专门会议。会议共同的意见是确立生态系统健康成为环境管理的目标。生态系统是着眼于保持和维护生态系统的结构、功能的可持续性,保证生态系统健康。

1992 年联合国环境与发展大会通过《21 世纪议程》,提出“可持续发展”这一全球性议题,可持续发展已成为世界各国共同的目标。人类社会的可持续发展归根结底是个生态系统管理(ecosystem management)问题。生态系统管理是合理利用和保护生态系统健康的最有效的途径。

中国政府早把保护环境确定为一项基本国策,重视在经济发展的同时保护生态系统。诚然,我国还是一个发展中国家,生产技术相对落后。面对日益严重的全球环境形势,加强生态技术(ecological technology)和生态工程(ecological engineering)为主的生态系统管理(eco-management)工作是刻不容缓的任务。

(3) 生态系统管理的主要内容

生态系统管理应运用近代生态科学理论和技术，通过多条途径，有效地促进生态系统健康发展。主要内容包括以下 6 个方面。

① 整体性管理。整体性是生态系统最重要的基本原理，在管理工作中要特别予以重视，自然生态系统有其自身整体运动规律，切忌人为切割。

例如，我国大江、大河、大湖几乎都是跨行政省区的，它们的开发利用、保护和管理却都是以行政省区为单位，划片负责。这就使流域固有的水文、气候、时空变化等的整体性得不到体现。淮河流域的恶化就是一个只顾本地、不顾流域，只顾眼前不顾长远的典型例子。开展黄河、长江等七大流域的综合治理应既考虑中下游，又兼顾上游，走全流域可持续发展之路。

② 加强生态恢复与重建。所谓生态恢复(ecological restoration)就是使这些受损害生态系统(damaged ecosystem)从远离其初始状态的方向回到刚开发或破坏前的初始状态所作的努力。而重建(rehancement)是将生态系统现有状态进行改善，增加了人类所期望的某些特点，降低那些人类不希望的某些自然特点，改善结果使生态系统进一步远离其初始状态。改建(rehabilitation)则是将恢复和重建措施有效地结合起来，使不良状态得到改造。

受损害生态系统的恢复与重建工作是我国当前面临的一项急迫任务。就以陆地矿山而言，20 世纪 90 年代初，我国有 9 000 多座大中型国营矿山，26 万座乡镇和个人开采的矿山，使自然系统受到很大的干扰、破坏，造成生态系统恶化(degradation)，已形成废弃地 200 万 hm^2，每年还以 2.5 万 hm^2 的速度在增加。这不仅是对农耕地的威胁，也是重大环境污染源，必须加以生态恢复与重建。

受损害生态系统的生态恢复和重建一般可采用两种模式途径(图 2-4)。

生态系统：
- 没有超负荷 → 消除压力 → 自然恢复过程 → 生态系统得以恢复
- 不可逆的超负荷 → 消除压力 → 人工措施和自然恢复过程 → 生态系统得以恢复

图 2-4 受损害生态系统恢复的两种模式

由图中可见，当生态系统所受损害在没有超负荷并且是可逆的情况下，干扰和压力被解除后，恢复可在自然过程中发生，如由于过度放牧引起草原退化，进行围栏保护，几年之后草场即可恢复。另一种是超负荷的，并发生了不可逆变化，仅靠自然过程是不能使系统恢复到初始状态的，必须加以人工措施才能迅速恢复。

对受损害生态系统制定恢复与重建计划。进行环境规划与影响的评价，环境质量的监测。对矿山系统，可开展矿产资源综合利用和“三废”资源化，推广开发废弃物最小量化技术。在垦覆植被方面要做好功能区的规划、物种选择、群落配置和植被等生物多样性的恢复工作等。具体地做好基质改良、有害物的处理、土地的平整、水肥保持技术和种群扩大技术。所采用的恢复措施必须符合生态系统的规律，否则，会引起后患。

恢复与重建的实际效果是检验工作的成果标准。检验中要防止把恢复看做再翻版的理解。因为每一个生态系统都是特定气候和生物学进程的系列产物。即使在最理想条件下，完全的恢复也是不可能的。已恢复的生态系统（restored ecosystem）要求至少有三个不同方面的标准：

一是基本恢复到初始结构和功能条件，尽管系统结构和组分可能与初始状态有了明显的不同。

二是已被确认为恢复到可用程度，被公众社会所接受。

三是恢复到具有初始状态组成成分存在的结构和功能的状态。

事实上，一个良好的恢复与重建计划应包含这些内容的方方面面。

③ 实行清洁生产。20 世纪 80 年代初期已经提出这种概念，当时有称之为"无公害工艺"、"无污染生产"和"废料最少化"等，后来统称为"清洁生产"（clean production）。

实行清洁生产包括三个方面主要的内容：采用清洁的能源，生产过程中无或少废物以及生产对环境无害的产品。我国目前最重要的是工业污染，涉及轻重工业，如煤炭、钢铁、电力、建材、机械和纺织等。这样，它们在生产中就需要在原料规格、生产线路、工艺条件、设备选型和操作控制方面加以改造，特别加强生态的技术措施和工艺设备，消除污染物的产生。我国南京一些化工厂采用加氢还原代替铁粉还原生产苯胺的工艺，大大降低了废渣的排放量而且使苯胺的回收率提高到 99%。

④ 资源化管理。在生态学家眼里，废物与资源之间不存在鸿沟，作为固体废弃物的垃圾就是一例。随着城市化进程不断加快，垃圾问题也日益明显。1996 年我国城市生活垃圾清运量已达 1×10^{8} t，而且每年以 8%~10% 的速度增长。垃圾的历年堆存量已达到 6.0×10^{9} t。全国已有 200 多座城市陷入垃圾的包围之中。这些垃圾不仅加剧了环境污染，而且用于堆放的土地面积还多达2.5×10^{8} m^{2}。

对垃圾必须加强管理。首先要扭转将垃圾作为废物的传统观念，把垃圾作为一种宝贵的资源来对待。采取多种途径对垃圾进行资源化处理：科学分类收集；直接回收利用，如啤酒瓶等玻璃器皿的重新利用；循环利用，如废纸、废塑料的再生利用；综合利用，如将有机物垃圾生产成复合肥；利用垃圾中可燃性物质燃烧产生热能，实现热电联供，建立垃圾资源化管理的运行机制。

⑤ 少量化、循环利用型管理。遵循经济生态规律进行管理。要将宏观的工农业生产系统工程和生态工程技术结合起来，协调水资源供需矛盾。采用少量化和再生循环等多种途径，解决水资源问题。

缺水已成为一个全球性问题。我国就是一个水资源短缺的国家,年水资源总量约为 2.8×10^{12} m^3,人均水量不足 2 400 m^3,仅为世界人均量的 1/4,由于缺水造成全国 600 多个城市中有 400 多个供水不足。农业是用水大户,用水占总用水量的 70%,传统农业用水量大,同时浪费也很严重,要推广喷灌、滴灌少量化用水。工业耗水量太高,万元产值耗水量达 225 m^3,为发达国家(约 100 m^3)的 2 倍多。要采用生态工程技术,提高水的重复利用率。要充分利用城市污水,采用土壤处理法将城市污水作为农业灌溉用水,污水浇灌后,一部分蒸发,一部分渗为地下水,氮、磷留在地表层为植物所用。但污水成分复杂,要谨慎行事。

⑥ 绿色工程。大力开展植树种草是建设祖国秀美山川的战略部署。我国先后实施"三北"防护林、长江中上游防护林、沿海防护林等生态工程,使我国的生态环境建设进入了新的发展阶段。到 2003 年实现森林覆盖率达到 17.6% 以上,大力发展城市绿化事业,绿化覆盖率达到 30% 左右,人均公共绿地面积达到 7 m^2 左右。为此,要大力发展绿色工程:

一是切实做到抚育与更新相结合,实行森林采伐限额制度,提倡全民投入绿化祖国。

二是建立和完善自然保护区网络,典型的多种生态系统就地加以保护,防止进一步恶化。保护和抢救濒危珍稀动植物。

三是荒漠化和水土流失的治理。长江、黄河中上游的植树种草和森林保护具有特殊意义,要求较为平缓的地区保持 30% 的林地面积,山区最好能达到 60% 以上,从根本上扭转长江和黄河流域生态系统退化的趋势。

把生态建设与提高农牧业生产水平结合起来,增加荒漠区的林草植被面积,实行生产措施、工程措施和农艺措施综合配套,积极治理草地退化、沙化和碱化,控制荒漠化扩大。采取人工种草、飞播种草等措施,变草地粗放经营为集约化经营,实现草场和畜牧业的可持续发展。

总之,近年来提出的生态系统健康和生态系统管理的新概念不是偶然的。它是人们醒悟的标志。它提醒人们要像维护人类健康般地维护生态系统健康,要像对待人类健康般地管理生态系统。对受损害的生态系统要坚决制止继续的干扰和破坏,同时,开展生态系统和生态工程措施,百般努力,使其恢复、重建,达到生态系统健康的目标;对于良好的生态系统一定要防止任何的干扰和破坏,在维护其健康的同时,积极开展科学研究,加深对生态系统全面的认识,不断提高现有生态系统健康的水平和质量。

三、微生物生态系统

1. 微生物生态系统的特点

微生物生态系统与其他生态系统一样,具有一定的稳定性和适应能力,即自我调节的能力。总的来说,各种微生物在生态系统内循环中的每一阶段,都能保持一定的物种数量与比例。例如,一年四季中,日照和气温的变化,草木的枯荣,引起微生物生态系统能量与物质循环的变化,微生物生态系统随之也发生变化,这种变化正如植物的春华秋实一样具有规律性,生态系统仍然是稳定的系统。

然而,微生物的生态系统和高等植物的生态系统又很不相同。森林、草原等高级的生态系统,改变了环境并使自身演化到适应高度变化的陆地环境,所以其保持自身不受外界环境剧烈变化干扰的能力更强,即具有更大的稳定性。微生物生态系统群体相对较小,改变环境的能力较弱,因此它们较难抗拒环境的改变,而是通过改变群体结构以适应新环境,形成新的生态系统。这是微生物生态系统的重要特点。

微生物生态系统由环境因素和生物因素决定。在一定条件下,环境因素或生物因素两者之一可以占主导地位。因此,一方面环境条件的改变使一类微生物为另一类微生物所取代,谁能适应新环境,谁就形成优势生长,这是环境条件起主导作用。在酸性矿泉水内或酸性沼泽内生长的产酸微生物,因为它们高度喜酸,所以能一直保持优势。只有嗜盐的微生物才能在盐水湖中生长,而厌氧菌易于在高浓度有机的缺氧环境(沼泽、堆肥)中形成优势生长等。这些都是环境因素起作用的例子。

另一方面,在同样的环境下也会产生不同的微生物类群,微生物与其他生物依其不同的生活史,也会创造出一定的环境条件,从而有利于维持已有的微生物生态系统。一般来说,生物因素对微生物生态系统的影响是有一定限度的,仅在一定的环境条件内起主导作用。

在新鲜的底物上将有某种微生物开始繁殖,生长迅速和数量最多的微生物,就是最适合当时环境的微生物,因而其生长能占优势。经过一段时间后,由于微生物的繁殖改变了环境条件,例如,原有营养的量和质的变化、代谢产物的积累、pH 的变化、氧气的消耗和氧化还原电位的变化以及有毒物质的产生等,不再有利于它们的继续生长,于是最初优势生长的微生物数目逐渐减少甚至绝迹,终于与适应了新环境的微生物在数量上达到平衡或被后者替代。

在人工创造的微生物生态系统中,例如一个发酵罐、一个废水处理的生物反应器中,为了使所需要的菌种最终形成优势生长,就应当营造有利于它们生长的环境条件。

分析微生物的生态系统,应当认识其中所包含的各种微生物类型,然后从生态观点出发,时常注意分析其中代表性的微生物,即选定某种有代表性的微生物作为反映系统性状的标记。比如环境卫生工作中选用大肠杆菌作为标记,来分析水体或食品是否受人类排泄物的污染。废水处理中,产甲烷菌的活性高低能反映出厌氧微生物系统是否处于良好的状态。而在好氧处理中,菌胶团的存在可以说明活性污泥品质的好坏;丝状菌的大量生长则标志着污泥沉降性能的下降,严重时导致污泥膨胀;固着性原生动物的出现,表明活性污泥状态良好,常用作活性污泥法废水处理系统的指示性微生物。

在自然界,微生物的某些种类也常常用作水域清洁度的指示生物。污染严重的水域由于有机质多,导致溶解氧缺乏,水域呈厌氧状态,厌氧细菌呈优势生长,其中产生 H_2S 气体的硫酸盐还原菌大量存在,产生 H_2S 特有的气味。此时,硫细菌、球衣细菌、贝氏细菌等常作为指示微生物。严重污染的水域以细菌为主,鱼类绝迹,故成为“死水”,但一些微型后生动物如颤蚯蚓、蚊蝇幼虫存在于水中。藻类中的一些种群常作为中等程度污染的指示生物,大量藻类和原生动物为其特点,泥鳅、鲫鱼和鲤鱼可能出现。水华鱼腥藻、玫瑰旋轮虫、栅列硅藻、黄团藻与大变形虫等可作为轻微污染水域的指示生物。

2. 土壤内的微生物生态

土壤内的食物链是相当复杂的,因为微生物和微小原生动物的种类极多。虽然相互依赖的微生物群体波动相当大,但总体来说,其数量很大,尤以细菌为最多,每克土壤内细菌数目可高达 50 亿个,其次为丝状真菌,再次为真菌和黏菌。真菌在物种类型和数目上虽然较少,但其生物物质的量与细菌相当。虽然藻类和原生动物也不少,但在土壤中的作用并不重要。细菌通常喜欢酸性或弱碱性的土壤,真菌则喜欢酸性土壤。因为土壤内的微生物种类极多,自然界的天然有机物一旦进入土壤,最终都将被分解,但其分解的速度可能会有很大的差别。微生物的适应性,使其在长期进化中形成形形色色的种类,能产生不同的酶,降解任何自然界存在的有机物。但是,随着近代合成工业的发展,产生了不少新的有机物,这些有机物通常由人工合成,它们在自然界中不存在或极少存在,这类有机物被称为“生物异型化合物”(xenobiotic compound)。这些化合物通常不能被微生物降解,除非它们在结构上与某种天然有机物十分相似。生物异型化合物通常对微生物有抑制作用。不能降解或极难降解的化合物如果进入土壤,日积月累,将形成公害,因此应禁止此类化合物进入土壤。例如农用塑料地膜因其不可降解而残留在土壤中,破坏了土壤的结构和通透性,使植物根系吸收水分、营养和呼吸作用受到限制。常用于农田的杀虫剂 DDT 也已证明能长期残留在土壤中并进入食物链,从而威胁人类健康。类似的杀虫剂、除草剂、抗生素、激素、石油化学品和洗涤剂等在使用时均需谨慎。应限制含有此类化学品的工业废水进入农灌水域。

通常情况下,土壤内的有机物大多来自植物的残余,其根、叶、果实、残枝等。这些植物残余主要是纤维素、半纤维素和木质素,研究土壤内物质的转化,要特别注意能分解这些物质的微生物。在通气的土壤中,真菌被认为是分解植物残余最有效的生物,通常它们首先分解植物残余物,随后细菌的数量增加,细菌分解某些植物成分,也分解真菌死亡的菌丝。随后出现原生动物、线虫、螨和其他微小的后生动物,它们以细菌为食。

土壤内简单的食物链可描述为:

植物残余(枯枝败叶等)→真菌→细菌→原生动物和微小后生动物

但是土壤内微生物的活动不总是如此简单,在含水较多的条件下,细菌一开始就会繁殖,因为它们也能分解植物中的半纤维素甚至纤维素。在有机质和水分含量更高的土壤中,厌氧细菌成为主要角色,这种情况下真菌的生长受到抑制,后生动物也较少存在。

空气和水是决定土壤内微生物活动最重要的非生物因素。水可吸附在土壤颗粒表面,水分增加时,可作为游离水填充在土壤团粒结构的空隙中,使土壤空隙中没有可自由流动的空气,仅在水中存在少量溶解氧。这些氧会因微生物和植物根系的呼吸作用很快耗尽,由此形成不利于好氧微生物活动的厌氧环境。因而为了促进和保证土壤微生物的活动,必须使土壤中所含水量和空气量保持适当的比例,这就要求土壤排水良好。

土壤中有机质的分解有难易之分,溶解性的有机质是极易分解的,例如果实中的糖分和有机酸。植物果实、块根中的淀粉也易于分解。但对于最为主要的植物成分而言,半纤维素易于分解,而纤维素的分解较为困难,其原因之一是只有少量微生物能产生纤维素酶,其次是纤维素致密的线状分子的平行排列,形成的结晶体以及其外层包裹的木质素,使酶难以渗入。木质素是最难以生物降解的物质,它们在土壤中能存留很长时间。尽管如此,纤维素和木质素最终都会被微生物所分解。木质素会留在土壤中很长时间,成为土壤腐殖质的重要组成部分。

分解半纤维素的微生物很多,而分解纤维素的微生物则较少,但也已发现有多种,其中以真菌较多,例如木霉、青霉、根霉和镰刀霉等属的一些种。其中绿色木霉(*Trichoderma reesei*)所产纤维素酶活性较高。厌氧细菌中芽孢杆菌属的热纤梭菌(*Clostridium thermocellum*)是较为著名的水解纤维素的嗜热细菌。具有芳香族结构的木质素降解的研究近年来有较大的进展,已发现真菌具有分解木质素的能力,其中的白腐菌(white rot fungi)最为著名。

土壤中的植物残余经分解后,留在土壤中的氮元素比例减少,向土壤中补加氮元素可以促进微生物的生长及有机物的分解。有些细菌可以由空气中获得氮,从而增加土壤的含氮量,著名的是与植物根系共生的根瘤菌(*Rhizobium*),它在豆科植物根系诱发根瘤,起共生固氮作用。也有非共生的固氮细菌,例如固氮菌(*Azotobacter*)是好氧条件下的典型固氮菌。在厌氧条件下,梭状芽孢杆菌是最重要的固氮菌。

土壤中的氮元素,一部分为微生物和植物利用,一部分扩散至空气中。植物或其他生物残骸中的蛋白质降解为氨后，可直接为植物所利用，氨也可再转化为硝酸盐被植物利用。但在厌氧条件下，硝酸盐经反硝化作用形成 N_2 和氮氧化物扩散在大气中，造成氮元素的损失，土壤中的积水可形成厌氧条件，加剧这种过程。

植物生长所需的其他无机元素，例如磷、硫和钾在土壤中的循环一般并不复杂。磷和钾可来自动植物残体，也可来自无机盐，这些物质经植物吸收后，有些可以通过植物残体经微生物分解作用，重新回到土壤中。硫在自然界广泛存在，这些硫常常被厌氧菌还原为硫化氢。好氧条件下，有些微生物可将含硫有机物的游离硫或硫化氢氧化为硫酸盐。因此添加这类物质可以改变土壤的 pH。

3. 土壤形成中微生物的作用

如前所述，微生物在自然界扮演着分解有机质的重要任务。除此之外，微生物在自然界的又一重大责任是形成土壤。

地球表层约几尺厚的薄层土壤，含有由矿物质、有机质、活的微生物形成的团粒结构，其间隙和表面有空气和水分，土壤是包括农作物和经济作物在内的高等植物以及微生物生长的自然基质。

土壤中最重要的成分是微生物，土壤中无机颗粒的形成以及无机元素的释放，大多是微生物活动的结果，各种无生命的有机颗粒也是微生物活动形成的。土壤一方面由于植物和微生物的活动被消耗，而同时也在不断地生长发育，其中的微生物种群处于生生不息的流动状态。由于微生物是活的，因而土壤也是活的，微生物和土壤构成复杂的微生物生态系统。

土壤内无生命的有机物质，包括动植物与微生物残体，经各种微生物作用不断被分解，最终的残余称为腐殖质，这是供植物生长的重要基质。腐殖质所包含的成分因其形成过程与环境而异，一般的腐殖质含有约 10% 的氮。土壤中最主要的残余物是植物的残余，其主要成分为纤维素、半纤维素和木质素。纤维素和半纤维素是自然界蕴藏最丰富的糖类，它们最终被微生物分解。木质素是在植物中合成的以甲苯为基本单元的高分子聚合物，木质素属于难降解化合物。虽然某些真菌可以降解木质素，但在自然状态下木质素的降解相当困难。木质素与残余植物支架组织、氨基酸等结合，成为腐殖质的重要组分。腐殖质中还含有腐殖酸和许多无机化合物，因为当腐殖质缓慢地分解时，将释放出氮、磷、钾和硫等的无机化合物，供植物根系吸收。

腐殖质在改进土壤结构方面起着重要作用，它把分散的矿物质聚合在一起，形成土壤的结构，使空气和水分在其空隙中流动渗透，并防止土壤的干化，因而有利于植物和微生物的生长。土壤中细菌的分泌物和真菌的大量菌丝，在黏合土壤颗粒中起到一定的作用。

细菌在腐殖质中缓慢地消耗着腐殖质，要保持腐殖质不被过度消耗，就必须向土壤中加入有机质，以增加腐殖质，保持土壤的肥沃。

综上所述，腐殖质的形成完全是微生物活动的结果，腐殖质不但能改进土壤的物理性能，更是植物营养和水分的仓库。

4. 水中的微生物生态

微生物在水的不同深度及底层淤泥间的活动有明显的不同，这与土壤微生物的生态不同，后者在不同深度微生物的变化是相对连续的，没有明显的分界面。在水的上层，光合作用的水生高等植物、藻类和光合细菌利用光能由 CO_2 合成有机物，它们在此大量繁殖。光合作用放出的氧以及上层水域由空气进入水中的氧使水中溶解氧量较高，因此异养的好氧微生物也相当活跃，它们能初步分解进入水中的有机物，这些有机物包括来自陆地的树叶、枯草、土壤腐殖质以及死亡的水生微生物和植物，此外，水生微生物的代谢产物被好氧微生物迅速分解。被分解的有机物产生的 CO_2 为光合微生物及植物利用或释放进入空气中。表层水中未降解的有机物残余，例如不易降解的腐殖质、木质素及部分纤维素等及上层水域的生物残体则进入下层水域。

氧在水中的溶解度较小，在大体积的水中扩散很慢。水中的氧主要来自大气和水中光合生物的光合作用。来自水面的氧较难扩散至水的深层，而阳光仅能射入水的表层，水深处则光线较弱，一般情况下光合作用不能在深层水域进行。因此深层水中没有光合生物，同时由于氧的缺乏，好氧菌较难存活，但兼性菌仍能生长，它们利用上层沉下的残余有机物作为营养，消耗大部分氧，在缺氧状态下进行代谢活动。但在表层和底层之间的深层水域，微生物的量相对较少。

水内未经分解的生物残余，最终沉落到底层淤泥中，在此，有机质营养相对丰富，呈现出厌氧的环境，厌氧微生物大量生长，它们把残余的有机物转变为有机和无机的沉积物而长期保留下来。有机物分解产生大量的 CH_4、CO_2 和一些 H_2，这些气体扩散至上层，部分为上层微生物利用，大部分则扩散到大气中。

水中微生物的量取决于有机物的量，有机物的量越大，微生物的量也就越大。淡水中的有机物大多来自临近的陆地，它们除少数被水中的水生动物吞噬，少数被真菌分解外，大部分被细菌利用。因此在有机质丰富的淡水中，细菌数量很大。大量细菌成为其他生物直接或间接的食物来源，它们在水生生物食物链内，具有重要地位。水生生物大多以浮游生物为食，大生物以小生物为食，因此，藻类、细菌等都是水生动物的食物来源。水中的有机物以溶解状态和悬浮物状态（非生物颗粒）存在。细菌容易附着在这些颗粒有机物表面，并使其逐渐分解为溶解性有机物。

水中的碳源，除陆生生物的残余外，还来自空气中的 CO_2、雨水和土壤岩石中的碳酸氢盐。水中的氮素，一部分来自雨水内带来的经闪电作用产生的硝酸盐和氨，一部分来自于以农田灌溉水渗出的含氮化合物，包括化肥和土壤固氮微生物固定的氮素。但是,水中一些微生物自身有从空气中获取氮的能力,不过水生微生物的固氮与土壤微生物有所区别,水中的固氮作用很少由共生固氮菌来完成,它们都为自由生的固氮菌。蓝细菌固氮需要日光,它们只能在水面光线能透过的表层内进行固氮作用。在氧较多的水层,固氮菌进行好氧固氮。光合细菌在厌氧条件下大都能固氮。水底沉积层的厌氧条件下巴氏梭菌(*Clostridium pasteurianum*)能进行固氮作用,将反硝化菌形成的 N_2 转化为有机氮。

经固氮微生物作用,分子氮转化为有机氮化合物。这些微生物死亡后,经微生物分解又产生无机氮,在好氧条件下有机氮转化为硝酸盐,在厌氧条件下转化为 NH_3 或铵盐。NH_3 过 NH_4^+ 可被其他微生物利用,形成有机氮化合物,在好氧条件下则又可转化为硝酸盐。硝酸盐在厌氧条件下由反硝化菌还原为 N_2 或 NO_2,或还原为 NH_3。

水内的硫酸盐来自雨水和岩石的溶解,工业废水中有时会释放大量的 SO_4^{2-}。这些 SO_4^{2-} 被微生物转化为有机硫化合物,当它们沉积至水底,由厌氧菌还原为 H_2S,H_2S 上升至表层,可由光合细菌和硫细菌将其再氧化为 SO_4^{2-}。

水中的磷的来源与硫雷同,也来自土壤、岩石、动植物及微生物残体,其中有可溶性的无机磷、非溶解性的磷酸高铁和磷酸钙等无机化合物,也有胶体的有机磷及颗粒状的有机磷。微生物分解有机磷,可增加水中可溶性磷酸盐浓度,后者可为水生植物及其他微生物吸收利用。在厌氧条件下,微生物分解有机物产生的 CO_2,能使岩石水底的不溶性的 $Ca_3(PO_4)_2$ 转化为可溶性的 $Ca(H_2PO_4)_2$。厌氧菌在有 H_2 存在时,有机物分解产生的有机酸能将不溶性磷酸溶解到水中。

第三节　生态系统的功能

一、物　种　流

自然界中众多生物是在不同生境中生存和发展起来的。通过物种流动扩大和加强了不同生态系统间的交流和联系。

1. 物种流的概念

物种流(species flow)是指物种的种群在生态系统内或系统之间时空变化的状态。物种流是生态系统的一个重要过程,它提高了生态系统的服务功能。

物种流主要有三层含义:

① 生物有机体与环境之间相互作用所产生的时间、空间变化过程。

② 物种种群在生态系统内或系统之间格局和数量的动态,反映了物种关系的状态,如寄生、捕食、共生等。

③ 生物群落中物种组成、配置、营养结构变化，外来种(exotic species)和本地种(native species)的相互作用，生态系统对物种增加和空缺的反应等。

2. 物种流的特点

(1) 迁徙和入侵

物种的空间变动可概括为有规律的生物迁徙(migration)和无规律的生物入侵(invasion)两大类。有规律的生物迁徙多指动物靠主动和自身行为进行扩散和移动，一般都是固有的习性和行为的表现，有一定的途径和路线，跨越不同的生态系统。而生物入侵是指生物由原发生地侵入到另一个新的生态系统的过程，入侵成功与否取决于多方面的因素。

(2) 有序性(order)

物种种群的个体移动有季节的先后；有年幼、成熟个体的先后等。

(3) 连续性(continuous movement)

个体在生态系统内的运动常常是连续不断的，但有时加速、有时减速。

(4) 连锁性(chain reaction)

物种向外扩散常常是成批进行的。

3. 物种流动对生态系统的影响

(1) 物种的增加和去除对生态系统的影响

罗亚尔岛是北美的一个小岛。岛上以北方植物为主。驼鹿(*Alces alces*)喜食落叶灌木和嫩枝芽。每头成年驼鹿一年的取食量为 3 000~5 000 kg 的干物质。有人预言，一旦驼鹿引入便会产生巨大的影响。该岛于 1948 年建立了实验场地和围栏。实验表明，驼鹿的存在引起了生态系统一系列的变化(Pastor *et al.*, 1993)。驼鹿喜食生长出枝芽的三种植物：白杨、小香油树和白桦树，而不食云杉和香油松，这样的取食方式造成了森林物种的减少而下层灌木和草本植物发达。经过一段时间，这种取食方式造成物种组成的迅速变化，从硬木林变成了云杉林，出现森林中云杉占优势的局面。而云杉生长慢，林地落叶的质和量都降低，落叶的分解速度减慢，进入土壤的营养物质减少。结果，驼鹿取食的地方矿质营养物的有效性和微生物的活动均有所减弱。

(2) 入侵物种通过资源利用改变了生态过程

晶态冰树(*Mesembryanthemum crystallinum*)入侵了美国加利福尼亚一些群岛，带来土壤盐分的变化。这种树在利用土壤盐分方面与群落中的其他物种不同，它能使土壤表面的盐分加重和沉积。由于晶态冰树沉积盐分，改变了土壤的营养运输过程，沉积的盐又抑制了其他植物的萌发和生长。这些岛屿就成为单一晶态冰树的生长区。伴随着这样的巨变，消除了那些不能以晶态冰树为食的动物，从而改变了群岛生态系统的营养结构。

有的入侵物种改变资源的利用或资源更新，从而改变了资源的利用率。大西洋加那利群岛(Canary Island)上生长着一种固氮植物叫火树(*Myrica faya*),它侵入了夏威夷,占据了岛上的大部分湿地和干树林,面积约为 34 803.7 km^2。这些树每年给土壤所固定的氮是本地植物所固定氮的 4 倍。早在 1800 年,夏威夷火山周围的灰质壤缺乏氮肥,这里的植物群落就没有固氮植物。火树入侵后,土壤的含氮量大为增加,提高了生产力,促进了矿物质营养的循环,为新的物种入侵提供了肥沃的土壤。

(3) 物种丧失、空缺对分解作用及其速率的影响

印度洋马里恩岛(Marion Island)上缺乏草食性哺乳动物,生态系统中食碎屑动物就占有重要位置,有象鼻虫、蜗牛和蚯蚓等无脊椎动物。特有本地种马里恩无翅蛾(*Pringleophaga marioni*)成为处理有机物的主要物种,平均生物量为 9.3 $kg/(hm^2$ · 年)。据 Crafford(1990)估算,无翅蛾每年分解处理的落叶为 1 500 kg/hm^2,占该岛最大初级生物量的 50%。这种蛾类幼虫活动的过程大大加强了微生物的活动和重要营养物质的释放。Smith 和 Steenkamp(1990)做了一个实验,把蛾类幼虫放入有落叶的微环境中,氮和磷的矿化作用得到加强,氮提高到 10 倍,磷提高到 3 倍,由此得出的结论是 *P.marioni* 是岛上营养物质矿化中最主要的角色。

1818 年,猎海豹的海轮把小家鼠(*Mus musculus*)偶然带到了岛上。小家鼠以多种食碎屑的无脊椎动物为食,每年取食 *P. marioni* 占食物总量的 50%~75%,造成至少 1 000 $kg/(hm^2$ · 年)的落叶不能分解。显然,由于小家鼠的进入,使得 *P.marioni* 等幼虫和其他无脊椎动物空缺,强烈地改变了马里恩岛生态系统物质循环过程。

(4) 对生态系统间接的影响

外来种侵入后改变原有生态系统的干扰机制,从而改变了生态过程,热带一些岛屿普遍受到火的干扰。例如,在大洋洲岛屿上引入外来草种,通过增加落叶层积累燃料,增加了火的发生频率,而原先本地种几乎没有同火相接触的机会。因此,区域内火燃烧后本地种的多度和数量都会急剧下降,同时,又使地面上的氮流失加大并改变了系统内氮库的分布状况。

总之,一个外来物种一旦入侵成功,对生态系统的影响是多方面的。一是改变原有系统内部的成员和数量。二是改变系统内营养结构。三是改变干扰、胁迫的机制。四是获取和利用资源上不同于本地物种。只要具备其中的一条,许多入侵的外来种就能够直接或间接地改变生态系统过程。

二、能　量　流

生态系统中生命系统与环境系统在相互作用的过程中,始终伴随着能量的流动和转化。

1. 能量流的概念

能量通过生态系统从一种生物传递给另一种生物的现象叫能量流(energy flow)。

能量是做功的能力。能量传递遵循两个定律,一是热力学第一定律,即能量可以从一种形态转变为另一种形态,但不能凭空创造或凭空消亡;二是热力学第二定律,即能量的产生少于能量的投入,能量的有效转化率总是小于100%。

生物圈中的生物所利用的能源主要来自太阳的辐射能,也有一部分来自地球上的化学物质储藏库。光能是如何进入生态系统的呢?是通过生物的光合作用,在生物合成自身的有机物质时被摄入的,同时其中的一部分能量又在光合生物的呼吸作用中被消耗掉。光合生物又把能量传递给其他生物,从而形成一个错综复杂的网。

生态系统不是静止的,而是处于一种动态平衡的状态。这是控制个体数量或活性的复杂反馈机制的反映,也常常以种群交替和变化的方式来反映环境中的物质和能量的变化水平。

能量流动在一个生态系统中通过的情况与物质紧密相关。尽管初级生产者的生物量与生产率不一定有密切的关联,不同的生物在能量的固定效率上是不一样的。生物量只是代表过去的能量固定的量,不是指现在能量固定的效率。初级生产者进行着呼吸作用,因而,初级生产力可以用相当于生产总效率的总生产力来表示,也可以用呼吸时允许损失的净生产率来表示。

2. 能量在生态系统中流动的特点

(1) 能流在生态系统中是变化的

能流在生态系统中和在物理系统中不同。能流与一定的摩擦损失的能量和一定系统的传导性或传导系数两个因素有关。在生命的物理系统中(电、热、机械等)是复杂的,但是从原则上来说,是有规律的,可以用直接的形式来表达。并且,对一定的系统来说又是一个常数。在生态系统中,能流是变化的,以捕食者与被食者为例,能流取决于输入端的消化率和输出端捕食者的新生物量产生速率的因素。无论是短期行为,还是长期进化,都是变动的。

(2) 能量是单向流

生态系统能量的流动是单方向的(one way flow of energy)。能量以光能的状态进入生态系统后,就不能再以光的形式存在,而是以热的形式不断地逸散于环境之中。热力学第二定律注意到宇宙在每一个地方都趋向于均匀的熵。它只能向自由能减少的方向进行而不能逆转。所以,从宏观上看,熵总是日益增加。

能量在生态系统中流动,很大一部分被各个营养级的生物利用。与此同时,通过呼吸作用以热的形式散失。散失到空间的热能不能再回到生态系统中参与流动。因为至今尚未发现以热能作为能源合成有机物的生物。

能量的单一方向性主要表现在以下几个方面：

① 太阳的辐射能以光能的形式输入生态系统后，通过光合作用被植物固定，此后不能再以光能的形式返回。

② 自养生物被异养生物摄食后，能量就由自养生物流到异养生物体内，也不能再返回给自养生物。

③ 从总的能量流动途径而言，能量只是一次性流经生态系统，是不可逆的。

物质在生态系统中作循环运动。也就是说，任何一个元素、一种物质可以一而再、再而三地被利用。

能量以物质作为载体，同时又推动着物质的运动。能量流与物质流是不能截然分开的。

(3) 能量在生态系统内流动的过程，就是能量不断递减的过程

从太阳辐射能到被生产者固定，再经食植动物，到食肉动物，再到大型食肉动物，能量是逐级递减的过程。这是因为：

① 各营养级消费者不可能百分之百地利用前一营养级的生物量。

② 各营养级的同化作用也不是百分之百的，总有一部分不被同化。

③ 生物在维持生命过程中进行新陈代谢，总是要消耗一部分的能量。

④ 能量在流动中，质量逐渐提高。

能量在生态系统中流动，有一部分能量以热能耗散，另一部分的去向是把较多的低质量能转化成另一种较少的高质量能。从太阳能输入生态系统后的能量流动过程中，能的质量是逐渐提高和浓集的。

三、食　物　链

在生态系统中，生物按食性关系而形成的锁链式的相互制约的形式称为食物链(food chain)。但是，一个消费者不只吃一种食物，而一种食物又可能被不同的消费者吃掉。像这样许多食物链能相互联结而形成的一种错综复杂的网状结构，称为食物网(food web)。

在一个生态系统中，初级生产者可能通过两条途径被异养生物利用。当初级生产者仍然活着时，可以被初级消费者食草动物吃掉，而食草动物又可被次级消费者食肉动物吃掉，这种关系称为生食食物链(grazing food chain)。但是这种关系往往不是一种直线的关系，而称之为生食食物网(grazing food web)。如果初级生产者不是活着时被吃掉，它们的尸体同那些初级消费者和次级消费者的尸体一起进入碎屑食物链(detritus food chain)。

能量在通过食物链的每一个营养层次时，大部分转化为热能，只有小部分重新构成新原生质的化学潜能，最后能量将被消耗殆尽。因此，能量流动是属于单

向性的，生态系统必须不断地从外界获得能量。

在水域中，主要的初级生产者是浮游植物，如悬浮或漂浮的微藻类和蓝细菌。在浅水中，都是底栖的大型植物，而主要的初级消费者是浮游动物（zooplankton）。在海洋中，大多数初级生产者被这些消费者所吞食，停留在食草食物链。研究证明，在淡水和海洋环境中，有相当大比例的初级生产者是以颗粒状物或分泌物的形式进入到碎屑食物链。在陆地生态系统中，微生物不是重要的初级生产者，也不像一般所认为的那样，在陆地生食食物链中是重要的消费者。应该说，陆地上的初级生产者被食草动物摄入的量是很少的，而 80%～90% 的能量流是通过碎屑食物链。有趣的是，大多数食草动物是依赖微生物在其瘤胃或盲肠里分解植物性物质，使它们变成一种可利用的状态。

在碎屑食物链中，当分解作用开始进行时，微生物可能不是占优势的生物。大部分破碎作用是由节肢动物和一些小的动物来完成。它们破碎有机物，使之形成有机物聚集的、暴露出来的新的表面。动物的粪便又是微生物极好的生活基质，有机物质在通过小动物的肠道时，以各种有机化合物和水分丰富了粪便，如果用二氧化碳释放的量来估价微生物的活性，可能发现粪便上放出的二氧化碳的量要比原来的碎屑高出 1～2 个数量级。在生态系统中，能量主要通过光合作用（光合生物）而进入生态系统，然后再通过食物链而流动。

光合生物利用光能合成自身有机体的同时，其中部分能量在自身呼吸中消耗。当光合生物被食草动物摄取后，其中部分能量又被食草动物在呼吸中消耗掉。食草动物为食肉动物所捕食，其余部分的能量被动物在合成自身有机体时利用，生物体死亡后，被微生物分解释放出的能量供微生物代谢用。所以，食物链每进行一步，都要消耗大量的能量，都会有能量以热能形式消耗掉。因此，来自太阳光的能量只有很小的一部分被储藏起来，也就是说最后只有少量的能量转变为化学能。

四、营　养　级

营养级即为食物链的各级营养层次。

如果把通过各营养级的能量流动总量由低到高排列，就成为一个金字塔。这种金字塔称为能量金字塔或生产力金字塔。金字塔的底层是绿色植物，它的生产力最大，食草动物其次，食肉动物最小。如果以生物量和个体数目来表示，可以得到生物量金字塔或数量金字塔。

生物量金字塔和数量金字塔有时存在颠倒现象，尤其是数量金字塔，消费者个体小而生产者个体大。例如，森林昆虫和树木的关系。寄生虫和宿主之间也往往如此，在一个宿主身上往往有多个体内外的寄生虫。在生食食物链中，微生物作为初级生产者和消费者营养级可能比较低，而动物的营养级就较高。但是，微生物能分解来自食物链中所有营养级的生物，而且由于呼吸作用所损失的能量比所获得的能量要少。因此，营养级较高的生物的生物量往往比营养级较低的生物的生物量少。当然，这也不是不可变的。

营养级的金字塔是建立在生物量基础上的提法并没有回答整个问题，生态系统中的代谢活性可能真正与我们的研究有关。唯有能量金字塔最能保持金字塔形，它比数量金字塔或生物量金字塔更能反映能量的变化，因而具有更重要的意义。

营养级不是生物本身所能控制的，随外界环境条件的变化，代谢也发生一些变化。例如，某些藻类在正常情况下是能进行光合作用的初级生产者，当把它们放在含有有机质的黑暗处时，就变成异养生物而成为分解者。真菌有许多是分解者，但也有些真菌却能在特殊的环境中捕捉原生动物和蠕虫，以补充它们的营养，这样就可以把这些真菌放在食肉动物同一营养级了。

必须强调指出，生物量金字塔的一个不足之处是没有考虑微生物，而事实上微生物的作用是不能忽视的。这是因为在微生物群落中包括有大量的对降解初级生产者活力很强的消费者群落。

由此可见，如果把微生物在食物链循环中的作用与生态系统中能量的流动过程作为一个中心问题来考虑，那么，微生物的功能表现在以下 3 点。

① 许多植物与微生物共生。微生物利用植物供给的有机物形态的能量，固定氮素和吸取无机营养物供给植物，其结果是促进了植物的光合作用。

② 在碎屑食物链中，微生物并不单纯地把有机残体分解为无机物，而在分解过程中，由于微生物本身的增长，储存了一部分能量，同时，微生物死亡后又被分解。因此，生物残体的分解与微生物增长是并行的过程。

③ 在厌氧条件下，动植物残体含有的有机物分解形成甲烷，同时无机物被还原。所形成的甲烷和存在于还原型的无机物中的化学能，在好氧条件下被微生物所利用。

食物链有一个很重要的属性就是能浓缩不能被代谢的毒物，也就是说，某种元素或不能分解的物质，具有随着营养级的提高而在机体中逐步浓缩的现象，称为生物放大(biomagnification)，它在生态系统中极为重要。在生态系统中，这些有毒物质的起始浓度可能很低，但通过营养级一步步浓缩，放大的倍数可达惊人的程度。如表 2-1 所示，在海洋生态系统中，DDT 残留物的浓度被生物放大的情况。海洋中的 DDT 浓度极低，但通过每个营养级的浓缩，可以从海带中的 0.001 mg/L浓缩到水老鸦肝脏中的 1.19 mg/L，提高了 1 000 多倍。

表 2-1 海洋生态系统中 DDT 残留量的生物放大情况

生物名称	营养级	DDT 含量/(mg/L)
海带	1	0.001
海胆	2	0.027
大红虾	3	0.024
鸬鹚类肝脏	4	1.56
水老鸦肝脏	5	1.19

存在于海洋中的某杀虫剂浓度为 0.000 1 mg/L,经过四个营养级后竟可达 1.0 mg/L,每个营养级浓缩 10 倍。毒物还可能浓缩到生物体的特殊器官和组织内,从而增加了生物放大作用的生态学危险性。如鱼肝脂肪组织和鸟卵中的杀虫剂浓度,对人和野生动物特别危险。

总而言之,在生态系统中,能量的流动从太阳光到植物,然后经食草动物而达到食肉动物,这是一个生食食物链。在这个食物链中,微生物的作用不是主要的。但是,在碎屑食物链中,微生物却起着很大的作用。微生物可在有机物质转化过程中,把积储在植物有机残体中的太阳光能从一个生物传递到另一个生物。微生物供能、耗能与储能的这种机能,在自然界维持生态系统的平衡中,有着十分重要的意义。

五、信　息　流

生态系统包含着大量的复杂信息,既有系统内要素间关系的“内信息”,又存在着与外部环境关系的“外信息”的系统。信息是生态系统的基础之一,没有信息,也就不存在生态系统了。信息科学(science of information)理论和技术极大地促进了生态系统信息的发展。

1. 生态系统信息的特点

生态系统信息具有的主要特点包括以下 5 点。

(1) 生态系统信息量与日俱增

现在处于信息科学急速发展的时代,随着各种生物,包括人、植物、动物和微生物的基因组计划和各种类型的生态系统研究计划的进行,与之相关的生态系统各种结构与功能的信息将逐步被了解,人类基因组所蕴含的 10 万基因,已基本被确定。目前已有上百种生物学、生态学数据库(date base),各国正纷纷投入巨资进行研究和开发。

(2) 生态系统信息的多样性

生态系统中生物的种类成千上万,它们所包含的信息非常庞杂。信息来自植物、动物、微生物和人等不同类群的生物。鸟儿歌声婉转动人，蝈蝈是出类拔萃的歌手，犬吠、狼嚎、猿啼都是生物发出的各种信息。此外，亦有非生物信息。有包含物理、化学和生物的不同性质的信息，有液相、气相和固相三种不同状态的信息，动物的信息常常可分为若干“信息群”。在同类中传递各种重要信息，如哪里会有食物，遇到危险发出紧急警报，寻求配偶发出信息，鸟类在林中长歌短唱往往包括许多不同信息。

(3) 信息通信的复杂性

生态系统中生物以不同方式进行信息通信。有的从外形相貌上显示其引诱或驱避作用，有的内部生理、生化方面蕴含着抑制、毒杀作用，有的从行为方面进行信息联系等。信息通信距离有远有近，有的近在咫尺，有的远至数百千米、数万千米以上。信息通道除空气、水域、土壤等自然因素外，还有人工的联系通道等。

(4) 信息种类多，物种信息储存量大

生态系统信息种类多，有生命物质信息和非生命物质信息，有宏观的也有微观的。当前，在基因和蛋白质结构和功能方面存在大量的信息数据。

物种的信息储存量很大。人们发现，每种微生物、动物和植物的遗传密码中都有 100 万~100 亿比特的信息，都是在几千年或几百万年进化过程中存留下来的(Wilson，1990)。

(5) 大量信息有待开发

生态系统信息研究尚处于积累阶段，生态系统信息化的研究尚处于初级阶段。信息资料分散，相互独立，缺乏联系，而且研究方法陈旧。面对堆积如山的信息，研究力度和速度与之相差甚远。这种工作还没有形成规模，很难找出规律。

积极普及、提高计算机技术，特别是网络技术，要把许多分散的系统内的生物信息逐步地收集起来。把各个生态系统定位研究站、实验室和研究机构组织起来，形成一个整体，不断地获取信息，丰富生态系统的信息数据库、图像数据库(image database)。

当前，保护生物多样性已成为全人类面临的一项紧迫任务。但对于某个物种的灭绝究竟会给生态系统、给人类造成多大影响和损害就了解得不具体、不完整。所以，就要尽快充实生态系统中有关物种多样性的信息和数据。

最近，人们怀着极大的兴趣探讨关键种和冗余种问题。对物种多样性基础信息和知识的深化，关键种的确立，无疑将导致对生态系统功能过程更全面的了解。加强研究不同物种对生态系统功能影响的生态学基础数据，将有助于人类更好地保护生物多样性。

生物信息学(bioinformatics)是 1993 年出现的新概念，而信息生态学则出现得更早(张新时,1990)。这些新学科都强调了计算机等高新技术在生态信息获取、储存、传递、处理、分析、模拟、再生和检验等方面的应用。生态系统信息的多样性、复杂性等特点也必须在现代高新技术手段条件下才能得到充分的开发与显示。信息科学技术的数字化、图像化、网络化、模式化和优化等大大地增进了对生态系统的预见性、可控性和规律性的了解。

2. 生态系统信息流动的过程环节

生态系统信息流动是一个复杂的过程:一方面信息流动的过程总是包含着生产者、消费者和分解者亚系统,每个亚系统又包含着更多的系统;另一方面,信息在流动的过程中不断地发生着复杂的信息转换。归纳起来,信息流动可有以下一些基本的过程环节。

(1) 信息的产生

生态系统中信息的产生过程是一种自然的过程。只要事物存在,就会有运动,就具有运动的状态和方式的变化,这就是生态系统中的信息,属本体论的信息。

(2) 信息的获取

信息的获取指信息的感知和信息的识别。信息的感知是指对事物运动状态及变化方式的知觉力。当然,仅有知觉还是不够的,还要有识别能力,对信息加以分辨,必须同时考虑到事物运动状态的形式、含义和效用三个方面的因素。

(3) 信息的传递

信息的传递(information transfer)包括信息的发送处理、传输处理和接收处理等过程环节。信息的传递不仅包括信息在空间上的传递,也包括信息在时间上的传递。

(4) 信息处理系统

信息处理系统(information processing system)指为了不同目的而实施的对信息进行的加工和变换。

(5) 信息再生

信息再生(regeneration)是利用已有的信息来产生信息的过程,它在整个信息过程中起着十分重要的作用。信息再生表明它是一个由客观信息转化为主观信息的过程,是主体思想转化升华的过程。

(6) 信息施效

使信息发挥作用是研究整个信息过程的目的。人们通过获取信息、传递信息、处理信息、再生信息和利用信息等,让信息发挥效益。其中包括控制、优化的增扩智能。最终把信息和规律运用于实践中,造福人类。

第三章 自然界中的微生物及其多样性

微生物是自然界中分布最广泛、数量最庞大的生物群体。无论是陆地、水域、空气、动植物和地球上任何物体的内外均有它们的存在，这是由它们的生物学特性所决定的。首先，它们的形体微小，易于通过各种介质，如空气、水和包括所有动物在内的各种运动体传播。尤其是它的休眠体和繁殖体，如细菌的芽孢和真菌的各种孢子，形体更小，水分含量少，抵抗力强，更适合于微生物在自然界的传播。随着交通运载工具的广泛使用及其速度的不断提高，人类交往的机会在增加，微生物传播的速度也在加快，分布的区域更为广泛。其次，微生物的营养种类多、适应能力强，而且能够以各种物质为基质，能在不同的环境中生长、繁殖。由于上述特性，使得微生物广泛地分布在自然界中。

在天然环境中，微生物的分布，不仅在种类成分上千差万别，就是在数量上也往往高低悬殊，既有每毫升低到几百个细胞的程度，也有每毫升高达 10^9 ~ 10^{10} 个细胞的水平。

第一节 微生物在土壤中的分布

一、土壤的形成

土壤可根据其形成过程不同而分为无机土壤和有机土壤。无机土壤的形成来自于石块的风化或其他无机物质，而有机土壤则来自于草地和沼泽地冲积，大部分地区是无机土壤占优势，故这里主要讨论无机土壤。

土壤是由物理的、化学的和生物学的因子结合起来共同作用形成的。暴露于地表的石块上，往往生长着藻类、地衣或苔藓。这些生物能忍受干燥而在石块上保持优势，当有水分存在时就进行生长。这些生物通过光合作用，合成有机物，这些有机物又支持着异养细菌和真菌的生长。于是石块上被植物覆盖的面积就越来越大，异养菌的数目也越来越多。由生物呼吸作用所产生的二氧化碳在水中转变为碳酸，成为浸溶石块的重要因子，对含石灰石成分的石块作用更为明显。许多异养细菌能分泌有机酸，也能促进石块溶裂成更小的颗粒。再加上冰冻和解冻以及其他物理过程，导致石块碎裂。就是在这些裂缝中，形成了初级的土壤。有了这些初级的土壤,就有高等植物的先驱出现。当植物的根穿进石缝后,一方面增加了石块的片段性,同时植物根的分泌物又促进了根系微生物区系的发展。当植物死后,其残体进入土壤作为营养,更有利于土壤微生物的发展,使无机物更趋于可溶性,而当水透过时,就能把一些化学物质带到深处,使土壤的深度不断增加,从而允许更大的植物发育。动物也开始出现,这些动物在保持土壤上层的均匀混合与通气性方面,起着重要的作用,最终形成了土壤。

二、土壤的环境条件

地球表面的岩石风化壳在母质、地形、气候、生物和时间等五大因素的共同作用下形成土壤,光合型微生物出现在成土母质中积累了有机质和氮素,进而为其他异养型微生物的发展和植物的生长创造了条件。大量生物的活动进一步加快了岩石的风化和有机质的合成。微生物在转化土壤有机质的过程中形成的腐殖质又促进了土壤团粒结构的形成和土壤肥力的提高,经过上述五大成土因素的长期共同作用,终于形成了植物赖以生存并间接供养了人类和动物的特殊生态环境——土壤。

因为土壤具备了适于各种微生物生长发育所需要的营养、水分、空气、酸碱度、渗透压和温度等条件,因此成为自然界微生物最适宜生活的环境或大本营。岩石在分化过程中能释放出大量的矿质元素和微量元素,适合于多数微生物生长的需要。此外,土壤是由液相、固相、气相组成的团粒结构,这些颗粒中掺有各种有机物和水及溶于水中的各种矿物质,而且颗粒的间隙间也充满空气,此外土壤中遗留的动植物残体是最好的有机养料。土壤的酸碱度一般接近中性,是微生物生长繁殖的适宜 pH 范围。渗透压与细胞渗透压大致相近,$3.0\times10^6 \sim 7.0\times10^6$ Pa 范围。温度在一年四季中变化不大,这些都是有利于微生物生长的条件。

土壤是微生物生长繁殖的天然基质,这是因为具有以下几方面的特性。

(1) 土壤中含有水分,水分中含有可溶性无机和有机营养。

(2) 在土壤团粒间的空隙中存在着空气。

(3) 土壤由于施肥和生物遗体腐败,可以不断提供丰富营养。

(4) 土壤是良好的缓冲环境。

在这些条件中,对微生物影响最明显的是土壤中的水分与空气。土壤中的水分与降雨、排水和植物覆盖有关。土壤可通过两个途径保持水分,即吸收到土壤颗粒表面和以自由水形式存在于土壤间的空隙。土壤间的空隙通常是土壤总体积的 30%~50%。在排水良好的土壤里,土壤、水和空气三个成分的体积比例分别为 50%、40%和 10%。但水与空气要争夺土粒间的空隙,雨水能驱走土壤中的空气。所以,淹水的土壤里,溶解于水中的氧会被微生物迅速消耗而造成厌氧环境,这就能使土壤的生物学特性显示出深刻的变化。

土壤的营养状况是影响微生物活力的另一个重要因素。微生物都集中存在于有机质丰富的土壤表层，以及与植物根部相邻的部位，而在无机土壤的深层，微生物的数量和活力都是很低的。

三、土壤中微生物的生态分布

让我们首先来讨论微生物的数量和生物量，以及它们可以提供微生物群落大小的概念。

由于微生物生理类型很多，营养谱广，因此自养菌、异养菌、好氧菌、厌氧菌、纤维素分解菌、蛋白质分解菌及其他类型的微生物都可以从土壤中找到。对人类来说，土壤是最丰富的“微生物资源库”。

在农业土壤中，1 g 土壤（干重）含有几百万个细菌细胞，几十万个真菌的繁殖体和几万个原生动物和藻类。即土壤中各种微生物的含量差别很大，但每克土壤的含菌量大致上有一个 10 倍系列的递减规律：细菌>放线菌>霉菌>酵母菌>藻类>原生动物，其中放线菌和霉菌主要是指其孢子数。在个体数量上，土壤微生物一般以细菌为最多，单以生物量来计算，则以真菌为最多。表 3-1 是农业土壤的上层 10 cm 土层中微生物的数量和生物量。

表 3-1 农业土壤的上层 10 cm 土层中微生物的数量和生物量

微生物	每克干土中的菌数/个	生物量/(g/m^3)
细菌	$10^6 \sim 10^9$	160
放线菌	$10^5 \sim 10^8$	160
真菌	$10^3 \sim 10^5$	200
藻类	$10^4 \sim 10^5$	32
原生动物	$10^3 \sim 10^5$	38

在土壤中，微生物的数量和生物量有很大的不同。微生物的生物量比起农业或林业在土壤上生长的高等植物和作物的生物量要少得多。而当与其他土壤生物相比较时，微生物的生物量就多得多。例如，在草地土壤中，微生物的生物量可能超过所有脊椎动物和非脊椎动物生物量的总和。可见，微生物在土壤生态系统中是很重要的。

微生物在土壤中并不是均匀分布的。土壤中的微生物主要聚集在表土层或耕作层土壤中，它们多以微菌落（microconoly）的形式分布在土壤颗粒和有机质表层及植物根际。Buhovpagckuu 曾将土著性土壤微生物区分为土生性微生物和发酵性微生物两大类。土生性微生物以革兰氏阴性的无芽孢杆菌和放线菌为主,它们以土壤腐殖质为主要的有机养料,生长慢、数量较稳定、作用持久。发酵性微生物以假单胞菌属、芽孢杆菌属以及青霉、曲霉和毛霉等为主。它们以动植物的分泌物、排泄物和残体为主要的有机养料,代谢活动和数量表现为大起大落的间歇性,它们中的多数类群还能形成休眠体以度过不良的环境。多数进入土壤中的人和动物的病原微生物则是真正的外来性微生物,它们中的大多数将因为不能在土壤中找到适合其生长的条件而消失。

土壤中存在着许多能供不同类群微生物生长的微生态位,如好氧性微生物多生活于土壤表层并能适应较高的有机养料浓度,而土壤底层则有较多的好氧、厌氧和兼性厌氧微生物。土壤微生物的数量、类群和分布与土壤类型、气候以及人类的生产活动密切相关,直接受土壤结构、层次、温度、有机质含量、水分、通气性、耕作、灌溉和施肥等因素的影响,并随气候而呈现出季节性和昼夜性的有规律的变化。此外,土壤中微生物的种类和分布还受土壤的深度、含水量、季节、施肥和植被等因素的影响。表层或耕作层土壤中微生物数量最多,土层越深、微生物数量越少。如增施有机肥料或加深耕作深度可使下层土壤中微生物的数量有所增加,但仍遵循上多下少的分布规律。耕作上层土壤中由于好氧菌活动及根系的呼吸,消耗大量氧气,造成土壤局部厌氧环境。再往下层虽然土层通气性差,但因养料不足,厌氧菌的数量不一定比上层土壤中多(表 3-2)。

表 3-2 土壤剖面不同层次中微生物数量

深度/cm	每克土壤中微生物的数量/($\times 10^3$ 个)				
	好氧性细菌	厌氧性细菌	放线菌	真菌	藻类
3~8	7 800	195	2 080	119	25
20~25	1 800	379	245	50	5
35~40	472	98	49	14	0.5
60~75	10	1	5	6	0.1
135~145	1	0.4	—	3	—

从小范围来说,微生物的分布取决于土壤颗粒的性质。微生物生长在腐殖质颗粒上比生长在没有腐殖质的颗粒上种类多,数量大。

1. 细菌

细菌是土壤微生物中数量最大、种类最多、功能多样的类群。总菌数一般可达 10^6~10^9 个/g 土,生物量超过全部土壤微生物总量的 1/4。土壤细菌以异养型为主,无芽孢细菌占优势。常见的细菌属及其在土壤中的数量可见表 3-3。

表 3-3 土壤内常见的好氧、兼性厌氧细菌属

细菌名称	土壤中占的比例/%
节杆菌属	5~60
芽孢杆菌属	7~67
假单胞杆菌属	3~15
土壤杆菌属	1~20
产碱菌属	2~12
黄杆菌属	2~10
棒状杆菌属	<5
微球菌属	<5
葡萄球菌属	<5
黄单胞菌属	<5
分枝杆菌属	<5

2. 放线菌

放线菌个体数量可达 10^5~10^8 个/g 土，仅次于细菌。由于一个放线菌的分枝丝状体较细菌大得多，因而其总生物量仍可以与细菌相当。放线菌数量和类群也随土壤类型而异，在有机质丰富的中性到微碱性土壤中较多，在贫瘠、酸性或淹水的土壤中则较少。由于其分生孢子能耐干燥，因而适度干旱后的湿润将有利于它们在土壤中的发展。土壤中常见的放线菌种类以链霉菌属和诺卡氏菌属较多，其次是小单胞菌属和放线菌属等。放线菌的生长使土壤带有特殊的土腥气味。

3. 蓝细菌

光能自养的蓝细菌需要一定湿度和光照的生态条件，它们主要分布在表土层中，在酸性土壤中较少，中性到微碱性土壤中较多。蓝细菌中的固氮类群在土壤形成初期有积累有机质和氮素的作用。土壤中常见的蓝细菌类群有鱼腥藻属（*Anabaena*）、眉藻属、色球藻属（*Chroococcus*）、筒孢藻属（*Cylindrospermum*）、鞘丝藻属（*Lyngbya*）、念珠藻属（*Nostoc*）、微鞘藻属（*Microcoleus*）、节球藻属（*Nodularia*）、颤藻属（*Oscillatoria*）和单歧藻属（*Tolypothrix*）等。

4. 真菌

丝状真菌都是好氧、异养的类型，它们主要分布在土壤表面的枯枝落叶层和表土层中，在肥沃和通气良好的土壤中数量较多，在酸性土壤中亦有一定的数量和生物量，真菌在土壤中的数量可达 10^3~10^5 个/g 土。真菌中的许多类群能分解纤维素、木质素等难分解的有机物质，因而在土壤形成和肥力提高过程中具有

重要作用。许多真菌在遇到不良的环境条件或缺少适宜的寄主植物时,能形成卵孢子、子囊孢子、担孢子、厚垣孢子及菌核等在土壤中休眠。除强酸性土壤、寒带土壤深层以外,多数土壤中均存在抑制真菌作用(fungistasis),而产生这一作用的原因目前尚不清楚,但肯定与土壤中其他微生物的作用有关,因为土壤一经灭菌以后即失去对真菌孢子萌发的抑制作用。大量易分解的有机物质的加入,也能解除土壤的抑制真菌作用。土壤真菌以半知菌和担子菌为主,其次为藻类菌和子囊菌。

酵母真菌存在于大多数土壤中,它们是兼性厌氧类型,数量一般较少。土壤是酵母属、油脂酵母属、许旺酵母属、克鲁维酵母属、裂芽酵母属、汉逊酵母属、假丝酵母属和隐球酵母属等的天然生态环境。常见的类群主要是假丝酵母属、红酵母属和隐球酵母属。

5. 藻类

光能自养的藻类因需要光而分布在表土层和表层积水中,数量有时也可高达 10^5 个/g 土,遇温暖潮湿季节时可因其大量繁殖而在表土层形成绿色、红色等斑点。藻类能通过光合作用增加土壤有机质并产生氧气以改善土壤的氧气条件,藻类的残体也是其他异养型微生物的重要食物来源。土壤酸碱度在很大程度上决定藻类的组成,在酸性土壤中绿藻占优势;中性到微碱性土壤则适合于硅藻生长,红藻、裸藻和金藻的数量次之。土壤中常见的主要藻类有衣藻属、小球藻属、绿藻属、丝藻属、双星藻属、曲壳藻属、拟气球藻属、异球藻属和无隔藻属等。

6. 原生动物

土壤中的原生动物总数常可达 $10^3 \sim 10^5$ 个/g 土。多集中在有机质和微生物丰富的表层土壤中,主要受水分、温度和通气性的影响。土壤中的原生动物在个体的大小和类群的多样性方面不如水生环境,以鞭毛虫占优势,其次是肉足虫和纤毛虫。原生动物以有机质碎片或溶液、藻类、细菌、真菌及其他微生物为食物,对土壤中的微生物(尤其是细菌)的种类和数量起着重要的平衡和调控作用。常见的类群有波多虫属、波多滴虫属、变形虫属、钟虫属、眼虫属、三足虫属、网足虫属、沙壳虫属和拟衣虫属等。

第二节 微生物在水体中的分布

水是生物的营养成分之一,也是生物所需的其他营养物的载体或溶剂。对于微生物而言,水又是它生存的环境基质。自然水体是土壤的邻居,而土壤是水域微生物和它们的营养物的来源。流经土壤而汇集于江、河、湖、海的水中,含有土壤中的微生物、矿物质及各种有机物;而水与空气易流动这一自然的属性又为水中充入了相当数量的氧气；另外，较大的比热容又使水体对气温的变化具有一定的缓冲能力。这一切使得营养种类多、适应性强、易于传播的微生物遍布于上述水域中，甚至在一些特殊的水体，如高盐的死海、高热的温泉中都有它们的踪迹。

在自然界中水可以分为地下水和地面水。除了地下深层水外，如江、河、湖、海等各种淡水与咸水水域中都生存着相应的微生物。由于不同水域中的有机物和无机物种类和数量、光照度、酸碱度、渗透压、温度、含氧量和有毒物质的量等差异很大，因而使各种水域的微生物种类和数量呈现明显的不同。水中微生物的区系划分有不同的方法，常见的有两种，一种是分为清水型水生微生物与腐败型水生微生物；另一种是分为淡水微生物和海水微生物。

一、清水型水生微生物与腐败型水生微生物

1. 清水型水生微生物

在洁净的湖泊和水库中，因有机物含量低，故微生物数量很少（$10 \sim 10^3$ 个/mL）。典型的清水型水生微生物以化能自养微生物和光能自养微生物为主，如硫细菌、铁细菌和衣细菌等，以及含有光合色素的蓝细菌、绿硫细菌和紫细菌等。也有部分腐生性细菌，如色杆菌属、无色杆菌属和微球菌属的一些种能在低含量营养物的清水中生长。单细胞和丝状的藻类以及一些原生动物常在水面生长，不过它们的数量一般不多。

根据微生物尤其是细菌对周围水生环境中营养物质浓度的要求，可把清水型水生微生物分成三类：

① 贫营养细菌，指一些能在有机物碳含量为 1~15 mg/L 的低含量有机质培养基中生长的细菌。

② 兼性贫营养细菌，指一些在富营养培养基中经反复培养后也能适应并生长的细菌。

③ 富营养细菌，指一些能生长在营养物质浓度很高（10 g/L）的培养基中的细菌，它们在细菌贫瘠营养培养基中反复培养后即死亡。

由于淡水中溶解态和悬浮态有机物碳的含量一般在 1~26 mg/L，故清水型水生微生物很多是一些贫营养细菌。某水样中贫营养细菌与总菌数的百分比，称为贫营养指数（oligotrophic index 或 O.I.）。

2. 腐败型水生微生物

上述清水型水生微生物可以认为是水体环境中“土生土长”的土著微生物或叫土著种（native species）。流经城市的河水、港口附近的海水、滞留的池水以及下水道的沟水中，由于流入了大量的人畜排泄物、生活污物和工业废物等，因此有机物的含量大增，同时也加入了大量外来的腐生细菌，使腐败型水生微生物

尤其是细菌和原生动物大量繁殖，每毫升污水的微生物含量达到 10^7 ~ 10^8 个。其中数量最多的是无芽孢革兰氏阴性杆菌，如变形杆菌属、产气肠杆菌属和产碱杆菌属等，还有各种芽孢杆菌属、弧菌属和螺菌属的一些种。原生动物有纤毛虫类、鞭毛虫类和根毛虫类。这些微生物在污水环境中大量繁殖，逐渐把水中的有机物分解成简单的无机物，同时它们的数量随之减少，污水也就逐渐净化变清。还有一类是随着人畜排泄物或病体污物而进入水体的动植物病原菌，通常因水体中的营养条件不能满足其生长繁殖的要求，加上周围其他微生物的竞争和拮抗关系，一般难以长期生存，但由于水体的流动，也会造成病原菌的传播甚至疾病的流行。

二、淡水微生物和海水微生物

1. 淡水微生物

海洋的水蒸发后，最终以雨水的形式落在陆地，除一部分渗入地下以外，其余的水流经土壤汇集起来，进入江、河、湖泊和水库等，构成了自然界的淡水区域。淡水水域多接近陆地，所以淡水中的微生物大多来源于土壤、空气和人类活动所产生的污水以及动植物的尸体。也就是说，淡水水域的微生物，基本上反映了水域附近土壤的微生物种类和土壤的特性。这些来自土壤的微生物，除了某些好氧和喜干的种类不适应水体环境而在数天后死亡外，相当一部分则成为水体微生物的成员。它们当中有土壤中的厌氧、兼性厌氧的腐生菌，如变形杆菌、芽孢杆菌等。除此之外，淡水中的微生物还包括适应淡水环境的自然菌群。

淡水水域离陆地近，与海洋相比，面积小，因而微生物的种类和数量的变化较大。一般而言，离土壤较近、有机质含量较多的水域，微生物的种类多，数量也较大；而离土壤较远、有机质少的水域则相反；静水中，厌氧菌多；流动水体如河流，由于氧气含量高，好氧菌多，但因有机物消耗快，微生物无太多的营养，所以数量少；中性的淡水中大多数细菌都可生存，而碱性水体则适合硝化细菌、尿素细菌生长。

至于通过较厚土层过滤后形成的地下淡水水系，由于有机质和氧气的缺乏，这部分水中微生物的种类和数量均比较少。

2. 海水微生物

海洋是地球上最大的水体，海水与淡水最大的区别在于其中的含盐量。含盐量越高，则渗透压越大，反之则越小。因此，海水中的微生物与淡水中的微生物在耐渗透压能力方面有很大的差异。此外，在深海中的微生物还能耐很高的静水压。例如，少数微生物可以在 6.06×10^4 kPa（即 600 atm）下生长。如水活微球菌和浮游植物弧菌等。

一般情况下，海水的含盐量在 4%左右。由于海水中盐分高，有机质和氧气的含量比淡水和土壤中的低,不适合放线菌和真菌的生长,海水中的微生物绝大多数是能耐受高渗透压的嗜盐性细菌。其中,具有代表性的是一些有活动能力的杆菌和弧菌,如假单胞杆菌属、弧菌属、黄色杆菌属、无色杆菌属和无芽孢杆菌属的细菌。

海洋水域面积和深度比淡水水域大,与土壤接触的面积小,海水中的有机质的含量和温度比自然界的淡水水域稳定。但在近海水域,由于江河之水的流入,海水中有机物的含量高,微生物的种类和数量就比较多,并随着季节的变化而变化。

三、水中微生物的作用

由于水中有机质和氧气的含量均低于土壤,所以水域环境中的微生物的种类和数量要逊色于土壤中的微生物。但整个地球的表面,约有 70% 被水所覆盖,尤其是海洋很深,可供微生物生存的空间实在是很大,所以水域中的微生物总生物量并不比土壤中的少。

水体微生物的影响和作用是巨大的,其中的光合自养微生物通过光合作用,利用光能,将无机物变为自身有机物,成为水域环境食物链的起点。浮游生物以自养微生物为食,无脊椎动物吃浮游生物,而无脊椎动物又成为鱼类的食物。在由一系列生物构成的食物链中,每种生物都能被微生物所分解,主要表现在好氧菌对有机物的分解作用,原生动物对细菌等的吞噬作用,噬菌体对宿主的裂解作用,以及微生物产生的凝胶物质对污染物的吸附、降解作用等。可见,以微生物和海洋光合生物为起点的食物链,不仅为人类提供了鱼、虾、蟹等蛋白质食品,还消除了水域环境中有机质的污染。因此,水域中的微生物,无论从经济还是从环保的角度来看,作用都是巨大的。

四、水中的微生物与饮用水

水中微生物的含量对该水源的饮用价值影响很大。一般认为,作为良好的饮用水,其细菌含量应在 100 个/mL 以下,当超过 500 个/mL 时,就不适合作为饮用水了。对饮用水来说,除了微生物的数量,更重要的指标是其中微生物的种类。因此,在饮用水的微生物学检验中,不仅要检查其总菌数,还要检查其中所含的病原菌数。由于水中的病原菌含量总是较少的,难以直接找到,故一般就只能根据病原菌与最常见的但数量很大的细菌——大肠杆菌同样来自动物粪便污染的原理,通过检查水样中的指示菌——大肠杆菌数即可知道该水源被粪便污染的程度,从而间接推测其他病原菌存在的概率。检验大肠杆菌可用伊红美蓝培养基。根据我国有关部门所规定的饮用水质量标准,自来水中细菌总数不可超过 100 个/mL(37℃,培养 24 h),大肠杆菌不能超过 3 个/mL。

第三节 微生物在大气中的分布

由于空气是多种气体的混合物,没有可利用的营养物质和足够的水分,加之日光紫外线的辐射,所以空气不是微生物繁殖的天然环境。但微生物及其休眠体或作为繁殖体的各种孢子,因形体小、分量轻,可以依托于土壤飞扬起来的尘埃、风吹水面泡沫产生的小水滴以及人和动物的体表脱落物、呼吸道的飞沫等进入空气,并随着空气的流动而运动。这些微生物因尘埃的自重或降水最后还要回归于土壤或水域中,只不过是改变了它们的栖息地点而已。因此,空气中没有固定的微生物类群和数量,空气只不过是起了微生物传播的媒介和载体的作用。

空气中微生物的种类,主要是抗干燥能力强的菌群及它们的孢子。在人口稠密地区,如公共场所、医院、宿舍和城市街道的上空还有一些致病菌,如肺炎球菌、结核杆菌等。另外,在流行病传播期间,空气中还有很多病毒的存在,如流感病毒、脊髓灰质炎病毒等。

空气中微生物的种类和数量,取决于空气流经环境的温度、土壤、气候条件。尘埃较多的空气中,微生物的种类多、数量大,因此,灰尘被称为是"微生物的飞行器";在海洋、森林地带、高山、高空和终年积雪的山脉或高纬度地带、极地地带的空气中,微生物的种类和数量都比较少;降雨或下雪后,空气中微生物的数量明显减少;春、秋季节的大风天气,使得空气中微生物的种类和数量增加,传播的距离延长。

测定空气中微生物的含量可采用培养皿沉降和液体阻留等方法来进行。液体阻留法是将一定容积的空气通过液体的介质,使空气中的微生物阻留在液体中,然后取一定量的含菌液体涂布在培养皿上,经培养后测定样品中微生物的数量。

凡需进行空气消毒的场所,例如医院的手术室、病房、微生物接种室和培养室等处,可以用紫外线消毒、甲醛等药物的熏蒸或喷雾消毒等方法。为防止空气中的杂菌对微生物培养或发酵罐内的纯种培养物的污染,可用棉花、纱布(8 层以上)、石棉、活性炭或超细玻璃纤维过滤纸进行空气过滤。

由于尘埃的自然降落,所以越接近地面的空气,其含菌量越高。然而,微生物在高空中分布的记录却越来越高。在 20 世纪 30 年代,人们首次用飞机证实在 20 km 的高空存在着微生物;70 年代中期又发现在 30 km 的高空中存在着微生物;70 年代末,人们利用火箭,从 74 km 的高空采集到处在同温层和大气层的微生物,其中包括两种细菌和四种真菌,它们是白色微球菌(*Micrococcus albus*)、藤微球菌(*Micrococcus luteus*),蝇卷霉(*Circinella muscae*)、黑曲霉(*Aspergillus niger*)、点青霉(*Penicillium notatum*)以及异形丝葚霉(*Papulospora anomala*)。后来又从 85 km 的高空找到了微生物。这是目前所知道的生物圈的上限。

微生物在大气中的分布及其在大气中滞留时间的长短是依气流的速度、大气的湿度、光照以及它们附着的尘埃粒子的大小而变化。附着在越小尘埃粒子上的微生物漂浮得越高，停留在空气中的时间也越长。在此过程中，大部分的微生物将丧失生命力，而幸存者则是抵抗力较强的微生物，如细菌中的芽孢杆菌、微球菌、八叠球菌等，霉菌中的曲霉、青霉、镰刀霉、交链孢霉、毛霉和根霉等。病原细菌在空气中一般很容易死亡，但肺炎球菌、结核杆菌、白喉杆菌、葡萄球菌、链球菌、流感病毒和脊髓灰质炎病毒等也可以在空气中生存一段时间。

综上所述，自然界的空气只不过是微生物的免费旅行工具，微生物通过在空气中的暂居，得到了广泛而迅速地传播。这对于地球生物区系的扩大和生命的繁衍，具有一定的意义。但微生物通过空气的传播也有消极的作用，使人类为此付出了巨大的代价。如空气的流动可引起食品的污染并导致食物腐败、变质，很多疾病的传染都是因为病原菌在空气中的传播引起的。

第四节　工农业产品中的微生物

一、粮食和食品中的微生物

除了自然界存在的各种微生物外，在农产品的收割、运输、加工和储藏过程中也可能遭到各种微生物的污染，如粮食籽粒上附有大量的微生物包括霉菌、酵母菌和植物病原真菌、细菌、放线菌和病毒等。特别是霉菌在适宜条件下就会大量生长繁殖而使粮食霉变，如有些黄曲霉在生长过程中会产生对人和动物有剧烈毒性的黄曲霉素 B1，它是一种强致癌剂。凡接触空气、水和土壤的食品易受这些环境中微生物的污染。在某一特定的食品上常形成一定的微生物群，如在含水量高、pH 中性的蛋白质食品上比较容易繁殖细菌。在食品表面优先生长的是好氧性细菌或霉菌，然后厌氧性细菌再侵入生长，最终导致食品腐败，产生恶臭和有害的物质。酵母菌易在含糖的酸性食品中生长，霉菌能在含水量低的食品上生长。因此，保藏食品常采用干燥、低温、酸性、高渗透压（高盐、高糖）或添加防腐剂等措施来防止微生物的生长。

二、肉类上的微生物

在正常生长的健康的动物皮肤、黏膜、消化道和泌尿生殖道中常有附生微生物区系或称为正常菌群，但活的组织和细胞内不含有微生物。新鲜的肉类在中温范围内，温度越高，肉类的腐败变质越快。肉类上常见的细菌有芽孢杆菌、梭菌、无芽孢杆菌和球菌等类群，真菌多为曲霉、毛霉和青霉等。肉类食品上生长的细菌还能产生毒素,如沙门氏菌属的许多种可产生内毒素,金黄色葡萄球菌的某些菌株能产生可溶性外毒素,肉毒梭菌能产生毒性极高的外毒素即肉毒毒素,误食少量即可造成死亡。

三、鱼类上的微生物

与动物一样,健康鱼类的体表、黏膜、消化道中有正常微生物区系存在,在类群上有细菌属、黄杆菌属、微球菌属、变形杆菌属、假单胞菌属、产碱菌属和小杆菌属等。鲜鱼在冰箱冷藏室(4℃)条件下不宜存放过久,否则将因其正常菌群和捕捞后从环境中污染的其他微生物的生长繁殖而腐败变质,冻鱼解冻后更易于微生物的生长而会加快变质速度,所以冻鱼解冻后应尽快加工。

四、乳制品中的微生物

从健康的动物乳腺分泌的乳汁最初是无菌的,但在挤奶、分装和运输等过程中难免不为细菌等微生物所污染。乳及乳制品中常见的细菌有乳酸链球菌、乳酸杆菌、保加利亚乳酸杆菌以及来自环境污染的普通变形杆菌、荧光假单胞菌、大肠杆菌、粪链球菌和产气杆菌等。常见的真菌主要有青霉、念珠霉、粉孢菌和酵母菌等。

五、工业材料及其制品中的微生物

用动物、植物等天然有机物为原料加工成的食品、木制品、纺织品和天然橡胶等易受微生物侵害,用铝合金、玻璃等无机物做成的精密仪器、电子设备、石油制品、建筑材料和各种塑料材料的表面也会由于微生物的侵害而使材料变形、腐蚀、分解和崩溃。这些现象称为微生物灾害(microbial deterioration)。如铝合金因受树脂枝孢霉的作用而被腐蚀、分解。用塑料做的电子元件由于霉菌的生长使电气性能恶化。各种光学仪器如透镜、棱镜、反射镜等玻璃表面由于霉菌的生长而透明度下降。由聚酰胺树脂制作的降落伞基布、带子、绳索等也会受到微生物的腐蚀。经研究认为金属的腐蚀是由于微生物生命活动过程中产生一些有腐蚀性的代谢产物如酸、碱、硫化物及其他有害物质所致。在厌氧环境中硫酸盐还原菌直接参与电极反应的动力学过程,从而诱导和加速潜在的电极反应。而且由于微生物的生命活动,在金属表面造成的氧的浓度不同,形成氧浓度差电池而腐蚀金属。

腐蚀金属的主要微生物类群包括硫酸盐还原菌类、硫氧化菌类、铁氧化菌类及其铁细菌等。因此研究微生物灾害的生态和生理代谢对建立防止微生物灾害发生的技术和方法,对资源的保护和文化财产的保存都具有非常重要的意义。

第五节　生物圈中的第四大生命域

按传统的观念,地球上有两大生命域:一个是陆地生命域,分布于地表及地下一定深度范围内;另一个是海洋生命域,主要存在于海洋水体的一定深度内。这两大生命域的一个共同特征是借助于绿色植物和微生物的光合作用,以太阳光或与太阳光直接有关的地表营养物质为能量的源泉。20 世纪 80 年代初,人们发现了地球上存在着第三大生命域,即大洋深处的热泉喷口生命域。这里生活着各种各样不需要阳光和所有地表能源,而是依靠洋底裂缝中不断上升的热液所携带的化学能维持生命的大量微生物,它们构成了海洋深处又一巨大的微生物生态系统,一直可延伸到大洋的最深部位。

近些年在多项研究中,人们又惊异地发现,在陆地的数百米至数千米深度的地方都存在生命,而且数量很大,从而构成了地球上的第四大生命域。这方面最著名的实例是 1992 年在瑞典中部锡利杨 Gravberg 1 号钻井 3 900~4 200 m 深度的流体样品中,发现并培养出好几种厌氧、喜温的发酵型细菌。最近在英国北海和美国阿拉斯加斯洛普等地也发现了大量喜温耐热的古菌类,其中有些与大洋深处的热泉喷口处发现的微生物很相似。

迄今为止,在世界不同地区的许多地点都证实了地下深部微生物的存在,而且这些微生物具有丰富多样的新陈代谢特征,其中有些是无法在地表培养出来的。目前实验观测到的这类生命生活的最高温度达 110℃。这就清楚地证明,在地壳深部数千米范围的高温环境中,广泛存在着厌氧、喜温的微生物生命。由于这些微生物的生态习性与生理特征与地表生命有着显著的差异,因而它们可能构成了地下深部一个自成系统的高温生物圈。它们不依赖于太阳光和所有地表能源,而主要靠地下深部流体所携带的化学能生活。

地下深部高温生物圈的发现和证实对生物学和地质学都提出了重大挑战。它不仅要求人们必须重新理解生命的起源和演化以及地球生物圈的底界和分布范围,而且必须认真考虑有可能由这一地下深部高温生物圈造成的化学活动的累积总量,以及它们可能对地壳、海洋、大气圈的化学演化和对地表生物演变所具有的重要意义。

了解微生物的生态分布规律,有助于开发新的微生物资源,防止有害微生物的活动,同时也为研究生物的进化提供理论依据。

第四章 极端环境中的微生物

微生物由于个体小、数量大、繁殖快和适应性强的特点,使其不仅分布在大气、土壤和水等较适宜的环境中,而且可以生存在地球的某些局部地区、不利于一般生物生长的特殊环境,即极端环境。

极端环境主要有高温、低温、高盐、高压、高酸、高碱和高热酸等环境。例如火山与温泉、极地或高山冰川、盐湖、深海地层、酸矿水、酸湖及酸性热泉等。在上述极端环境中常常可以发现一些结构和功能上均发生了改变的特殊微生物类群,称之为嗜极微生物。20 世纪 60 年代,人们最早发现嗜极微生物,由于意识到嗜极微生物可能具有许多潜在的代谢能力(例如有特殊意义的酶),且对嗜极微生物的研究也有助于重新绘出生命的进化树,因此近年来,人们对嗜极微生物的发现和研究增长迅速,已成为目前微生物研究的一个热点。

第一节 嗜热微生物和嗜冷微生物

一、嗜热微生物

喷发的火山(岩浆温度大于 1 000 ℃)、地热蒸汽(温度可达几百摄氏度)、沸腾或过热的温泉(93~101 ℃)、灼热的沙漠、岩石和土表(60~70 ℃)以及高温堆肥、热水器和取暖用热水循环系统等是常见的天然或人工的高温环境。能在这些高温环境中生存的微生物均是嗜热微生物。一般将最适生长温度在 45℃以上的微生物定义为嗜热微生物。大部分的嗜热微生物生长温度在 45~60 ℃之间,少数喜欢生长在 80 ℃以上,称为嗜高温微生物。

嗜热微生物是最早发现的嗜极微生物。20 世纪 60 年代,美国威斯康星州麦迪逊大学的 Thomas D.Brock 及其同事在长期研究怀俄明州黄石国家公园的温泉水及其他水系中微生物生命的期间发现了最早的标本。60 年代末期,他们鉴定了能够在 100℃以上的温度下生长的首批嗜极微生物。发现其中一种细菌,现在叫水生栖热菌(*Thermus aquaticus*),它后来曾有助于推动广泛使用的革命性技术——聚合酶链式反应(PCR)。同时,这个小组还发现了第一种嗜高温微生物。这种太古单胞酸热硫化叶菌(*Sulfolobus acidocaldarius*)可在高达 85℃

的温度下繁殖生长。一般认为，细菌比真核生物能在更高的温度下发挥功能，Break 预言，有液体水存在，就可能发现微生物。目前许多证据已证明了这一点。迄今为止，已分离出了 50 多种嗜热微生物。

嗜热微生物和其他嗜极微生物在其他多数一般微生物均遭到破坏的环境中是如何保持其功能的呢？许多研究人员试图从其分子结构水平弄清这个问题。目前的研究结果表明，嗜热微生物的蛋白质氨基酸组成结构有差异，嗜热微生物比嗜常温微生物的蛋白质具有较高的荷电氨基酸组成和平均疏水性。蛋白质突变研究和基于蛋白质三维结构的研究表明，高的荷电氨基酸组成和平均疏水性有利于提高蛋白质的稳定性。另外，嗜热微生物细胞膜上脂肪酸的成分与嗜常温微生物也有差异，其细胞膜上长链饱和脂肪酸的比例明显高于嗜常温微生物的饱和脂肪酸比例。而且其耐高温的程度随着其细胞膜上饱和脂肪酸比例的增多而提高，相反随不饱和脂肪酸的比例提高而降低，高比例的长链饱和脂肪酸有助于膜对高温的稳定。嗜热微生物有耐高温的特殊的酶，能使之适应甚至喜欢高温环境。例如嗜热微生物的 3-磷酸甘油醛脱氢酶在 90℃ 时还是稳定的，其糖酵解和其他酶类也是这样。喜热极酶在结构上类似于它们对应的不耐热的酶，但研究人员认为可能含有更多的有助于稳定所有酶的离子键及其他内力。此外嗜热微生物的 tRNA 因其 G、C 含量高，提供了较多的氢键，故具有独特的热稳定性。

嗜热微生物的耐热机制其实还并不是很清楚，但无论是什么原因使嗜热微生物在极端环境下具有较大的活力，其广阔的应用前景吸引着许多科研人员。例如，其具有在高温下能够正常生长的优势，如果我们选育出高温发酵菌株，那么发酵就可以控制在较高的温度下进行，这样可以防止常温杂菌的污染。尤其是其产生的嗜热的酶，可以取代而且完成常温下的酶不能完成的事。最引人注目的例子是 Taq 聚合酶，它是从嗜热细菌 *T.aquaticus* 中分离出来的，而且广泛地应用于聚合酶链式反应（DNA polymerase chain reaction，PCR）中，使该反应在科学研究及医疗等领域的实际应用中实现了新的飞跃。PCR 是一种使 DNA 分子在体外扩增的技术，是由美国的 Kary B.Mullis 发现的。在聚合酶链式反应中，被称为 DNA 聚合酶的一种酶，重复拷贝 DNA 的一部分，产生一个巨大的供应源，这一过程需要反应化合物反复在低温和高温下交替循环。最初这种聚合酶来自非嗜热微生物，因此在该程序的加热后，就停止了反应，技师们必须在每次循环后补充这种酶。后来研究人员从嗜热细菌 *T.aquaticus* 中分离得到 Taq 聚合酶，它对热的高耐受性，使完全自动化的聚合酶链反应技术成为可能。最近自动化的聚合酶链式反应已用 Pfu 聚合酶取代了 Taq 聚合酶，Pfu 聚合酶是从嗜过热细菌 *Pryrococcus furiosus* 中分离出来的，它在 100℃ 时能最好地发挥作用。

一种不同的商用喜热极酶已提高了利用玉米淀粉生产环糊精的生产效率。环糊精有助于稳定挥发性物质（如食用的香味剂），改善人体对药物的吸收以及减少苦味和掩盖食物和药物中不愉快的味道。

二、嗜冷微生物

虽然地球上冷的环境与热的环境相比，要广阔得多，但人们对嗜冷微生物的认识远没有对嗜热微生物的认识多。只是近几年来，人们发现了嗜极微生物的应用前景，才对嗜冷微生物开始研究。

海洋的平均温度为1～3℃，海洋面积占地球表面的一半以上，而且北极和南极的广阔的陆地面积是永久冷冻或只在夏季有几周的冰消。这些地方也像其他地方一样，存在着生命的形式——嗜冷微生物。华盛顿大学的 James T.Statey 及其同事指出，微生物群落聚居在一年大部分时间保持冰冻的南极，更存在于海水中，这些群落包括光合真核生物（特别是藻类）以及大量的细菌。由 Statey 研究小组获得的一种细菌 *Polaromonas vacuolata* 是嗜冷微生物的代表，它生长的最适温度为 4 ℃，而且当温度超过 12 ℃时，它就会热得无法繁殖。从南极的低温环境所分离到的嗜冷菌主要有芽孢杆菌属（*Bacillus*）、链霉菌属（*Streptomyces*）、诺卡氏菌属（*Nocardia*）和斯氏假丝酵母（*Candida scotia*）。

专性嗜冷微生物因其细胞膜内含有大量的不饱和脂肪酸，而且会随着温度的降低而增多，从而保证了膜在低温下的流动性，这样才能在低温条件下不断从外界环境中吸收营养物质。嗜冷菌的核糖体是热不稳定的。据报道，一种专性嗜冷的假单胞菌（*Pseudomonas* sp.）在 22℃以上时，其蛋白质合成即停止。

嗜冷微生物的存在，有时会使低温保藏的食物发生腐败，但同时其可生产低温条件下具有活力的酶，从而引起需要在冷库温度使用酶的生产商的注意。例如食品生产者（香料在高温条件下会蒸发）和冷洗涤剂的生产者（它们希望洗涤剂在低温的条件下因加有嗜冷酶而能发挥作用）。

第二节 嗜酸微生物和嗜碱微生物

除了其他嗜极微生物以外，现在正在越来越详尽研究的嗜极微生物还包括喜欢高度酸性和高度碱性的微生物（嗜酸微生物和嗜碱微生物）。

一、嗜酸微生物

嗜酸微生物主要分布于酸性矿泉、酸性热泉和酸性土壤等处，它们能生活在 pH 为 3 以下的环境中，以原核微生物为多，主要包括真细菌和古细菌。

嗜酸微生物虽然生活在酸性条件下，但其体内也不能忍受太大的酸性，因为这种酸性会破坏如 DNA 那样的分子。嗜酸微生物能忍受较强的酸性环境，主要是因为它们具有相应的防御机制防止酸性物质进入体内。提供这些防御机制以及与环境相接触的其他分子必须在极高的酸性条件下才能发挥作用。目前,研究人员已经从嗜酸微生物的细胞壁和细胞膜中分离到嗜酸酶,其能在 pH 为 1 以下发挥作用。

研究嗜酸微生物有很大的现实意义,研究人员认为,高酸性环境可能是由地质化学作用(如在热液出口和某些温泉中含硫气体产生)和某些嗜酸微生物自身代谢活动的自然结果引起的。例如,氧化硫硫杆菌(*Thiobacillus thiooxidans*)生长的 pH 范围为 0.9~4.5,最适 pH 为 2.5。它能氧化硫产生硫酸(浓度可达 5%~10%)。氧化亚铁硫杆菌(*T.ferrooxidans*)是另外一种专性自养嗜酸杆菌,它能氧化还原态的硫化物或金属硫化物,已被广泛应用于铜等金属的细菌处理中。当然,由于这类菌的作用也造成了严重的环境污染。例如,美国宾夕法尼亚州的黄铁矿矿区,由于硫杆菌的作用,每年全矿区可产生 3.0×10^{6} t 的硫酸,形成了举世闻名的天然硫酸巨大污染。当然嗜酸微生物产生耐酸酶可能的应用包括从催化酸性溶液中化合物的合成到动物饲料添加剂,它被用来在动物的胃中发挥作用。当把这种酶添加到饲料中时,它可以改善廉价粮食的可消化性,因而减少了对更昂贵食物的需求。

二、嗜碱微生物

嗜碱微生物的分布较广,主要在充满碳酸盐的碱性和中性的土壤以及在埃及、非洲大峡谷和美国西部的所谓碱湖中。当 pH 为 8 或更高时,某些分子,特别是由 RNA 构成的分子分解。因此,与嗜酸微生物相同,嗜碱微生物由于细胞膜具有维持细胞内外 pH 梯度的机制,因而在外环境的 pH 达到 11~12 时,在其体内仍能保持中性,因而它们的极酶位于细胞的表面或附近以及外分泌物中。对此,美国及其他国家的洗涤剂的生产商感到振奋,而且热心利用极酶的日本已率先对嗜碱微生物的极酶进行了大量的研究。

洗涤剂除去食物或其他物品上的油脂污斑,一般用蛋白酶(蛋白质降解剂)和脂酶(油脂降解剂),但因洗涤剂多是碱性的,将对酶的活性产生破坏性的影响,现在试图开发出嗜碱极酶来弥补这个缺点。而且,嗜碱极酶也随时准备取代用来生产斜纹粗布的磨石洗外观的标准酶。

第三节 其他嗜极微生物

其他嗜极微生物还包括嗜盐微生物、嗜压微生物、抗辐射微生物等。它们均有其独有的特征和潜在的应用前景。

一、嗜盐微生物

嗜盐微生物存在于强烈的含盐的环境中，特别是天然的盐湖、太阳盐蒸发池和腌制海产品中。其生长的最适盐浓度高达 15%～20%，甚至还能在 32%的饱和盐水中生长。而且有些含盐的环境也是强碱性的，因此在这种环境下生长的嗜盐微生物同时又是嗜碱的。嗜盐微生物以其有趣的适应方式生存于多盐的环境下，由于渗透作用，水从高溶质浓度的地方渗向低溶质浓度的地方，并成为脱水细胞，除非它的细胞质含有比其外环境更高的浓度（如溶入其他溶质）。嗜盐微生物由于产生大量的内溶质或保留从外部取得的溶质而维持其平衡。嗜盐微生物细胞膜有 50%面积的紫膜区，起了一个质子泵的作用，可以将盐排到体外。嗜盐微生物产生的耐盐酶的作用目前主要用于高盐废水的生物处理，如化工废水、农药废水和海水的生物处理，嗜盐微生物有极其重要的作用，而且人们设法利用紫膜的机制来制造生物能电池和海水淡化装置。此外研究人员正在探索把嗜盐极酶用于提高从油井中提取的原油量。

二、嗜压微生物

嗜压微生物仅分布在深海和深油井等少数地方。其特征是必须生活在高静水压条件下。一般在 1.01×10^5 kPa（1 000 atm）下生长，许多细菌在数分钟内还可以耐 1.21×10^6 kPa（12 000 atm）高压而不死亡。有关嗜压微生物的耐压机制目前还不十分清楚。近年来有研究者从大西洋 2 500 m 深的海底分离到一株既可在2.83×10^4 kPa（280 atm）下也可在常压下生长的革兰氏阴性菌，发现它在高压下生长时，会产生一种独特的外壁蛋白，其相对分子质量为 37 000，其含量为常压下的 70 倍。耐高温和厌氧生长的嗜压微生物有可能被用于油井下产气增压和降低原油黏度，从而提高采油率。

三、抗辐射微生物

与上述嗜极微生物不同的是，抗辐射微生物对辐射这种不良环境条件仅有抗性（resistance）或耐受性（tolerance），而不是有“嗜好”。其作用机制目前还不清楚，它也还没有被人类真正开发利用。

四、太空微生物

“和平号”空间站是在 1986 年 2 月 20 日发射升空的。它由工作舱、过渡舱和服务舱组成，全长 32.9 m，体积约 400 m^3，重约 137 t。在运行的 15 年中，“和平号”空间站绕地球飞行了 8 万多圈，行程 35 亿 km，先后有 28 个长期考察组和 16 个短期考察组在其上从事考察活动，有来自 12 个国家的 135 名宇航员在其上工作过。与此同时，空间站上也有250多种微生物滋生。

美国太空总署的科学家认为，按照计划在“和平号”坠落前，依附在其上的“进步号”火箭激活，将“和平号”推离轨道而坠向地球。在坠入大气层后便会开始燃烧，空间站的太空微生物将被炽热的高温烧死，因此，太空微生物不会被带到地球，也就不会危害地球生物。“和平号”的前身——礼炮空间站和美国“太空实验室”空间站也曾经滋生过大量微生物。在完成使命后，这些空间站都坠落到地球上的指定地点。科学家对坠落地点进行了长期考察，并未发现当地的生态环境受到破坏。在科学家的精心策划下，“和平号”空间站于2001年4月23日坠毁，1 500多块残片成功、安全地坠入预定的南太平洋海域。至此，坠毁“和平号”的工作圆满划上句号。但人们对太空微生物的危害仍心有余悸。

值得重视的是宇航员也可能将太空微生物带回地球，并易在人群中传播。不过俄罗斯微生物学实验室对“和平号”上长期生活的宇航员进行体检，目前并未观察到太空间的微生物危及宇航员的身体健康，长期结果尚有待进一步研究。随着人类对外空间开发利用的频繁，太空微生物对地球和人类的影响会越来越受到关注。

科学家在太空微生物群落中已确定约20种细菌和真菌，其中有些微生物会威胁空间站设备安全。在人工条件下这些细菌和真菌会在合成材料上“安家落户”，科学家发现，真菌群落会以自身的排泄物在一个月里“啃掉”聚酯合成纤维，而在3个月内“咬坏”铝镁合金。

活细胞分泌的有机酸和酶会产生破坏作用，细菌中的玫红球菌具有这些特性，而在真菌中青霉、曲霉和分枝芽孢菌也具有这样的特性。这几种微生物称为工艺过滤微生物，即它们能离开自然界在人造材料上生存。虽然在地球上这些微生物主要栖息在土壤中，在土壤中占据着微生物群落的首要位置。

科学家指出，轨道站上的微生物群落会威胁用于长期考察的电子仪器设备，因此在“和平号”轨道站和国际空间站微生物群落的基础上收集活体“太空微生物”。科学家建议对建造仪器和宇宙飞船的全部材料进行微生物实验，以便确定这些材料的耐生物损伤性能。

第四节　嗜极微生物的开发利用

由于普通微生物的资源深入挖掘日趋完备，人们越来越多地将目光集中在有应用潜力的嗜极微生物上。各种极酶是嗜极微生物的重要贡献，现在人们在考虑极酶的大规模生产问题。如果极酶的唯一来源是大规模的嗜极微生物培养，那么工业上广泛应用这些蛋白质将是不切实际的，人们对嗜极微生物的分离和培养，被证明既困难而且成本高。好在人们发现极酶可通过重组DNA技术来生产，而无须大量培养嗜极微生物。即人们首先找到产生极酶的基因，并克隆获得这些基因，后利用重组 DNA 技术，将这些基因插入通常的（即驯化的）微生物中，这些微生物往往会利用这些基因大量地生产这种酶。

嗜极微生物的发现为开发具有异常催化能力的酶创造了新的机遇，也为其他方面提供了重要的资源。虽然目前进行大规模的利用和开发还有一定的困难，但它们的许多优点将被证明是不容忽视的。

第五章 微生物种群增长及其相互作用

在自然界，任何微生物个体都极少单独存在，它们几乎都是以种群的形式聚集成群相处在一定的空间内。研究自然界种群的数量变化和空间分布规律是种群生态学的主要任务，无论是利用有益的种类，或是防治有害的种类，都与人类有密切的关系。在质的方面分析，它们在生态系统中的地位，在自然界物质循环中的作用，有着极大的研究价值。在量的方面分析，数量在时间或空间上的变动，在流行病学上可能有较大的意义。因此，研究微生物种群动态具有一定的重要性。

第一节　种群的基本概念

一、种群的定义

种群(population)是指具有相似特性和生活在一定空间内的同种个体群。

有关种群的概念，在动、植物生态学内，"相似"主要是说明属于相同的种。但在微生物生态学中，"相似"可以用于说明相同的种，如灰色链霉菌种群；也可以用于说明紧密相关的有机体，如放线菌种群。常将一个生态系统内的所有细菌种类统称为细菌种群，将所有的真菌种类统称为真菌种群。

种群不仅是同种个体的总和，而且是具有自己独立特性、结构和机能的总体。种群由个体组成，但决不等于个体的简单相加，种群内的个体通过种内关系组成一个有机统一体。从个体到种群是一个质的飞跃，个体生长具有从个体长大、质量增加、结构复制到分裂的一个细胞周期，而种群的增长周期具有迟缓期、指数期、稳定期和死亡期等几个不同的时期。一般认为每个种群具有三个特征：① 空间特征，种群具有一定的分布区域。② 时间特征，种群数量是随时间变动的。③ 遗传特征，种群具有一定的遗传组成。

在每种种群的个体之间存在有正的和负的相互作用，这些相互作用是彼此联系的，并由种群密度决定。使用增长率作为衡量的标准，则正相互作用增加增长率，负相互作用降低增长率(图 5-1)。

二、种群密度

种群密度(population density)是某一空间单位内的种群大小,通常以单位体积内的个体数量和种群生物量来估计和表示。种群密度的变化不是无限的,种群大小具有一个上限和下限。正相互作用使增长率增加到一定的限度。随着种群密度增加,负相互作用使增长率减小。在极端低的种群密度下,在理论上没有相互作用,只有在种群密度增加时,正的和负的相互作用才可能存在。在低种群密度时正相互作用占优势,在高种群密度时负相互作用占优势。所以有一个作为最大增长率的最适种群密度(图 5-2)。

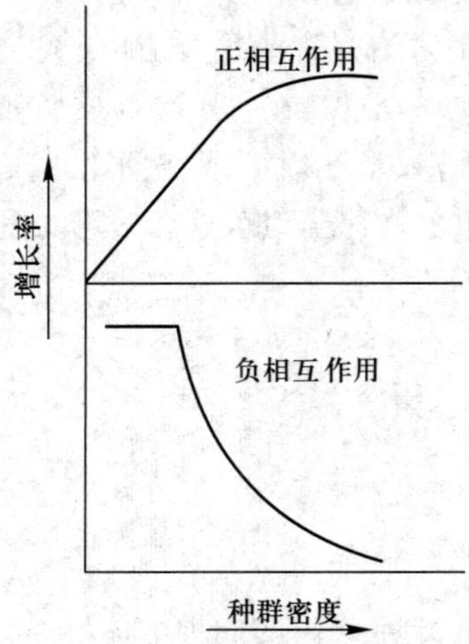

图 5-1 随着种群密度的增加,正的和负的相互作用分别对增长率的影响

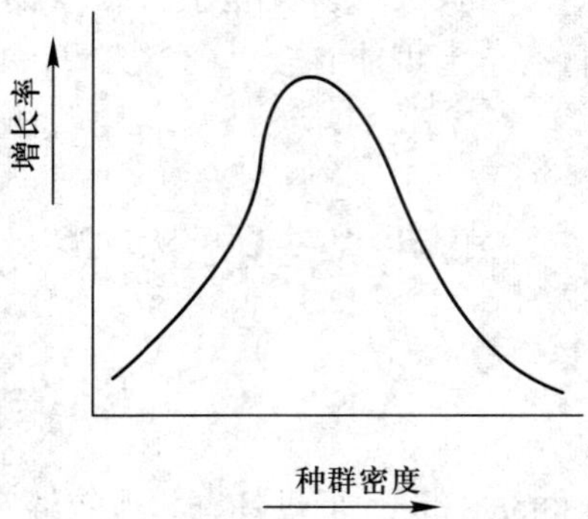

图 5-2 种群内正相互作用和负相互作用的联合影响
在低种群密度时正相互作用占优势;
在高种群密度时负相互作用占优势

三、种群的相互作用

(一) 协同作用

种群内个体之间以协同作用和竞争作用相互联系。种群内的正相互作用称作协同作用,表现在以下几个方面。

(1) 在实验室工作中,当使用非常小的接种量时,常常出现缺乏生长或迟缓期延长,当使用较大接种量时,迟缓期缩短或接种的成功率增加。这可能是种群内个体之间相互供应必须依赖代谢产物和生长因子的结果,因为在低种群密度时,这些代谢产物和生长因子被很快稀释而消失在环境中,少数细胞没有能力再去吸收这极低浓度的代谢产物和生长因子;当种群密度较高时,较高浓度的代谢产物和生长因子能够被邻近的个体再吸收。类似的协同作用在自然生境内也可能出现，当以低种群密度加入新生境内时，定居的成功率低。

(2) 菌落形成可能是种群内以协同作用为基础的一种适应。菌落内种群个体的联合使之能更好地利用有效资源。菌落移动可能是为了寻找新营养物资源的协同作用。

(3) 种群个体间的基因交换也是一种协同作用，基因交换可以防止种群内的过分特化。种群内基因交换机制包括转化、转导、结合和形成有性孢子。一般在高种群密度时常发生这样的情况。细菌种群密度在每毫升大于 10^5 个时，可观察到结合作用的基因交换。

种群内的协同作用，在病原微生物引起的疾病中起重要的作用。引起一种疾病需要一定数量的病原微生物，这个通称为感染剂量。在宿主有机体内低密度的病原微生物常常是无效的，因为低种群密度没有能力压倒宿主的防御机制而引起疾病。种群内的协同作用也有利于微生物抵抗不利环境。如使用一定浓度的代谢抑制剂，结果对高密度种群的影响比对低密度种群的影响小，暴露于紫外线下的高密度种群，可能通过掩盖某些成员而使得种群能够继续生存。

(二) 竞争作用

种群内的负相互作用称为竞争作用，常表现为对有用基质的竞争及由种群成员产生有毒基质引起的负相互作用。例如，在自然生境内具有非常低浓度的有用基质，增加种群密度引起种群内部对有用资源的竞争；种群内低相对分子质量代谢产物脂肪酸的积累是个负反馈因子，这样的积累可以有效地限制生境内种群的进一步增长。另外，在光能自养微生物内有对适用光照的竞争，种群内某些个体遮蔽其他的成员，减少它们吸收的光线和降低其适宜的生长速度。种群内还有竞争空间的情况，如噬菌体竞争菌毛上合适的位点。

在有限种群密度情况下，协同作用一般是占优势的相互作用。这样，自然选择的效力有利于在一定大小的种群中个体的聚集。从发展的意义来看，协同作用导致种群内成员的聚集，这个结果导致自然生境内小菌落分布的空间不一致。另一方面，种群内的竞争导致个体分散。运动和各种疏散机制有利于个体移动到另外的小环境，并在新位置建立最初的低密度种群。

第二节 种群增长

分析微生物的种群增长，是微生物生态学的一个重要方面。种群增长是个体生长的综合，而个体生长则是种群增长的基础。很多研究已充分证实，微生物的组成和结构以及它们的生理能力都受生长方式和生长环境状况的影响。纯培养也显示出，主要有机大分子的组成显著依赖于它的增长率和生长条件的特性，特别是受不同基质有限或过剩的影响。

自然界中的任何微生物种群,都与群落中的其他种群密切相关,在不同种群之间存在着多种相互作用。因此,严格地讲,单种种群只在实验室内才有可能存在。为了了解种群的增长与动态规律,往往需要从研究单种种群开始。但在自然条件下进行种群动态的研究,则相当困难,因为在观察期间气候条件和环境因素经常变化。而在实验室内培养一种或几种微生物,研究其动态规律,由于条件容易保持稳定,因而是一个重要的研究途径。用这样的研究结果可以阐明自然界中的生命现象。实验室内研究种群增长的方法,有分批培养和连续培养两种类型,它们分别代表封闭生长系统和开放生长系统。

在种群动态研究中往往需要有合适的数学模型,因为种群生态学面对的是一大堆数量问题。因此,使用数学模型能定量评价和预测微生物种群的发展。这些数学模型的重要特征是使用与模型系统有生物学关系的一定常数,还要结合了解影响种群动态方面的理化参数。建立种群数学模型的一个主要目的,在于理解各种生物和非生物因子的相互作用,及其这些因子如何影响各种微生物种群的动态。

一、微生物在封闭环境内的增长

(一)在无限环境中的种群增长

单种种群在以无限量供给生长所需物质及理化条件维持不变的有利环境中的增长,是研究种群增长的最简单分析系统。因此,在讨论现实的种群在有限环境中的增长过程之前,首先介绍一个理想的在无限环境中种群增长的模型——基本增长方程式。

微生物的种群增长,一般按指数速率进行,即单个细胞利用营养物进行生物合成,产生新的细胞物质或生物量,从而使有机体增大。当生物量加倍时,细胞发生分裂,于是产生含有两个个体的种群。然后,每个新细胞又重复以上整个过程,当第二个世代完成之后,种群加倍成含有四个个体。由此,每经历一个分裂周期种群数就加倍,这种类型的种群增长称为指数增长。指数增长的特点是细胞数量的增加速率最初较慢,而在后期阶段细胞数暴发性地增加,有时一小时内可以产生大约百万个细菌。指数增长率通常以世代时间或种群加倍时间表示,或者以每小时的世代数来表示。

在无限环境中种群增长的特点是种群增长与种群密度无关,种群增长动态的基本情况可以从以下两个方面分析。

1. 种群的同步增长

同步增长是种群中的大多数个体或全部个体几乎都处于相同的生理状态,并在同一时期内发生细胞分裂,在种群增长过程中世代之间无重叠,种群数量以不连续的方式改变。

种群的个体数常随时间的增加而增加,增加的速率由生长环境的营养成分和物理特性,以及微生物合成新生物量的内在能力决定。在恒定的环境条件下,每种微生物完成每个世代的时间或种群大小加倍的时间是不变的,这个特定的时间称为种群加倍时间或个体世代时间,单位一般用小时表示。

同步增长的种群是进行研究的理想材料,如为了研究细胞分裂和生物化学变化的关系,常需要同步增长的种群。使用这样的种群进行研究,获得的结果能更好地反映细胞的生理特性。但用一般的培养方法获得的种群较难保证是同步的,因而通常使用机械方法和控制环境条件获得同步增长的种群。

2. *种群的随机增长*

一个种群即使能以恒定的速率进行指数增长,但是种群中的所有个体也不一定都在同一个时间内进行细胞分裂。在一般情况下,种群内常含有不同生理状态的个体,如果我们从一个单细胞开始去追踪,就会发现后代细胞在起初的分裂是完全同步的。但是,随着时间的推移,由于细胞分裂所需时间的随时变动,细胞分裂的同步性随即消失。因此,在一般条件下的种群增长,实际上在任何时间内只有小部分细胞在进行分裂。于是,在种群的随机增长中,世代之间有重叠,种群数量以连续的方式改变。

(二) 在有限环境中的种群增长

实际上,封闭环境中种群的指数增长仅能持续有限的时期。同时,封闭环境中的种群增长是一个自我限制的过程,主要原因是作为生长需要的一种必需营养物被耗尽,或代谢废物的积累,限制了种群的继续增长。而且,在自然界中环境资源总是有限的,种群通常都是在环境资源供应有限的条件下增长。

延滞期(lag phase):微生物种群接种到新鲜培养基后,一般不立即开始增长,而要经过一个延滞的时期,此时的瞬时增长率近似为零,这是种群对新生长条件适应的需要。在这个时期可能有特定酶的合成,或需要一个复杂的生物合成途径,去合成新环境内没有提供而种群又必需的代谢物。延滞期的长短取决于许多条件,如果将指数增长的培养物接种到相同的培养基内,并在相同温度下进行培养,则没有延滞期,种群能以相同的速率继续指数增长。但是,如果接种物取自于一个老的培养物(稳定期),即使接种物中的所有细胞都是活的也会出现延滞期,这是由于细胞耗尽了各种必需的辅酶或其他细胞成分,需要时间重新合成。接种物如果是由于加热、辐射、有毒药品等处理而受到伤害的细胞,也会出现延滞期,因为细胞需要时间修补这些损伤。当一个种群从丰富培养基转接到贫瘠培养基以后也出现延滞期,这是由于细胞要在一定的培养基中生长,它必须具备一套完整的酶系以合成培养基中没有而又必需的代谢物,于是需要时间来合成新的酶类。

加速期(acceleration phase):表示可观察到的增长开始,种群随瞬时增长率的逐渐增加而增大。加速期往往比较短暂。

指数期(exponential phase):是增长周期中仅仅可以借基本增长方程式描述的一部分。在指数期的种群增长常常被认为是平衡增长,因为在这个时期内,种群中的所有个体都以相同的速率增加生物量。

减速期(deceleration phase):当瞬时增长率开始下降时减速期就开始,并持续到增长停止。与指数期相比,减速期可能较长。在这个时期瞬时增长率逐渐下降是由于维持增长的基质不断消耗,或有毒废物积累所致。

稳定期(stationary phase):也可称为最大种群期。在这个时期种群增长停止,但种群保持代谢活性及数量最大,贮存的物质可维持生命。不过,在这种条件下存活的能力是很有限的,并由此最后导致细胞死亡和溶解。

衰亡期(death phase):在稳定期之后细菌死亡率上升,此时进入衰亡期。在衰亡期间活菌数大幅度减少。

二、微生物在开放环境内的增长

前面对种群增长的分析,都是限于封闭环境或分批培养系统,即种群增长是出现在一个含有不流动培养基的固定体积内。由于种群增长的结果使培养基发生改变,最终使其不再适于微生物生长。但在开放环境内或连续培养系统中,由于不断加入含有生长限制基质的新鲜培养基,种群能够继续增长。在微生物生态学的研究中,恒化器是应用最普遍的连续培养装置。

(一) 恒化器连续培养的动力学

恒化器连续培养实质上是一个恒定体积培养物的流动系统。根据生长限制基质在低浓度时增长率与生长限制基质浓度成正比的特点,使含有低浓度单种生长限制基质的生长培养基,以恒定的流速(F)精确地流入含有恒定体积(V)培养物的培养容器内。培养物是均匀的细胞悬液,新鲜培养基进入培养容器后立即与其中的培养物混匀,培养基的大部分用于产生新生物量(X)。种群增长的结果,使生长限制基质的浓度由起始浓度(SR)减小成剩余浓度(S)。同时,为了保持恒定的培养物体积,有些培养物以新鲜培养基流入培养容器的相同速率从培养容器精确地流出,因而流出的培养物内含有生物量和剩余的生长限制基质。当出现细胞数和营养状况维持恒定时,即瞬时增长的种群数正好与瞬时流出的种群数相等时,恒化器培养物处于一个平衡系统,这个系统被称为稳定状态(steady state)。

恒化器连续培养系统的动力学原理,是通过自我调整使培养物经常处于稳定状态。使连续培养能继续不断地进行。一般以流速和起始的生长限制基质浓度两个因子控制恒化器内的连续培养系统。流速控制种群密度,生长限制基质浓度控制增长率。流速可以随意调节，并能进一步决定增长率。

（二）稀释率

种群的瞬时增长率依赖于生长限制基质浓度，而恒化器内的生长限制基质浓度明显地依赖基质供应的速率，依赖使新鲜培养基在整个培养容器内分散的稀释因子。也就是说，生长限制基质浓度依赖流速和培养物体积，特别依赖于这两个参数的比值，即稀释率或流出率。因此，稀释率（D）是连续培养系统中的一个重要参数。

稀释率是含有生长限制基质的培养基流经培养物的速率，用 $D=F/V$ 表示。

稀释率的单位为时间的倒数，即 h^{-1}，是单位时间内完成培养物体积变化数量的一个量度。稀释率的倒数表示有机体在培养容器内逗留的平均时间，也是培养物的世代时间。例如，稀释率为 1.0 h^{-1}，代表每 1 h 有一个完整体积培养物的变化，平均逗留时间为 1 h，培养物的世代时间也是 1 h。

稀释率的单位与瞬时增长率的单位相同，并且在合适的条件下两者相等，这种情况一般发生在培养物处于稳定状态时。例如，恒化器内的培养物在稀释率为 0.01 h^{-1}时达到稳定状态，这就意味着每 100 h 恒化器内的全部培养物被更换一次，此时的瞬时增长率也为 0.01 h^{-1}。了解稀释率如何影响增长率具有重要的意义，使我们能根据连续培养动力学原理，通过控制稀释率来决定种群细胞分裂的速率，即用改变流速的方法直接改变增长率。

（三）稀释率和生物量浓度

在培养容器内发生种群增长，导致其中的生物量浓度增加。与此同时生物量又通过流出系统不断减少。因而，培养容器内的生物量浓度处在不断变化之中。

（四）稀释率和生长限制基质浓度

培养基的组成是恒化器作用方式的关键，在培养基的所有成分中，除生长限制基质外，其他基质都是过量存在的。因此，稀释率主要取决于培养基中的生长限制基质浓度。

（五）稳定状态下的生物量浓度和生长限制基质浓度

恒化器连续培养的一个最重要特征是经常获得稳定状态的增长条件，它是一个自身平衡系统，只要稀释率保持恒定就能维持生物量浓度和生长限制基质浓度的恒定。

（六）建立和维持稳定状态

恒化器系统的一个重要特征是不论生物量浓度和生长限制基质浓度的开始状况如何，它都能调整自身独特的稳定状态生长条件，并提供一个恒定值的稀释率。

第三节 种群之间的相互作用

研究微生物种群之间的相互作用,对了解种群动态、种群的数量调节,以及探讨群落的组成和动态,都具有重要的意义,同时也为人类更好地利用微生物提供理论依据。

一、相互作用的基本类型

(一) 中立生活(neutralism)

中立生活是两种种群之间缺乏相互作用,即两种种群在一起彼此没有影响或有无关紧要的影响。实际上这种情况是罕见的,只有当种群之间没有机会相互作用时,中立生活才有可能存在。所以,低密度种群、低水平代谢活性和对环境需要极不同的种群才有可能中立生活。例如,空气、海洋生境和寡营养湖内种群密度极低,中立生活有可能实现。微生物的静止状态,如休眠的孢子,其代谢活性比活跃生长的营养细胞低,维持这种休眠结构的低代谢速率,不强求这些种群为可用资源而进入与其他种群的竞争。另外,中立生活在“极端不同有机体”的混合培养内经常出现。Lewis(1967)指出,在恒化器培养中,乳杆菌(*Lactobacillus* sp.)和链球菌(*Streptococcus* sp.)混合培养时产生的单个种群大小,与在相同培养条件下分开单独培养时的结果相同。但严格来说,共处种群之间彼此不受影响的情况是不可能存在的,因为作为种群增长需要的主要营养物都是从生境分出的,因而任何种群的增长不可避免地会引起环境的变化,这些变化完全可能影响与它共处的其他种群的增长。因此评价中立生活的意义还需进一步研究。

(二) 偏利作用(commensalism)

偏利作用是一种种群因另一种种群的存在或生命活动而获利,而后者没有从前者得到相应的利益或害处。在自然界里,偏利作用是极普遍的相互作用。大多数生态学家认为,偏利作用在微生物群落的有机体演替中是一个有意义的因素。

形成偏利作用的机制很多,通过改变生境条件、产生基质或生长因子、移走有毒物质和共代谢作用等都能产生偏利作用。例如,嗜高渗性酵母菌在浓缩糖溶液中生长时能降低糖浓度,改变生境的渗透压,使那些不能耐受高渗透压的微生物能够生长。某些真菌通过自身产生的酶将复杂多糖化合物转变成简单有机化合物,这样就为那些没有能力利用复杂多糖化合物的种群提供可用的基质。绿菌属(*Chlorobium*)的种群能将生境中的硫化氢转变成硫,起到去除毒害的作用,有利于生境中的其他种群生长。另外,微生物对重金属的转化作用和固定化作用能移走生境中对其他种群增长有害的重金属，如水生境中的假单胞菌等能将一般汞化物转变成易挥发的汞和硫化汞而从生境移走，这对其他种群的增长有利。纤发菌（*Leptothrix* sp.）在自己的表面沉积锰，减少某些生境中的锰浓度，因而使其他种群能生长，如果没有纤发菌的活性，这些生境的锰浓度将对其他种群产生毒害作用。

Jensen 研究了生长在三氯乙酸（TCA）上的某些微生物，发现有能力代谢 TCA 的一种细菌仅在有任一种链霉菌存在时才能生长，原因是这些放线菌分泌细菌生长需要的维生素 B_{12}。而链霉菌并没有从 TCA 代谢的任何产物中得到它们生长的碳源，它们的生长需要供给第二个碳源。

共代谢是偏利作用的一个重要基础，在共代谢的偏利作用中，生长在一定基质上的一个有机体无偿地氧化它不能作为碳源和能源利用的第二个基质，而其氧化产物可供其他有机体利用。例如，牝牛分枝杆菌（*Mycobacterium vaccae*）在丙烷上生长的同时有能力共代谢环己烷，将环己烷氧化成能被假单胞菌种群利用的环己酮，而这些假单胞菌对环己烷没有能力直接利用。很明显，假单胞菌种群从牝牛分枝杆菌氧化环己烷中获利，而牝牛分枝杆菌从氧化环己烷中并没有得到任何利益和危害。

（三）协同作用（synergism）

协同作用是相互作用的两种种群相互有利，两者之间是一种非专性的和松散的联合。具有协同作用的种群联合它们的代谢活性，使它们能更好地进行单个种群不能完成的物质转化。所以，协同作用能推动自然界的物质循环，并为群落的发展提供重要的基础。

Yeoh 等（1968）对多黏芽孢杆菌（*Bacillus polymyxa*）和普通变形菌（*Proteus vulgaris*）在含基本培养基恒化器内的混合培养进行了研究。发现恒化器内含有的基本培养基不能单独供养任一个种群的增长。他指出混合培养中的每一种种群是以某种方式完全依赖另一种群去补充它的最低生长需要。经分析证实，多黏芽孢杆菌的生长依赖普通变形菌产生的烟酸，而普通变形菌的生长需要多黏芽孢杆菌分泌的生物素，两种种群之间呈现出协同作用的关系。

Wolfe 等（1977）研究了绿菌属和螺菌属种群间的协同作用。绿菌种群能利用光能将硫化氢和二氧化碳转变成元素硫和有机碳，螺菌种群能氧化有机碳成二氧化碳和还原硫为硫化氢，两种种群联合在一起能供给相互的营养需要，也解除了硫化氢对螺菌种群的毒害，使得两种种群能在有限基质和有抑制产物的生境内不断地增长。同时也完成了碳和硫从氧化到还原状态的循环。

在处理污水的氧化塘内存在着藻和菌之间的协同作用。细菌利用藻产生的氧将有机污染物分解为二氧化碳和其他无机营养物质，藻同化细菌产生的无机营养物和二氧化碳，并释放出氧。参与协同作用的细菌主要是假单胞菌属、黄杆菌属、产碱菌属、气杆菌属（*Aerobacter*）、无色杆菌属、丛毛单胞菌属（*Comamonas*）和动胶菌属（*Zoogloea*）中的种群。藻类主要有小球藻属、栅藻属、衣藻属和裸藻属中的种群。

在从天然气得到单细胞蛋白质的生产中，常常利用微生物的协同作用进行混合培养。例如，甲基球菌（*Methylococcus* sp.）种群能氧化较高的链烷，但同时产生对它生长有抑制作用的物质积累在培养基中，而混合培养中的异养细菌能利用这些物质，从而有效地将它们移走，这样就保证了培养的连续进行。

（四）互惠共生（mutuaism）

互惠共生是相互作用的两种种群相互有利，两者之间是一种专性的和紧密的结合，它是协同作用的一个延伸。联合的种群发展成一个结合的整体，有利于它们去占据限制单个种群存在的生境。

地衣是微生物中互惠共生的典型例子，相互作用的真菌和藻或蓝细菌无论在功能上还是在形态上都已发展成一个完整的整体。藻或蓝细菌利用空气、水以及岩石中的二氧化碳等，通过光合作用产生有机物，其中部分供真菌作为营养。而真菌为藻或蓝细菌的生长提供一个牢固的基质，避免遭受风雨的侵蚀，还可能从地衣着生的表面吸收藻或蓝细菌所需的无机养料。互惠共生中的真菌主要是子囊菌、担子菌和半知菌中的种群，藻类主要是绿藻，蓝细菌经常是念珠藻属中的种群。虽然这些真菌和藻或蓝细菌都可以在实验室内分离培养，但在自然界它们总是紧密地生长在一起结合成不可分割的共生体。

（五）寄生（parasitism）

寄生是一种种群对另一种种群的直接入侵，寄生者从寄主生活细胞或生活组织获得营养，而对寄主产生不利影响。寄主和寄生者之间一般以相当长时间的接触为特征，它可以是物质的接触或代谢作用的接触。寄生者保留在寄主体外的称为外寄生，寄生者侵入到寄主体内的称为内寄生。在寄生过程中寄主细胞常常被裂解。

（六）捕食（predation）

捕食是一种种群（猎物）被另一种种群（捕食者）完全吞食，捕食者种群从猎物种群得到营养，而对猎物种群产生不利影响。

捕食者-猎物系统内的自然选择，提高了捕食者发现和吞食猎物的能力，同时也促进猎物种群发展逃避被捕食压力的特征，这样的适应包括有能力迅速繁殖、抗内生孢子形成和阻碍被捕食的刺样表面结构发展等。捕食者原生动物根据猎物的可用情况，在种群大小方面发生显著的改变，在饥饿条件下仅有最少捕食者存活；细菌种群在强大的被捕食压力下停止产生荚膜，便于细菌种群更快地生长和更容易黏附在土壤的表面。

生态学家认为，捕食同寄生的情况一样，是控制种群的一个机制，这在自然界里有重要意义，它能防止由于种群暴长和生境中营养源被耗尽而导致的种群猛烈瓦解。另外，捕食者-猎物相互作用是一个重要的相互关系。它们代表简单的食物链，是发展营养结构的最初阶段。

（七）偏害作用（amensalism）

偏害作用是一种种群阻碍另一种种群的生长，而对第一种种群无影响的相互作用。一种种群的生长被另一种种群抑制可能是多因子作用的结果，如分泌有毒产物和改变生境。偏害作用在某些情况下以无机化合物（氧、氨、无机酸和硫化氢）浓度的改变为基础；在另一些情况下以相对分子质量较低的有机化合物（脂肪酸或醇）的产生为基础，但在大多数自然生境内，抗生素的产生在种群间的偏害作用中起着重大的作用。

氧化硫硫杆菌能氧化硫产生硫酸，在水生境内将导致 pH 大幅度下降，它还常常在煤沉积物的硫残基上生长，导致硫酸从煤沉积物滤出，产生酸矿水。接纳酸矿水的小河，pH 接近 1~2，严重阻碍了适宜生境内大多数微生物的生长，而氧化硫硫杆菌从这个相互关系中没有受到影响。某些微生物种群产生氨对其他种群有害，高浓度的氨能抑制硝化杆菌属中的种群。某些微生物种群产生的短链脂肪酸对其他种群有毒害，大肠杆菌在瘤胃内没有能力生长，这可能是因为瘤胃中的厌氧异养微生物（如反刍月形单胞菌）产生挥发性脂肪酸抑制这种菌的生长。

拮抗作用在链霉菌属种群中特别普遍，其他最常遇到的产抗生素种群有芽孢杆菌属和假单胞菌属的一些种，青霉属、木霉属和镰孢属的一些种以及其他真菌也分泌抗生物质。近年来偏害作用中的拮抗原理已用于植物病菌的微生物学控制。例如，谷粒用枯草芽孢杆菌（*Bacillus subtilis*）或球毛壳霉（*Chaetomium globosum*）接种能抗幼苗的枯萎病。用细菌接种种子或繁殖体能刺激植物生长，这是由于抑制了影响植物的根际微生物所致，如产抗生素的假单胞菌能刺激生长；而不产抗生素的假单胞菌突变体没有能力刺激植物的生长。另外，用放射性土壤杆菌（*Agrobacterium radiobacter*）接种谷物的种子或苗圃植株，可以抵制病原菌根癌土壤杆菌（*Agrobacterium tumefaciens*）的侵袭，可以控制癌肿病。但当转移根癌土壤杆菌的 Ti 质粒进入寄主植株时，则可以引起疾病症状，这显示出偏害种群产生一种细菌素，能杀死病原菌或阻止病原菌侵袭寄主的根。

生态学家认为，偏害作用在对抗种群内能够诱导休眠和形态建成。Baker（1980）指出，所有土壤微生物生活周期阶段的相继进行，不仅依赖于微生物基因，同样还依赖于所联合的微生物区系。

（八）竞争（competition）

竞争是两种种群因需要相同的生长基质或其他环境因子，致使增长率和种群密度受限时发生的相互作用,其结果对两种种群都是不利的。在一定的环境条件下,竞争将导致优势种群的建立和较差竞争种群的被排除,而排除可导致空间或时间上的取代,减少对可用资源的竞争。改变环境参数能创造允许竞争种群共存的条件。一般在生长期间竞争的成功以最大增长率为基础,在非生长期间竞争的成功以忍受和存活的能力为基础。

二、种群之间竞争的动力学原理

在分析竞争的动力学原理时,有很多简化的假设。

(1) 分析限于仅含有两种不同微生物的混合培养中,它们为一个限制数量的必需营养物竞争。

(2) 假设在两种种群之间没有其他的相互作用。因为其他的相互作用将明显地修改竞争的动力学。

(3) 假设两种有机体对主要生长条件显示出一个类似的反应。因为在很多自然环境中,有机体与物质环境之间的相互作用对修改和调节竞争可能有重要的意义。

(一) 在封闭环境中竞争的数学模型

封闭环境中竞争种群的动态一般用种群增长微分方程描述。

假设 A 和 B 两种不同的种群混合生长在一个封闭环境内(即分批培养),环境中所有的营养物在开始时都是过量的。于是两种种群在无限环境内的增长可以表示如下:

$$\frac{\mathrm{d}X_{\mathrm{A}}}{\mathrm{d}t}=\mu_{\mathrm{mA}}\cdot X_{\mathrm{A}} \quad 和 \quad \frac{\mathrm{d}X_{\mathrm{B}}}{\mathrm{d}t}=\mu_{\mathrm{mB}}\cdot X_{\mathrm{B}}$$

式中,μ_{mA} 和 μ_{mB} 分别是 A 和 B 的最大瞬时增长率,X_{A} 和 X_{B} 是 A 和 B 的种群大小。

由此

$$\ln X_{\mathrm{At}}-\ln X_{\mathrm{A0}}=\mu_{\mathrm{mA}} \tag{1}$$

$$\ln X_{\mathrm{Bt}}-\ln X_{\mathrm{B0}}=\mu_{\mathrm{mB}} \tag{2}$$

将方程式(1)和(2)重新整理成:

$$(\mu_{\mathrm{mA}}-\mu_{\mathrm{mB}})t=(\ln X_{\mathrm{At}}-\ln X_{\mathrm{A0}}-\ln X_{\mathrm{Bt}}-\ln X_{\mathrm{B0}})$$

$$=\ln\left(\frac{X_{\mathrm{At}}}{X_{\mathrm{Bt}}}\right)-\ln\left(\frac{X_{\mathrm{A0}}}{X_{\mathrm{B0}}}\right)$$

则

$$\mu_{\mathrm{mA}}-\mu_{\mathrm{mB}}=\frac{\ln R_{\mathrm{t}}-\ln R_0}{\mathrm{t}} \tag{3}$$

式中,R_{t} 是时间为 t 时种群 A 的大小与种群 B 的大小的比率;R_0 是两种种群在生长开始时的比率。这样,假若最大瞬时增长率之间有较大的不同,则两种种群比率的变化率就较大。

假设生长时期的条件保持不变,则 ln$R$ 与时间的关系为一直线,斜率是两种种群的最大瞬时增长率之差(图 5-3)。假若 μ_{mA} 趋向于 μ_{mB},于是 lnR/t 趋向于零,则两种种群之间的竞争程度减小;假若 $\mu_{mA} \gg \mu_{mB}$,于是 lnR/t 趋向于无限大,则竞争增加。所以,用最大瞬时增长率之差,可大致估量两种种群之间的竞争程度。另外,封闭环境内最后的种群大小受营养物数量的控制。在生长期间较快增长的有机体比较慢增长的有机体能较多地使用有限营养物,因而具有竞争优势,且这种优势随最大瞬时增长率之差的增大而增加。在大多数自然环境内,营养物浓度常出现波动,随着营养物浓度的连续波动,能逐渐增加总生物量的那些种群是较强竞争者,它们在生存竞争中占优势。

例如,在一个混合培养内,有机体 A 和 B 在有限营养物培养基内生长,它们的总种群数被有限营养物浓度限制在 20^8 个个体, 有机体 A 的 $\mu_{mA}=0.693\ h^{-1}$,B 的 $\mu_{mB}=0.347\ h^{-1}$。在开始的培养物中 A∶B 是3∶2。6 h 以后增长停止,最后的总种群大小是 20^8 个个体(20^3 个新个体加上 5 个接种的个体),其中 92.3% 是有机体 A,7.7%是有机体 B。用对数比率直线的斜率计算竞争程度是 0.346 h^{-1},正好是 A 和 B 两个最大瞬时增长率之差。在第二个混合培养内有机体 B 被 C 取代,有机体 C 的最大瞬时增长率是 0.462 h^{-1},比 B 稍大,在开始的培养物中A∶C为3∶2。种群 A 以在第一个培养中的相同情况增长,而种群 C 比种群 B 增长得较快,于是在生长 5.8 h 以后的总种群大小就达到 20^8 个个体,比第一个培养的时间略少。A 占总种群的 85.1%,C 占 14.9%。可见种群比率的变化率比第一个培养的小,竞争程度是 0.23l h^{-1},正好是 A 和 C 两个最大瞬时增长率之差(图 5-3)。

(二) 在开放环境中竞争的数学模型

开放环境中竞争种群的动态一般用 Monod 方程式描述。

开放生长系统比封闭生长系统能更确切地模拟自然环境。在生长限制基质条件下的竞争动态与自然条件下出现的过程可能特别相似。像生长限制基质有机体的增长率那样,有能力维持最高增长率的种群具有竞争优势,在开放培养系统内具有最小竞争力的那些种群最后从生长环境内消除。在这种情况下,饱和常数是决定竞争结果的最重要因子,因为饱和常数限定了有机体对生长限制基质的亲和力。恒化器培养的动力学分析,便于了解自然环境中种群竞争的机制。以下研究能普遍应用于开放环境内两个或较多有机体在营养限制条件下出现的任一竞争情况。

假设有机体 A 在固定稀释率 D 和生长限制基质浓度 $\tilde{S}$ 的恒化器内生长,A 的饱和浓度为 K_{sA},那么可得到如下方程式:

$$D=\frac{\mu_{mA}\cdot\tilde{S}}{(K_{sA}+\tilde{S})} \tag{4}$$

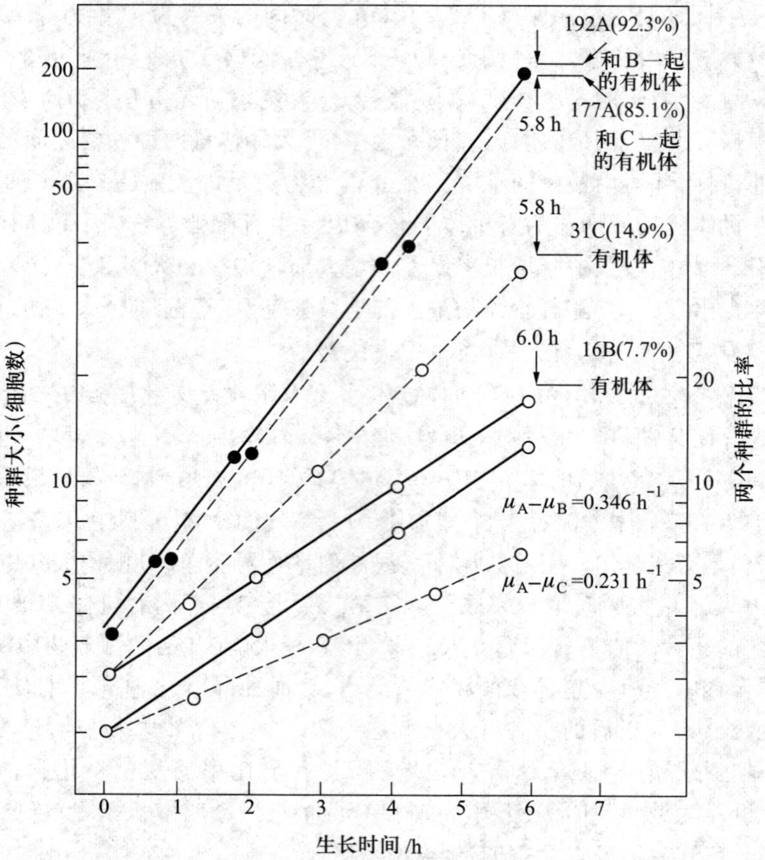

图 5-3 在封闭培养系统内微生物 A 和 B 或 A 和 C 之间的竞争

两个混合培养的种群大小 A∶B 或 A∶C 开始时都是3∶2。(●-●)是 A 和 B 在一起的增长曲线,此处 $\mu_{mA}=0.693\ h^{-1}$,$\mu_{mB}=0.347\ h^{-1}$;(○-○)是种群 A 对种群 B 的比率对数。(●…●)是 A 和 C 在一起的增长曲线,此处 $\mu_{mA}=0.693\ h^{-1}$,$\mu_{mC}=0.462\ h^{-1}$;(○…○)是种群 A 对种群 C 的比率对数

现在假设将有机体 B 接入生长容器,且最初的种群 B 比种群 A 小。在两种成员混合培养的第一阶段,种群 B 的增长为:

$$\frac{dX_B}{dt}=(\mu_B-D)X_B$$

根据 Monod 方程式 $\mu=\mu_{mx}\cdot\frac{S}{(K_s+S)}$

则
$$\frac{dX_B}{dt}=\left[\frac{\mu_{mB}\cdot\tilde{S}}{(K_{sB}+\tilde{S})}-D\right]X_B \qquad (5)$$

在评价种群 B 与种群 A 的竞争关系时，有三种基本情况可以考虑。

(1) 种群 B 比种群 A 的竞争力强，能成功地取代种群 A，$\mu_B > D = \mu_A$。于是 dX_B/dt 是正值。因此由方程式(4)和(5)得出：

$$\frac{\mu_{mB} \cdot \tilde{S}}{(K_{sB} + \tilde{S})} > \frac{\mu_{mA} \cdot \tilde{S}}{(K_{sA} + \tilde{S})}$$

在这种情况下，不是 $\mu_{mB} > \mu_{mA}$(图 5-4a)就是 $K_{sB} < K_{sA}$(图 5-4b)，并且 μ_{mx} 和 K_s 的联合影响更为重要。同时 $\mu_{mB} > \mu_{mA}$ 而 $K_{sB} > K_{sA}$(图 5-4c)也是可能的。在基质的所有浓度中，有机体 B 比有机体 A 保持较高的增长率，于是在生长限制基质的任一浓度下，有机体 B 有较大的竞争力。有机体 B 最初的增长率由有机体 A 建立的稳定状态条件决定，即由稀释率 D 和生长限制基质浓度 $\tilde{S}$ 决定。然后两种种群的比例逐渐向着有利于种群 B 的方向变化，而 $\tilde{S}$ 开始减小和趋向 $\tilde{S}_1$ (图 5-4b)。$\tilde{S}_1$ 是维持 $\mu_B = D$ 时的生长限制基质浓度，在这个基质浓度下，dX_A/dt 必定是负值，因此种群 A 在此稀释率下是无能力增长的，且必然会被连续洗出培养容器。

(2) 种群 B 比种群 A 的竞争力小，不能取代种群 A，$\mu_B < D = \mu_A$。于是 dX_B/dt 是负值。因此由方程式(4)和(5)得出：

$$\frac{\mu_{mB} \cdot \tilde{S}}{(K_{sB} + \tilde{S})} < \frac{\mu_{mA} \cdot \tilde{S}}{(K_{sA} + \tilde{S})}$$

这种情况下有 $\mu_{mB} < \mu_{mA}$(图 5-4d)或 $K_{sB} > K_{sA}$(图 5-4e)。结果正好与前述的相反。实质上，维持有机体 A 稳定状态的任一浓度生长限制基质，都不能以它给有机体 A 一样快的增长率维持有机体 B。

(3) 种群 B 以与种群 A 相同的速率增长，$\mu_B = \mu_A$ 于是 $dX_B/dt = 0$，因此由方程式(4)和(5)得出：

$$\frac{\mu_{mB} \cdot \tilde{S}}{(K_{sB} + \tilde{S})} = \frac{\mu_{mA} \cdot \tilde{S}}{(K_{sA} + \tilde{S})}$$

以上等式意味着 $\mu_{mA} = \mu_{mB}$ 和 $K_{sA} = K_{sB}$，这仅在理论上有可能。虽然 $\mu_{mA} = \mu_{mB}$ 和 $K_{sA} = K_{sB}$ 在实际情况中几乎是不可能的，但在一个特定基质浓度情况下，两个有机体的增长速率有可能相等(图 5-4f)。在这样一个特定情况下出现的两个不同有机体必定呈现交叉的 Monod 动力学，即受最大瞬时增长率与饱和常数的联合影响。假设在 $\mu_{mA} > \mu_{mB}$ 和 $K_{sA} > K_{sB}$ 的情况下，当基质浓度为 S_2 时出现稳定状态培养。这样，当在基质浓度低于 S_2 的情况下，有机体 B 基本上具有增长率优势，

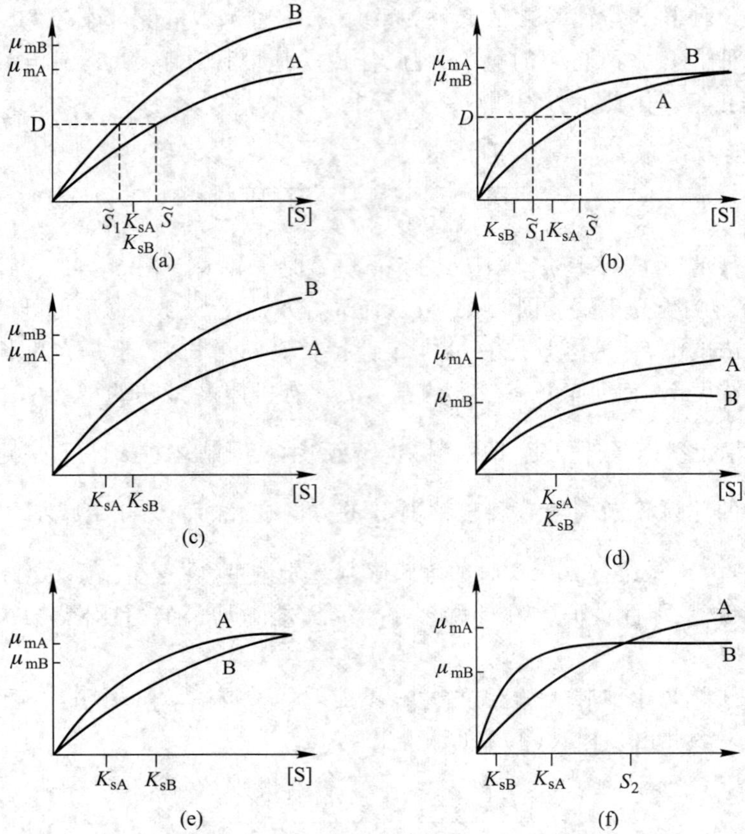

图 5-4　A 和 B 两种有机体之间可能的各种 Monod 关系

用于预测在生长限制基质情况下它们之间竞争的结果。(a) $K_{sA}=K_{sB}$，但 $\mu_{mA}<\mu_{mB}$。在生长限制基质的所有浓度下，B 有超过 A 的竞争优势。(b) $K_{sA}>K_{sB}$，但 $\mu_{mA}=\mu_{mB}$。在生长限制基质所有浓度下，B 有超过 A 的竞争优势。(c) $K_{sA}<K_{sB}$ 和 $\mu_{mA}<\mu_{mB}$。在生长限制基质所有浓度下，B 有超过 A 的竞争优势。(d) $K_{sA}=K_{sB}$，但 $\mu_{mA}>\mu_{mB}$。在生长限制基质所有浓度下，A 有超过 B 的竞争优势。(e) $K_{sA}<K_{sB}$，但 $\mu_{mA}=\mu_{mB}$。在生长限制基质所有浓度下，A 有超过 B 的竞争优势。(f) $K_{sA}>K_{sB}$ 和 $\mu_{mA}>\mu_{mB}$。当 $D=S_2$ 时，$\mu_A=\mu_B$，两种种群之间平衡；$D<S_2$ 时，$\mu_A<\mu_B$，种群 B 有较大的竞争力；$D>S_2$ 时，$\mu_A>\mu_B$，种群 A 有较大的竞争力

因为它对限制基质有较大的亲和力，但在基质浓度高于 S_2 的情况下，有机体 A 比有机体 B 能较快地增长，因为此时以最大瞬时增长率为主。由此可看出，要维持一个使两种种群平衡增长的固定稀释率也是行不通的，实际上固定的平均稀释率不是稍高于 S_2 就是稍低于 S_2。

第六章 微生物群落发展与演替

每个生态系统中都分布有多种多样的种群，而在一定生境内出现和相互作用的各种种群组成群落。微生物群落是十分庞大和多样的，一般在正常未受干扰的系统内，群落组成中的种类很多而每个个体数量相对较少；在受干扰的系统内，群落中的种类较少而每个种的个体数量相对较多。群落是广泛存在于生态系统中的一个结构单位和功能单位，它们是生态系统内充满生气的一部分，群落中各种不同的种群能以有规律的方式共处，同时，它们具有绝对明显的营养组织和代谢类型，可以说群落的发展导致了生物的发展。群落演替在生态学中非常重要，因为群落的组合动态是必然的，而其静止不动则是相对的，研究演替不仅可以判别群落动态的机理及有关理论，而且与人类社会的经济生活具有十分密切的关系。

第一节 群落的基本概念

一、群 落 定 义

微生物群落（community）是一定区域内或一定生境中各种微生物种群相互松散结合的一种结构单位。这种结构单位虽然结合松散，但并非是杂乱的堆积，而是有规律的结合，并由于其组成的种群种类及一些个体的特点而显现出一定的特性。任何微生物群落都是由一定的微生物种群所组成，而每种种群的个体都有一定的形状和大小，它们对周围的生态环境各有其一定的需求和反应，它们在群落中各处于不同的地位和起着不同的作用。所有这些都是形成群落结构的基础。

二、群 落 形 成

Wilkinson 等（1974）研究了从限制甲烷富集培养中分离出的一个微生物群落，发现其至少由四种种群组成。它们之中仅有假单胞菌种群能氧化和利用甲烷，但当其代谢产物甲醇在培养基中积累时又抑制本身的生长。而群落内的生丝微菌能代谢甲烷利用菌排入培养基的甲醇，这对甲烷氧化菌是有利的，它们两者之间表现出协同作用。群落中的黄杆菌和不动杆菌是两个异养细菌种群，它们的生长依赖以上两种种群排出的代谢产物和细胞裂解产物，与前两者呈现偏利关系。从以上分析可看出，由这四种种群组成的群落，通过种群之间的相互作用，使得整个群落与环境的关系显出能够利用环境中的甲烷。

Osman 等（1976）分析了生长在除草剂 22DCPA 上的一个微生物群落。这个群落含有六种或七种微生物，可将它们分成两个类群，第一个类群中有假单胞菌、革兰氏阴性菌和绿色木霉，它们是 22DCPA 的主要利用者；第二个类群中有黄杆菌、恶臭假单胞菌（*Pseudomonas putida*）及另一种假单胞菌和粉红色出芽酵母菌，它们没有能力代谢 22DCPA。酵母菌在群落内结合得不很紧密，当培养物增长率增加时，它从富集恒化器中快速消失。剩下的六个成员在生长条件波动的情况下除了数量变化外极其稳定。个别种群的比率随增长率改变而变化，在低增长率情况下，细菌 P2 是占优势的有机体；而在高增长率情况下，P1 是占优势的有机体。通过种群间的相互作用，这个群落表现出能在除草剂 22DCPA 上生长。

另外，由一定种群组合的群落在环境条件相似的各个区域或生境内能有规律地重复出现。如动物体上的正常微生物群落和植物体上的正常微生物群落，它们各有一定的种群组成，各有其一定的特点，并且只能分别在动物体上和植物体上重复出现。在成年人的胃壁上主要是耐酸性的乳酸菌和链球菌定居，在肠壁上主要是梭菌属和拟杆菌属（*Bacteroides*）中的一些种类和粪链球菌定居；而在豆科植物根部定居的主要是根瘤菌属的种群，在大多数陆生植物的根部主要是形成菌根的真菌。

群落中种群与种群之间，以及群落与环境之间存在着极其复杂的关系，这些关系一方面保证了群落的稳定性，另一方面又使群落具有可修饰性。群落成员的结合主要是每一种成员的作用所致，这种作用甚至当环境条件发生变化时仍能保持。同时群落组成的多样性使群落能很快地适应周围环境的变迁，当环境中发生某些对群落不利的影响时，一些种可能反应敏感；另一些种则能忍受这种影响，因而整个群落仍能维持，并在变化的环境条件下，能借助群落成员之间相互作用为基础的自我平衡（homeostasis）机制自我调节维持稳定。很多生态学家认为，自我平衡系统内的关键成分是负反馈，在负反馈中，环境导致的一种种群内的变化引起在其他种群内也发生反应。开始的生物学波动是对抗、抑制或中立生活，最后导致群落的种群多样性，及增加抵抗其他种群侵入的能力。而正反馈导致单个种群大小的显著增加，从而使群落扩大。这在微生物群落内不经常显现，这样的种群变化与生态学激增或生态学干扰有关。生态学干扰一般随着环境的干扰或平衡中决定种的因素被干扰而发生，它不是从自我平衡处发出。

生态学干扰的一个通常原因,像经常出现在土壤、水域和污水处理系统中的那样,是增加碳源和能源基质进入群落。Marsh(1980)已描述了随着蔗糖消耗的增加,牙斑群落内的变异链球菌(*Streptococcus mutans*)种群也突然局部增加。

另外环境条件的巨大压力又可控制微生物群落的发展,通过改变群落所处的环境条件,控制组成群落的种群,使群落发生改变。无机营养物过量排入水体导致水体富营养化,由此引起水体中微生物群落发生改变,如寡营养水体内藻群落的成员,主要是鼓藻类的种群;而富营养水体中主要是星杆藻属(*Asterionella*)和蓝藻纲(Cyanophyceae)的种类。高温废水大量进入水体也影响微生物群落的种群组成,如在冷水中主要是硅藻占优势,但随着水体温度上升到21℃以上,硅藻逐渐减少,到32℃时硅藻完全消失,为绿藻和蓝藻取代。在人体胃中,因癌变而产生较高pH时,可导致发展成一个特有的由酵母菌、八叠球菌和乳杆菌种群组成的群落。在使用活性污泥处理污水时,起主要作用的是活性污泥中的微生物群落,在正常情况下,其中的大部分细菌是革兰氏阴性菌,包括假单胞菌属、动胶菌属、无色杆菌属、黄杆菌属、诺卡氏菌属、蛭弧菌属、分枝杆菌属的种群。维持这样的群落组成,污水处理的效果较好。但在低氮条件时,群落组成发生改变,促进污泥膨胀的丝状微生物数量增加,主要有球衣菌属(*Sphaerotilus*)、贝日阿托氏菌属(*Beggiatoa*)、发硫菌属(*Thiothrix*)和亮发菌属(*Leucothix*)的种群。改变后的群落处理污水的能力降低。

第二节 群落的主要特征

一、种多样性

种多样性(species diversity)是指一个群落中种的数量和各个种的个体数量及其均匀度的关系,表示群落中种的丰富度(species richness)和相对丰度(relative abundance)。这是一个很重要的概念,常用来比较两个群落中种的丰富度。同时它还能反映群落的稳定性与动态,以及不同地理自然条件与群落的相互关系。一般在单纯群落中,组成群落的种类数少而每个种的个体数多,表现出种多样性低;在复杂群落中,组成群落的种类数多而每个种的个体数少,表现出种多样性高。在自然生境内,土壤中群落的种多样性通常很高,而在被感染的植物或动物组织内群落的种多样性很低。在受物理因子控制的生态系统内,如酸塘、温泉、盐湖和北极海洋等极端生境内,群落的种多样性趋向于降低;而在受生物因子控制的生态系统内,如一般陆地或水域生境内,群落的种多样性趋向于升高。而且,群落的种多样性直接与群落的稳定性相关,因为在具有高多样性的群落内,种类数多,相应的优势种也多,个体分配均匀,于是没有一个种总是主要的,甚至假若一个种消失了,整个群落结构也不会被干扰。这样的群落有能力对付较宽范围的环境波动。

测量种多样性的方法,最简单的是数一数种类的数目,微生物学者常常借定性的观察,即显微镜的形态学观察或在平皿上的菌落形态观察,粗略地估计群落的种多样性。另外,也使用"多样性指数(diversity index)"表示种多样性。多样性指数是以群落组成结构中种的数量和各个种的个体数量的分配有一定的特点为依据而设计的一种数值指标,一般种类数越多或各个种的个体数分配越均匀,则种多样性指数值就越大;反之,种多样性指数值就越小。目前,广泛用于计算微生物群落种多样性的数学指数是种多样性指数(Shannon and Weaver,1949),表示如下:

$$H' = C/N(N\lg N - \sum n_i \lg n_i)$$

式中,H'为种多样性指数,C为常数(3.321 9),N为所有种的个体总数,n_i为第i种的个体数。

多样性指数是一个很有价值的数学指数,能够用来表示施加于群落上的环境压力的程度。因为在有利环境条件下的群落,包含有大量的种类,而每个种的个体数量却不多,这种情况下的多样性指数值是高的;在不利环境条件下,群落包含的种类少,且每个种的个体数量较多,这种情况下的多样性指数值是低的。所以群落在环境压力下的多样性指数值一般都较低。如北冰洋水域,细菌群落的多样性指数值比温水洋中的低,因为温水洋内没有北冰洋内由于低温和冰造成的物理压力。因而根据多样性指数值的大小就能清楚地判别环境压力的程度。另外多样性指数是一个敏感的污染指标,能用于评价水质的污染情况,已发现污染物导入水生生态系统后,硅藻群落的多样性指数值和细菌群落的多样性指数值减小(表6-1)。另外,多样性指数值还能用于了解群落的演替变化,从低多样性的先驱群落到高多样性的稳定顶级群落,多样性指数值增加,且在此期间某些先驱种群消失,生物量的相对比例从异养细菌转变成藻和蓝细菌(表6-2)。

表6-1 石油对北极海水中细菌群落多样性的影响

时间/周	多样性指数(H')
0	3.5
2	3.6
4	2.4
6	2.1

* 无石油污染的对照值,H'为3.4~3.7。

表 6-2 在淹没的铁路栅栏上微生物群落的演替变化

时间/天	多样性指数(H')	生物量(细菌/藻)
1	3.1	6.07
3	4.2	0.23
6	4.4	0.31
10	4.8	—

二、垂直结构

垂直结构是不同种的个体彼此在垂直方向的排列状况。群落中不同种群在生境内的垂直分布是种群间及种群与环境间相互关系的一种特定形式,因此生境中的任何一个群落均有其本身的垂直结构。垂直分布相当于成层现象,这种在生态上的不同有着重要的生物学意义,垂直分布在利用环境方面至少是部分的相互补充,以使微生物对环境资源能更加充分地利用和产生更高的生物量。成层现象通常是种间为了竞争光、氧气、温度、营养等的结果,这有利于微生物在自然界更好地发展。

在水域生境内,由于不同深度中的光线、温度、氧气等环境因子的差异及不同微生物的特异性在不同层次中微生物的种类和数量都不相同。Reinheimer 研究了湖泊内细菌群落的分层现象,发现光合作用种群多分布在近水面区域,主要有盐细菌;化能自养菌种群多分布在湖泊的深水层,主要有无色硫细菌和硫酸盐还原细菌;异养细菌在整个垂直水体中都有分布,一般好氧菌集中在光合作用区之下,主要有假单胞菌、柄杆菌、噬纤维菌和浮游球衣菌(*Sphaerotilus natans*)等;厌氧菌集中在湖底沉积物上,主要有脱硫弧菌、甲烷杆菌、甲烷球菌等。

三、优势种

在任何群落中,组成群落的各个成员所表现的作用是不同的,所以群落中的各种种群不具有同等的群落重要性。其中必定只会有部分种群,因其数量、大小或活性而在群落中起主要的控制作用。而这些对群落和环境具有决定性意义的种群称为优势种,它们有能力同化和代谢生境中唯一或主要的碳源和能源基质。群落中的其余种群依赖优势种而生存,它们无能力直接利用生境中的主要基质,仅能同化或代谢优势种的代谢产物和细胞裂解产物作为自己的碳源和能源。例如,在限制甲烷富集培养中的细菌群落,其中能氧化甲烷的假单胞菌是群落中的优势种,因为群落中只有它能代谢和同化生境中的唯一碳源和能源——甲烷。

四、群落生境

群落与环境的关系是极其密切的。一方面环境影响着群落,另一方面群落影响着环境。另外群落占据和增长的生境是物理因子和生物因子相互作用的综合体,它为群落的增长提供最低条件,在决定群落的类别上起着重要的作用。任何一个群落均依赖于它的群落生境,任何群落生境也均处于群落的作用之下。

在每个群落生境中都有自己独特的群落,如极端环境内的群落与正常环境内的群落是不一样的,淡水湖泊中的细菌群落主要由蓝细菌、假单胞菌、柄杆菌、噬纤维菌、着色菌、脱硫弧菌、甲烷杆菌和甲烷球菌等组成;盐湖中的细菌群落主要由盐球菌、盐杆菌、肋生弧菌(*Vibrio costicola*)、盐脱氮副球菌(*Paracoccus halodenitrificans*)、变异微球菌(*Micrococcu varians*)等组成;温泉内的细菌群落由氧化硫硫杆菌、酸热硫化叶菌、酸热芽孢杆菌等组成,所以群落基本上是生境严格选择的结果。群落成员的生命活动可决定生境的许多特性,进而形成特有的群落生境。例如,泡菜发酵过程中的细菌群落由植物乳酸杆菌(*Lactobacillus plantarum*)和短乳杆菌(*Lactobacillus brevis*)等产酸菌组成,在它们的生命活动中产生CO_2、乳酸和乙酸,由此决定发酵环境偏酸,泡菜发酵过程在较低 pH 的条件下进行,这样的群落生境有利于泡菜发酵的完成,并能抑制腐败微生物的发展。

第三节 群落的发展和演替

群落的基本特征之一是它的动态,任何一个群落都处于不断变化和发展之中。实质上,群落是环境和地区地质历史选择的产物,它经常处于不稳定状态,经历发生、变化和解体,并让位于另外的群落。

群落内种间相互关系型和种群的适应特征均与群落的变化和稳定性有密切的关系。在微生物种群间的相互关系中,某些是松散的联合,在它们之中一种种群能被另一种种群替换;另一些是紧密的联合,在它们之中一种种群不能被另一种种群替换。微生物种群间的相互关系可以导致一个新群落的形成,不同有机体具有的适应特征不为联合中的任一成员单独据有。地衣是真菌和藻之间这种联合的一个例子。群落内种群之间的相互作用包含反馈,这些反馈机制能维持群落内的生态平衡。

一、微生物种群的适应作用和自然选择

适应作用是生物在生存竞争中,为适应环境条件而形成一定性状的现象。微生物种群具有使得它们适于在特定生态系统内生存的特征。最适合生存的有机体导致新种的发展,以及新种群的随后兴起。适应作用通过微生物基因库内

的基因突变和基因重组等发生。

自然选择是生物界适者生存,不适者淘汰的现象。微生物种群经历自然选择,结果具有适应特征的有机体被选择生存下来,那些不具有适应特征的有机体被自然选择淘汰了。

当适应特征进入基因库时,微生物繁殖速度快的特点为相当快和广泛的基因表达提供了可能,所以新种能迅速发展。抗生素抗性细菌新菌株的发展是自然选择的一个极好例子,在医院周围的微生物,对抗生素的抗性已成为它们的一个必需特征。另外,在农业土壤内,广泛出现的微生物降解杀虫剂的能力是微生物发展的另一个自然选择例子。种群的适应作用,可以作为结构和生理特征出现,也能作为繁殖生存策略行为出现,也都能增加有机体在生态系统内生存的能力。

1. 结构适应

在微生物内,几乎通常遇到的结构都是微生物为了在自然生境内生存所需要的适应特征。某些特别的结构,如在某些水生光能自养微生物内发现的气泡,是通过高效率地分散而增加生存能力的适应特征;细菌内生孢子使微生物具有坚强的生存能力。某些真菌表现出二形性的结构适应,这些真菌在土壤生境内借菌丝体伸长正常地进行营养生长,但当它们感染一个合适宿主有机体时,它们就像酵母菌细胞那样繁殖,因为在宿主有机体的体内,它们不需要坚硬菌丝壁的保护,并且在宿主有机体内增加其细胞代谢活性也是有利的条件。

2. 生理适应

生理适应包括具有特殊酶和特殊代谢途径。营养多样性是微生物种群在生态系统内能获得多样化学物质的一个适应特征;有能力降解特殊化学物质是微生物种群在生态系统内能得到特殊化学物质的一个重要适应性。

蓝细菌在有氧和缺氧生境之间移动,并仍保持灵敏的光能自养型特征,这是生理适应的结果。如沼泽颤藻(*Oscillatoria limnetica*)在缺氧条件下,使用 H_2S 作为电子供体,因而仅有循环氧化的光合磷酸化作用是灵敏的。但在有氧生境内,以 H_2O 作为电子供体并伴随 O_2 的释放,在此种条件下非循环氧化和循环氧化的光合磷酸化作用系统都是灵敏的,它表现出代谢的多样性。

种群对环境条件的耐受范围是重要的生理适应特征。如定居在寒冷水体内的微生物,它们耐受了寒冷和低温的选择。另外,还有对 pH、E_h 盐浓度、光强度和重金属、抗生素等特殊理化因子的耐性适应。

定居于极端环境内的很多微生物具有特定的生理适应特征。在极端环境条件下,微生物必须维持调节物质进入和流出细胞的能力,因而细胞质膜必须保持半透性屏障的作用,微生物必须连续合成活性酶,核酸必须是稳定的,蛋白质合成的过程必须连续。同时,在极端环境内合成的蛋白质必须在那些条件下是稳定的，并能为微生物的生长和酶活性所需要，因此它们的膜和酶常常表现出特殊的修饰。如嗜热微生物产生不易热变性的蛋白质，且已证实嗜热与嗜温微生物的蛋白质之间有某些不同。比较热溶蛋白芽孢杆菌（*Baciflus thermoproteolyticus*）和枯草芽孢杆菌的蛋白水解酶，发现前者具有酪氨酸基团，它们的酶借存在于疏水环境内的酪氨酸和/或色氨酸显出热稳定性；分析嗜热和嗜温梭菌的铁氧化还原蛋白，发现除嗜热蛋白质内存有组氨酸外，其他的都非常类似。嗜热微生物的细胞膜含有高比例的高相对分子质量的分支脂肪酸，使膜在高温情况下能维持它的半透性而显出热稳定性。嗜热微生物的核酸具有相当高比例的 GC 含量，这样能提高 DNA 的熔点而增加核酸的稳定性。同样，极端嗜盐菌的合成酶和膜耐受高盐浓度，嗜盐微生物有一个非常高的内部盐浓度，它们的酶表现出强烈的疏水作用，这样有助于它们的稳定性。在盐杆菌内出现各种类型的特化膜，包括含有独特的类胡萝卜素化合物的红色膜和紫色膜。盐杆菌的双层结构膜在高盐浓度情况下的稳定性依赖极性脂质二价阳离子和蛋白质的特殊结合。

很多微生物种群通常的适应特征是有能力接通和关闭所需要的特定代谢途径。接通和关闭代谢途径的能力是对有限适用基质生态系统的适应。这样的接通关闭机制能维持能量和碳源流通。

3. 繁殖适应

微生物的繁殖方式以自然选择的压力为基础，繁殖方式必须提供适应生存的策略。大多数微生物能产生很大数量的后代以保存种的生存，非常快的繁殖速率能使微生物在短期内极大地增加它们的数量。某些细菌在适宜条件下的倍增时间为 15~20min，如大肠杆菌的倍增时间为 17min。藻和真菌散布的有性孢子和无性孢子一般都以很大数量产生，如子囊菌和担子菌都能产生大量的孢子。

4. 传播适应

微生物从一个生境到另一个生境的散布是微生物种群的重要适应机制。当种群对第一个生境长时期不能适应时，它必须从一个生境向另一个生境移动。如当病毒引起感染宿主死亡时，病毒必须转移到另一个生活宿主，否则病毒将会消亡。某些微生物适应于空气传播，某些微生物适应于水传播，这些微生物都分别形成相应的适应策略以有利于它们的传播。某些微生物通过与动物相联系而传播，这是微生物借动物媒介传播的适应策略。

5. 行为适应

微生物的行为活性以自然选择的压力为条件，很多微生物对特定环境的刺激表现出趋性反应。趋化性反应是微生物的重要适应特征，其能使它们去发现并向着适用基质或食物资源的方向移动。趋光性反应使某些动藻和光合细菌有能力在水体中朝着一定光照强度移动，使这些有机体能定位在适于它们凭光色来吸收光能的生境内。某些非光合作用微生物也可以呈现趋光性反应，它们朝着或离开直射阳光移动。趋温性反应是微生物沿着热梯度向适宜温度的生境移动。趋地性反应是微生物向着重力方向移动。趋氧化作用的反应是微生物沿着氧浓度梯度的移动。趋磁性反应是微生物对磁力场的反应。所有这些趋性反应提供了种群行为适应的机制。

在某些微生物种群内,一个有趣的行为适应是时间节律(temporal rhythms)的出现。某些真核微生物表现出生理节奏节律,即与地球 24 h 运转相联系的新陈代谢、内分泌作用及睡眠等生理节律。生理节奏是内源控制的并以近似 24 h 的周期性发生为特征。有机体表现的生理节奏可以有一个类似于生物钟作用的内部生理机制。生物钟的适应优势是种群能使它们的行为活性与自然界有规律的环境变化相协调。在藻类、原生动物和真菌中已发现生理节奏节律,如脉孢菌属(*Neurospora*)的孢子形成表现生理节奏节律,伞藻属(*Acetabularia*)和水网藻属(*Hydrodictyon*)呈现光合作用和呼吸作用活性的生理节奏节律,菱板藻属的成员呈现一个与海潮有关的内源节律,在每个新潮期间它们来到沉积物的表面。在某些微生物内展现日节律,如膝沟藻属(*Gonyaulax*)的种类在暗淡光条件下出现发光的日节律,而在亮光条件下没有发光现象;枝孢霉孢子的释放也展现日节律,它们的孢子释放在黑夜期间较慢,但在中午时较快,这可能是对每日这个时刻暖气团向上对流的反映。某些微生物种群表现年节律,如副溶血弧菌(*Vibrio parahaemolyticus*)在河口湾内出现年循环,在温暖区域内,在春、夏两季期间这个有机体出现在水体中,但在冬季期间它从水体中消失,仅其中的某些成员在冬季残存于沉积物内,以维持年循环的连续进行。

二、微生物群落的发展

在地球上无论是陆地还是水域,只要有微生物生活所需要的环境条件就会有微生物生长,并能形成一定的微生物群落。群落发展的整个进程可包括移住、定居和群落形成。

移住是微生物从一个生境到另一个生境的散布,这是微生物的一个重要适应机制。移住不仅是群落形成的首要条件,也是群落变化和演替的重要基础。微生物的移住在很大程度上取决于传播因子,一般是借空气、水和动物传播。

定居是微生物能在它所占据的生境内生长和繁殖。繁殖是定居的一个重要条件,如果微生物只能传播到生境内但不能繁殖,那么就不可能有效地形成群落。定居过程显然是微生物对生境的不断适应过程。

群落形成是定居在同一生境内的各种种群,通过邻近个体之间的相互作用,集结形成一个完整的结构单位——群落。它们能更好地利用环境资源,并逐步增强其稳定性。

在群落的发展过程中,由于微生物生命活动的结果,常常引起生境的环境条件发生变化。Daubeumier 曾指出,一个生境中发育群落的改变应当赋予这个生境特征的各个原生因子。这是生态学的普遍原则。生境中最后形成的群落,经常会把先驱种群或优势种群转变成联合种群,或将它们从这个生境中排出。

Rayner 等(1979)研究了进入腐烂木材定居的真菌群落的发展(图 6-1)。此研究是分析微生物群落发展的最佳模型。

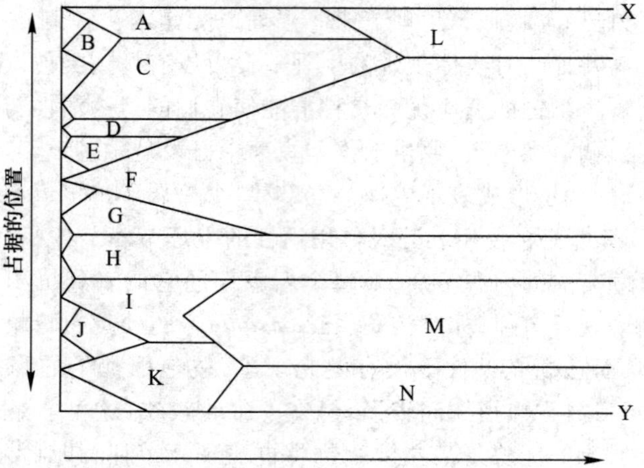

图 6-1 腐烂木材内真菌群落发展的图解

能定居的可用位置是 X-Y 的范围,在这个位置内,不同真菌种群(A 到 N)的变化分布是像缩小和扩大带那样的结果,带间的水平线表示僵持关系,斜线表示替换关系

图中 A 到 K 是定居木材的先驱种群,这些种群占据整个木材的可用位置。然后种群 B 和种群 J 被相当快地替换掉;种群 A 和 C,种群 C 和 D,种群 D 和 E,种群 G 和 H,种群 H 和 I,种群 I 和 K 之间建立僵持关系。接着种群 F 替换种群 C、D 和 E、G;种群 L、M 和 N 是竞争性 H 的侵入者:它们与种群 F、H 组成最后的群落。由以上分析看出,组成群落的种群以各种方式相互发生关系,它们之中重要的关系是掺和(intermingling)、僵持(deadlock)和替换(replacement)。僵持关系趋向于维持群落结构,而替换关系导致群落变化或演替。僵持和替换关系,都能借直接和间接相互作用产生。

木材内真菌群落的发展可概括成以下几个阶段。

① 先驱者阶段。木材首先被真菌仅能引起腐烂的某些种群定居,主要是枝顶孢属(*Acremonium*)、葡萄孢属(*Botrytis*)和瓶霉属(*Phialophora*)等真菌及快速生长的担子菌。

② 定居阶段 I。担子菌中的大多数种群被替换,占优势的种群之间处于僵持关系状态。

③ 定居阶段Ⅱ。种群间的僵持关系状态逐渐被侵入的种群定居瓦解。侵入种群主要是簇生垂幕菇(*Hgpholoma fascicalare*)和 *Phanerochaete velutina*,它们与原有的某些种群之间又处于僵持关系状态。

④ 最后阶段。腐烂性种群的活性下降,并被替换,最后主要是木霉属(*Trichoderma*)等小型真菌。

将群落发展的过程划分为几个不同的彼此替换的阶段,或多或少是人为的和相对的,这只是为了便于研究。实际上,群落的发展过程在时间上和空间上都是一个连续过程,很难绝对地分开为几个不同的阶段。

三、微生物群落的演替

演替是一个群落被另一个群落所替换的过程。在一个群落中,由于种群结构和组成的变化而引起整个群落的改变。群落演替随着微生物种群的定居或侵入生境开始,直至顶级群落形成。

群落演替的发生主要取决于环境条件的变化,环境改变可以是外部的或是定居者本身的结果。环境条件的变化,除了严重的或灾难性的变化引起次生演替外,通常是缓慢和逐渐地影响群落而引起它们的演替。另外,种群之间的相互作用和种群的生长繁殖特性都在群落演替中起着巨大的作用。

根据演替发生的情况可将它归纳为以下几个类型:

(1) 原生演替(primary succession)

微生物种群定居的生境,没有前者定居,如新生动物的胃肠道,这一过程称为原生演替。进入未占用过生境的第一个定居者称为先驱有机体,它们的共同特征是具有有效的传播机制。但是先驱种群一般最后被更适合改变生境的定居种群替换,因为先驱种群生命活动的结果,往往使最初时很适宜的环境条件逐渐趋向于对本群落中的某些种群或大多数种群不适宜,而这时的条件对另外的种群则成为最适宜的条件。

(2) 次生演替(secondary succession)

演替发生在被占用过的生境,或具有演替历史的生境,这一过程称为次生演替。次生演替一般在某些突然大变动事件引起原生演替瓦解之后发生。例如,新生婴儿的肠道是无菌的,但从一开始吃奶时肠道内的微生物群落就建立了。在喂人奶的婴儿中,由于食物来源是人奶,于是群落的组成常常相当简单,主要由双歧杆菌属(*Bifidobacterium*)的种群组成,这是原生演替。但随着婴儿的食物变化,肠道群落的组成也发生变化,最后接近于成年人肠道内的群落,主要由大肠杆菌、革兰氏阴性杆菌、粪链球菌和梭菌属、拟杆菌属中的一些种群组成,这是次生演替,是由食物种类的较大变动引起的。

(3) 自发演替(autogenic succession)

在某些演替过程中，微生物修饰生境，因此新种群可能得以发展。这种由群落机能的反作用引起生境改变而产生的演替称为自发演替，这是群落成员生命活动的结果。如兼性厌氧种群产生的厌氧环境条件，允许专性厌氧种群发展。

（4）异发演替（allogenic succession）

由于环境因子改变而发生的演替称为异发演替，是由与群落成员生命活动无联系的环境改变所引起的。某些种群展现的年节律变化就是由季节变化引起的群落演替。如副溶血弧菌在河口湾内表现出年循环变化，它们在春、夏两季出现在水体中，而在冬季则从水体中消失。

（5）自养演替（autotrophic succession）

自养演替随着供给非限制性的太阳能而发生。在自养演替中总光合作用（P）超过群落呼吸作用（R）的速率，即 P/R 比率开始时大于 1，假若演替朝着一个稳定群落发展，则 P/R 比率接近 1。自养演替主要在先驱群落内发生，如在新爆发的火山岩和光秃的岩石上面，光合作用先驱有机体对营养的需要很低，并对不利的环境条件有高的耐受能力。另外，具备利用大气氮的能力也有利于自养演替。因此，蓝细菌和地衣的陆生类型是这种环境内最好的先驱群落。

（6）异养演替（heterotrophic succession）

异养演替随着供给营养物而发生。在异养演替中由于输入生境的有机物质不充足，以及群落逐渐消耗贮藏的能量，因而通过生境的能量流动随时间而减少。异养演替经常是短暂的，因为当贮藏的能量耗尽时，就以群落的消灭而告终。假若有连续的外来有机物质不断供给，则异养演替可能导致一个稳定的顶级群落。例如，只要有规律地输入食物，肠道内微生物群落的异养演替能维持一个稳定的顶级群落，假若动物停止喂食，肠内的微生物群落就会瓦解和迅速消除。参与有机物分解过程的很多微生物群落呈现异养演替。

演替具有定向性，随着环境条件的变化，群落也必然发生演变，并且在演变过程中表现出一定的序列和交替过程，所以可推断群落演替的发展变化。在某些演替过程中微生物种群能改变生境，因此群落演替能导致新生境和新群落的发展。

在湖泊生态系统内，常常能够看到一个发展趋势，一个贫营养水体经过很多年后，往往能变成一个富营养水体。这个发展趋势是环境变化引起湖泊内群落演替的结果。在贫营养水体中，开始时鼓藻类较多，群落中种的数目较丰富、每个种的个体数量较贫乏，随后由于生境的条件发生变化，鼓藻种群逐渐被硅藻种群替换，群落中种的数目减少、每个种的个体数量增加，即优势种出现。当水体发生富营养化时，某些硅藻和蓝细菌变成优势种。富营养化水体以低的种类数、相当高的个体数量为特征。

在土壤生态系统内，能观察到一个类似的演替趋势，在易降解有机物形成的复杂腐殖质中，呈现细菌和真菌的演替。腐殖质代表一个新生境的发展，随着群落的演替导致能利用腐殖质的顶级群落发展。

食品内微生物群落的自然演替能够用于产生新的食品产物。泡菜发酵是利用卷心菜上微生物群落自然演替的过程，在21～24℃和厌氧的情况下，卷心菜上开始具有各种细菌生长，但是形成酸的种群立刻占优势。在最初的定居者之中，大肠菌类种群的生长最为突出，如阴沟肠杆菌(*Enterobacter cloacae*)的生长产生二氧化碳和挥发性酸，接着肠膜明串珠菌的生长超过其他有机体，这些有机体使环境中的乳酸浓度达到1%，此浓度能阻止酵母菌种群的发展。随后植物乳杆菌占优势，酸产物继续上升到接近2%。最后短乳杆菌成为优势种群。这个过程代表在酸性环境条件下一个具有优势种群的顶级群落的形成。环境条件的变更能导致不同优势种群的交替演替。假若温度太高，肠膜明串珠菌将被抑制，片球菌属(*Pediococcus*)的种群将发展，在低温时，黄杆菌属和肠杆菌属的种群可以变成优势种。

演替导致稳定性是群落生态学中的一个首要和共同的法则。在一定生境内演替不是无止境的，因为生境终会不再按一定的方向发生显著变化。在这种情况下最后的群落将控制这个生境，这时的群落称为顶级群落。在一定意义上，当一个顶级群落出现时演替即完成，即达到演替顶级。顶级群落具有高度的自我平衡作用，它们借以群落成员之间相互作用为基础的调节机制，有能力维持群落的稳定，并抵制打破这个稳定状态的外部影响。

假若环境干扰不很严重时，顶级群落的自我平衡作用能恢复被干扰的群落。典型的表现是随着干扰因子的移走有一个返回原来群落的演替。例如，头皮的洗涤干扰了原来生境的群落，但洗涤没有导致新的群落形成，在洗涤后即开始了返回原来群落的演替。同样，在农业土壤内的微生物群落，随着耕作而恢复成原来的群落组成。

当异己的或外来的微生物进入生境时，自我平衡作用能恢复原始群落。例如，随食品颗粒进入胃肠道的很多微生物，能很快地被胃肠道内的顶级群落排挤掉。进入土壤和水域生境内的外来微生物，只是群落的暂时成员，负反馈作用能移走这些异己种群而恢复原来群落的组成。

严重的或灾难性的环境改变，可以破坏生态系统内自我平衡的调节，破坏现存的群落，并引起次生演替过程的开始。如大量污染物进入水生生态系统和陆生生态系统，由于这样的环境干扰超出了群落自我平衡的能力，结果会引起群落的次生演替。

在进入水生境的碎屑颗粒上也可呈现演替过程。淡水碎屑颗粒主要由死叶、死根和死茎的裂片组成，或由混有少量碎石的水生植物和水生大型藻类残体组成。与碎屑颗粒联合的微生物群落是复杂的，但随着演替都有相当固定的微生物种群组成。细菌在6~8 h以后以小数量出现在颗粒上，在15~150 h以后达到最大数量，但在200 h以后细菌种群下降并相当稳定。小的有鞭毛动物大约在20 h以后出现，100~200 h之后达到最大种群密度。纤毛虫大约在100 h出现，200~300 h达到最大数量。肉足虫和硅藻等其他微生物类群在演替中一般较迟显出。在以上的群落演替中，种群之间出现捕食者-猎物的相互关系，细菌是猎物，原生动物是捕食者。微生物在碎屑颗粒上演替的整个结果，是某些贫氮的植物多聚物被分解，但其被部分富氮的微生物给以补替。作为喂食无脊椎动物和脊椎动物的碎屑颗粒，在它上面的这个"微生物数量增加"是必需的，并具有一定的生态学意义。

在土壤内还可观察到一个有趣的群落演替。在森林和牧场生态系统内当演替到顶级群落期间，硝化细菌种群减少或消失，由此导致氨氮的积累。这个演替过程具有适应的价值，因为铵离子比硝酸盐离子较不易从土壤内滤掉。这样，硝化细菌从顶级群落丧失和铵离子的保留对维持高等植物的生长有利。

在食品腐败和发酵中也存在微生物群落演替。已观察到定居于家禽肉类的细菌演替，在5℃条件下，家禽胸部肌肉的先驱种群是不动杆菌属的种类，4天以后假单胞菌属的种群占优势，10天以后不动杆菌属种群完全被假单胞菌属的种群替换，当将肌肉放入不透气的包裹内时，微杆菌、肠细菌和乳酸杆菌替换假单胞菌属种群，它们成为家禽肉类表面上顶级群落中的优势种群。另外，在米酒发酵过程中呈现出复杂的微生物相互作用和群落演替，微生物随着接种酒曲进入米饭，在米饭上开始发展的群落主要由米曲霉（*Aspergillus oryzae*）、假单胞菌、无色杆菌、黄杆菌或微球菌等硝酸还原细菌和乳杆菌组成，米曲霉产生液化酶，水解淀粉成糊精、麦芽糖和葡萄糖等能发酵的糖，并产生蛋白酶，水解蛋白质成肽和氨基酸以供其他微生物生长。硝酸盐还原细菌将生境内的硝酸盐还原成亚硝酸盐，这样的生境条件有利于酿酒酵母（*Saccharomyces cerevisiae*）生长，因为野生型酵母菌在亚硝酸盐存在时不能存活。而异常汉逊氏酵母（*Hansenula anomala*）虽然能耐受亚硝酸盐，但在米饭的厌氧条件下也不能存活。乳杆菌产生乳酸、琥珀酸和其他有机酸酸化米饭，使米酒具有芳香的味道。然后酿酒酵母发展，直至占整个群落组成的95%~98%，最后形成以酿酒酵母为优势种群的群落。

第七章 微生物与生物地球化学循环

生物地球化学循环(biogeochemical cycle)是指生物圈中的各种化学元素,经生物化学作用在生物圈中的转化和运动。元素在生物圈中的生物和非生物部分均按特定的途径作循环,这是全球性的循环,对地质学和地球上的环境产生深刻的影响。而生物地球化学循环是这种全球性的地球化学循环的重要组成部分。地球上的大部分元素都以不同的循环速率参与地球化学循环。生命物质的主要组成元素(C、H、O、N、P、S)循环很快,少量元素(Mg、K、Na、卤素元素)和痕量元素(Al、B、Co、Cr、Cu、Mo、Ni、Se、V、Zn)则循环较慢。属于少量元素和痕量元素的 Fe、Mn、Ca 和 Si 是例外,Fe 和 Mn 以氧化还原的方式快速循环。Ca 和 Si 在原生质中含量较少,但在其他结构中的含量很高。

C、N、P、S 的循环受两个主要的生物过程控制,一是光合生物对无机营养物的同化,二是后来进行的异养生物的矿化。光合作用转化太阳能,将 CO_2 和其他无机化合物综合到生物的有机成分中,这样积累的有机物质在食物链中流动。最后这些有机物又被分解转化成无机状态,这后面的过程又称为矿化作用。

实际上所有的生物都参与生物地球化学循环。微生物因其分布广泛,多样性的代谢能力和高效的酶促活性使它们能在生物地球化学循环中,特别是在有机物矿化中起决定性作用,地球上 90%以上有机物的矿化都是由细菌和真菌完成的。微生物的这种作用对植物和动物的生长与存活是至关重要的,它们的活性很大程度上决定着一个生境的潜在生产力,维持着生态的平衡。

生态系统的自我调节能力是有限度的。如果外来的压力或冲击超出这个界限,调节就难以奏效,不能恢复原先的稳定状态,就导致生态失调或生态平衡的破坏。人类活动引起的微生物生物地球化学循环的改变(例如污染)会改变生境的化学特征,因而从数量和质量上影响生境中的生物群落,严重的会导致整个生态系统的崩溃。因此,维持自然生态平衡,使生态系统的能量和物质处于良性循环,那么,其营养结构和生物群落将会更加繁荣,生物量增大,生产力提高。

在本章我们将讨论微生物参与的多种元素的生物地球化学循环。虽然各种元素的循环是相互联系、不可截然分开的,但为便于讨论,我们逐个进行。

第一节 有机物的微生物降解

我们通常所说的有机物降解主要是指生物体死亡后有机体的降解。这里讨论的是这类有机物在好氧或厌氧条件下由于微生物的作用而进行的降解,它们既可以在土壤中进行,也可以在水体中进行。

要了解微生物在有机物降解中的作用,首先应了解微生物在生态系统中的作用。

一、微生物在生态系统中的作用

生态系统是指在一定的空间内生物的成分和非生物的成分通过物质循环和能量流动互相作用、互相依存构成的一个生态学功能单位。生物成分按其在生态系统中的作用,可划分为三大类:生产者、消费者和分解者。微生物可以在多个方面起作用但主要作为分解者而在生态系统中起着重要作用。

1. 微生物是有机物的主要分解者

微生物最大的价值在于其分解功能。它们分解生物圈内存在的动物、植物和微生物残体等复杂的有机物质,最后将其转化为最简单的无机物,再供初级生产者利用。

2. 微生物是物质循环中的重要成员

微生物参与所有的物质循环,大部分元素和化合物都能被微生物作用。在一些物质的循环中,微生物是主要的成员,起主要作用;而一些过程唯有微生物才能进行,起独特作用;还有的过程是循环中的关键过程,微生物在其中起关键作用。

3. 微生物是生态系统中的初级生产者

光能营养和化能营养微生物是生态系统中的初级生产者,它们具有初级生产者所具有的两个明显特征,即可直接利用太阳能或无机物的化学能作为能量的来源,另一方面其积累的能量又可以在食物链、食物网中流动。

4. 微生物是物质和能量的储存者

微生物和动物、植物一样也是由物质组成和由能量维持的生命有机体。在土壤、水体中存在的大量微生物生物量,储存着大量的物质和能量。

5. 微生物是地球生物演化中的先锋种类

微生物是最早出现的生物体,并进化成后来的动物、植物。藻类的产氧作用,改变大气圈中的化学组成,为后来动物、植物的出现打下了基础。

二、有机物降解的重要性

（1）有机物的生物学降解是地球生命的基础，其重要性在于：如果生物排出的废物和死亡的生物体不能及时有效地降解，那我们就会淹没在废物和尸体的“汪洋大海”之中。

（2）生物有机体的降解又为其他生物的生长提供必要的营养，以不断补充和维持生物学活性的营养库（pool of nutrients），如果没有这种矿化作用，地球上的营养储藏很快就会耗尽。

第二节 碳素循环

一、含碳化合物的主要来源

碳元素是一切生命有机体的最大组分，接近有机物干重的50%。碳循环是最重要的物质循环。能被微生物降解的含碳化合物有下列三种主要来源，即

（1）死亡的生物残体；

（2）生物的排泄物；

（3）非生物的含碳化合物。

所有的生物，不论高等的还是低等的，最终都需通过生物学降解使其转变为营养物再回到土壤和水中去。死亡的生物不会干扰生物学平衡，因为它们能在土壤或水中被分解。主要的干扰物来自生物的排泄物和非生物的含碳化合物。在城市地区，影响天然水体最重要的因素是大量的人的排泄物和非生物的含碳化合物，这是由于天然水体中存在的微生物区系，不足以分解掉进入水体的大量有机物的缘故。在农村地区，家畜的粪便是干扰水体的主要因素，饲养一万头牛产生的排泄物相当于一个有4.5万人口的城市排放的有机物量。非生物性的含碳化合物，包括燃油、杀虫剂和工业废料等，这些物质中，有不少是属于微生物难降解的物质，不在本章中讨论。

二、碳在食物网中的转移

初级生产者把 CO_2 转化成有机碳。这个过程是由能把光能转化成化学能的光合生物进行的，化学能被储存在合成的有机化合物中，太阳能被转化成储存于有机化合物中的化学能是初级生产的本质。

初级生产者的呼吸作用把全部初始生产中的一部分再转化成 CO_2，剩余的部分为净初始生产力。初级生产的产物被异养消费者利用，并进一步进行碳的循环，部分有机化合物经呼吸作用又被转化成 CO_2，剩余的部分称

为净群落生产力。正的群落生产力表明在生态系统中积累有机物,如果群落生产力是负的,则说明有外来有机物输入或群落将耗尽可利用能量而消失。

在大多数陆地和浅水环境中,优势的初级生产者是高等植物。异养消费者是食草者和捕食者,优势的食草者是无脊椎动物或食草脊椎动物,捕食者是脊椎动物。微生物初级生产者是存在的,但它们的作用与高等植物相比是次要的。然而在除此之外的一些恶劣环境中,如暴露的岩石表面、极地和高盐高热环境,那里的高等植物难以生长,因此那里的微生物作用是主要的。在深湖和远海地区,没有自生的高等植物,整个食物链依赖于微生物的初级生产者——优势的单细胞浮游藻类和蓝细菌,而消费者也是无脊椎动物和脊椎动物。

高等植物产生的有机物和动物残体可以被微生物所分解。特别要指出的是大部分绿色植物不是被动物消费,而是死亡后被微生物分解的。微生物作为分解者使有机物变成 CO_2,CO_2 又可供给初级生产者利用。分解过程中所积累的部分微生物生物量能再循环到食物网中,各种捕食者消费微生物获得碳源和能源。通过微生物还可以同化浓度极低的溶解有机碳,把这些有机物转化成新的生命形式,可以利用的生物量,而捕食者是不能直接利用这些营养物的。这也称为"异养生产",这种现象在有机化合物浓度很低的水生生境中有特殊的重要性。

三、生境中的碳循环

生境中的碳循环是生物圈总循环的基础,有机物质在许多生境中的分解和循环是通过异养的大型生物和微生物来实现的,但微生物的作用是最重要的。在好氧条件下,大型生物和微生物都能分解简单的有机物和生物多聚物(如淀粉、果胶、蛋白质等),但微生物是唯一在厌氧条件下进行有机物分解的。微生物能使非常丰富的生物多聚物得到分解,而腐殖质、蜡和许多人造化合物只有微生物才能分解。碳的转移能在好氧和厌氧的条件下进行,如甲烷只能在厌氧条件下产生,而烷烃的矿化限于好氧的环境。

碳在大气、岩石和水圈之间的循环交换形式是 CO_2,但也有 CO,微生物也与 CO 的循环有关。某些微生物(如藻类、蓝细菌)能产生少量的 CO 并释放到大气中去。CO 也能被某些异养和自养的微生物固定,有的细菌能用 CO 作为能源。岩石圈和水圈中的微生物有调节大气 CO 的作用,土壤微生物能把 CO 中的碳综合到细胞生物量中,因而起一种净化作用,大气中 CO 的浓度的季节和空间的变化反映了 CO 土壤固定细菌的代谢活性。

微生物的活动也作用于各种其他形式的碳在大气、岩石和水圈中的变化。

各种烃类物质可以被不同的微生物种群产生和利用，例如甲烷产生菌产生的甲烷可以被甲烷氧化细菌利用。微生物产生的甲烷是大气中烃的主要来源，它可以从土壤、沉积物和动物消化系统中放出。

水生境中的有机碳一般是通过光合藻类和细菌的初级生产而来的，但其数量和组成稍不同于陆地植物形成的有机物。水体中有机物的数量和复杂性一般都低于土壤生境，各种溶解性的化合物包括烃、氨基酸和有机酸是初级生产者释放到水中的，其他的各种有机物是从陆地冲刷来的。自然水体中的有机物一般相当低，如在开放性海洋中碳浓度极少超过 1mg/L。水生细菌特别是水体中的寡营养细菌可以同化利用水中的有机物，有机物分解过程中产生 CO_2 以碳酸氢盐的形式提供给初级生产者利用。

在自然土壤和水生境中除自然输入的有机碳化物外，人类活动也使大量的有机物进入生境，它们大部分被微生物分解产生 CO_2。

四、自然多聚物的微生物降解

微生物参与碳循环的关键作用是植物多聚物的微生物降解。

土壤生境中受到微生物分解的多聚物包括纤维素、半纤维素和木质素，在森林中这些物质是植物的根、茎、叶，在耕作土壤中主要为作物残体。

分解纤维素的微生物主要是真菌和细菌。真菌包括曲霉属(*Aspergillus*)、镰孢属(*Fusarium*)、茎点霉属(*Phoma*)和木霉属(*Trichoderma*)的成员；细菌包括噬纤维菌属(*Cytophaga*)、多囊菌属(*Polyangium*)、纤维单胞菌属(*Cellulomonas*)、链霉菌属(*Streptomyces*)、纤维弧菌属(*Cellvibrio*)和梭菌属(*Clostridium*)的成员。在某些生境中，真菌是主要的分解者，如在某些腐殖质土壤中，而在其他生境是分解纤维素的细菌起主要作用，如在沉积物土壤中。土壤 pH 对分解纤维素的微生物群落的组成以及其中的优势种群有重要影响。pH 低于 5.5 时丝状真菌占支配地位，在 pH5.7～6.2 条件下，各种真菌和噬纤维菌属的种群参加纤维素的分解；在中性或碱性 pH 条件下，弧菌和真菌占优势。许多其他的纤维分解细菌种群也参与纤维的分解。纤维分解在好氧和厌氧的条件下都能进行。好氧条件下的各种真菌以及好氧和兼性厌氧的细菌种群参与纤维的分解活动，分解产物是 CO_2、水和细胞生物量。厌氧条件下，梭菌是重要的纤维素发酵菌，发酵产物是低相对分子质量的脂肪酸、CO_2、水和细胞生物量。厌氧条件下真菌对纤维素的分解起次要作用。由于发酵单位底物所得的能量要比呼吸作用少，所以厌氧纤维素发酵细菌必须分解大量的纤维素来维持生命活动。在高温地区，纤维分解也能进行，起作用的是嗜热的纤维分解菌，如热纤梭菌(*Clostridium thermocellum*)。纤维素分解有多种酶系参加，其降解速率和形成的产物取决于微生物种和各个生境的环境条件。

半纤维素也能被各种真菌和细菌种群分解，包括放线菌和芽孢杆菌属的成员，它们能分解木聚糖，水解产物是 CO_2、水、细胞生物量和各种小的烃分子。

木质素是另外一类丰富的多聚物，作为植物残留物进入土壤生境。木质素多聚物分支很多，结构极为复杂。木质素对微生物酶的分解有很大抗性，分解速率要比纤维素、半纤维素的分解速率低得多。土壤中分解木质素的真菌属包括蘑菇属、层孔菌属（*Fomes*）、金钱菌属（*Collybia*）和裂褶菌属（*Schizophyllum*）。细菌包括节杆菌属、黄杆菌属、微球菌属和假单胞菌属。木质素的分解产物是肉桂酸和香草酸。

其他植物性残体如蜡、淀粉和果胶质在土壤中也能被微生物分解，最终以 CO_2 形式回到大气，又能被初级生产者利用。

几丁质是另外一种重要的多聚物，也受到土壤生境中微生物的分解。几丁质是一种氨糖，是真菌细胞壁和昆虫骨架结构的组成成分。真菌菌丝裂解、昆虫死亡后，几丁质进入土壤，几丁质的分解由真菌和细菌来完成，包括假单胞菌、放线菌等。

在河流、湖泊和近海水域也有大量的外源纤维素。在好氧的水生境中，分解纤维素的微生物主要是真菌、细菌（黏细菌、噬纤维菌、弧菌）。在沉积物中分解纤维素的是梭菌。

五、微生物与全球性的碳循环

地球上的总碳循环的一个重要的特点是许多较小的碳库（大气 CO_2，有机体中的碳）以很快速率转化，而大的碳库（碳酸盐和沉积物中有机碳）以缓慢的速率和其他的碳库发生交换。海洋中的碳循环和陆地上的碳循环（包括大气）是相对独立进行的，但大气 CO_2 和海洋中溶解的 CO_2 迅速进行交换，有人测算大约每七年交换一次，所以大气中 CO_2 的分压很大程度上受海洋中的碳酸氢盐-碳酸盐系统的调节。大气 CO_2 的增加最终导致方解石（calcite）和石灰石（dolomite）沉积的增加。大气 CO_2 的减少又导致这些矿物的溶解。现在由于燃烧使大气 CO_2 的增加速率高于海洋对大气 CO_2 的吸收速率。大气 CO_2 浓度的持续提高引起的“温室效应”是一个全球性的环境问题。

而微生物在同化 CO_2 中只能起到很小的作用，但在有机物的矿化方面的作用是巨大的，这也是碳元素循环中不可缺少的一环。微生物和许多食草动物共生分解纤维素的过程对于把绿色植物所固定的有机碳转移到动物体内有重要作用。

第三节　氮素循环

微生物在氮素循环中占有十分重要的地位。许多氮的转化过程都由微生物来完成的。真菌和细菌可以分解蛋白质、几丁质、尿素等。尤其是细菌，在完成各种氮化物包括氨、氮气、亚硝酸盐和硝酸盐之间的化学转化中起着非常重要的作用。在水域环境中，这些反应基本上是相同的。只有根瘤菌的共生关系是例外，因为它不存在于水中。

含氮化合物的分解主要是指对可溶性氨基酸、短肽、蛋白质或不溶性蛋白质以及结构性物质，如几丁质等的分解。在分解的过程中，常常有少量的氮释放出来。植物残体的 C∶N 为30∶1或更高一些。而蛋白质的 C∶N 为5∶1。因此，植物残体中的有机氮通过微生物的分解作用而反复循环。每次循环都有一些氨基氮被水解成氨基酸，然后被微生物所利用。而另一些氨基氮（在土壤中约为 80%）则脱氨基成为氨。碳借呼吸作用而被氧化。有机物经微生物矿化作用所提供的氮大部分被植物所利用，特别在自然环境下更是如此。

有机氮的数量是随条件而变化的。它们可能结合到泥炭或其他沉积物中，也可能被吸附到不容易分解的有机化合物上去。

氮的转化有下列几个主要的过程。

① 硝化作用（nitrification）。好氧条件下在无机化能硝化细菌作用下，氨被氧化成亚硝酸盐，然后再氧化成硝酸盐。

② 硝酸还原作用（nitrate reduction）。硝酸盐被还原成亚硝酸盐，然后再还原成氨。

③ 反硝化作用（denitrification）。通常是硝酸盐被还原成气态氮。

④ 固氮作用（nitrogen fixation）。把氮气还原成氨。

以上四个过程之间的平衡主要取决于环境条件，特别是通气性。这对于一个生态系统中的可利用态氮含量是极其重要的。

一、硝化作用

含氮化合物通过微生物分解产生氨。氨可以被微生物和高等植物直接利用。但是对于植物来说，硝酸盐是更容易被同化的氮源。硝化作用就是把氨转化为硝酸盐的过程。这个过程是通过微生物来实现的。亚硝化单胞菌属（*Nitrosomonas*）把氨转化成亚硝酸盐。硝化杆菌属（*Nitrobacter*）把亚硝酸盐转化成硝酸盐。有报道，在海洋中有一些其他属的细菌如亚硝化囊菌属（*Nitrosocystis*）和亚硝化球菌属（*Nitrosococcus*）也具有这个功能。参与这个过程的微生物是专性好氧的化能自养菌。它们从氧化作用获得能量，而以此去固定碳。从氨转化成亚硝酸盐可产生272~276kJ/mol的热量。亚硝酸盐转化成硝酸盐可产生71~75 kJ/mol的热量。与呼吸作用和脱氨作用相比,所产生的热量是低的。呼吸作用每消耗1mol葡萄糖可产生2 872kJ的能量,而脱氨作用每脱去1mol氨可产生736kJ的能量。

硝化作用的化学机制还不十分清楚。有一些酶还没有被分离出来,一些假设的中间产物也没有被测出。但是,第一步反应显然是用分子氧把氨氧化成羟胺。在亚硝化单胞菌属适宜的微碱性条件下,氨几乎完全是以氨离子的形式存在的,而羟胺不离子化。羟胺是有毒的,然而在一般情况下,羟胺的浓度是很低的。在羟胺被氧化成亚硝酸盐的反应进行过程中,才能达到氨的平衡。有一些中间产物可能是硝酰基和硝基羟胺。而这些中间产物是否以游离形式存在还不清楚。羟胺的氧化需要一部分黄素蛋白(flavoprotein)和细胞色素系统。硝化杆菌利用分子氧作为最终电子受体,把亚硝酸盐转化成硝酸盐是由细胞色素系统和产生的ATP来调节的。

在一切好氧的环境下都存在自由能自养细菌所引起的硝化作用。在公海中,这个过程是非常缓慢的,而且只限于在表面的水中进行。在好氧的淡水中很容易观察到硝化作用。在pH近中性的条件下,硝化作用进行得很快。但在酸性环境中,例如在沼泽地、森林土壤和水中怎样进行反应还不明确,有可能是异养真菌的作用。而硝化作用的速度是很慢的。已经分离出来的亚硝化单胞菌和硝化杆菌在pH低于6.0时是不进行硝化的。

二、硝酸还原作用和反硝化作用

与硝化作用相反的过程是硝酸盐通过亚硝酸盐到氨的还原作用。而与此相联系的反硝化作用是硝酸盐转化成亚硝酸盐,然后再转化成氮气和氧化氮,最后导致气态氮释放到大气中而损失掉。同化的硝酸盐的还原作用是由一些细菌、真菌和蓝细菌在细胞内进行的。它们利用硝酸盐把其还原为蛋白质中的氨基。蓝细菌的还原作用只在好氧的条件下发生,而这种酶常被游离态的氨所抑制。大多数微生物的化学机制还研究得很少,但是亚硝酸盐或羟胺是常见的中间产物。在真核生物中,这种酶含有钼。

在土壤和水中,硝酸盐的异化转化大多数是由兼性厌氧菌来完成的。在缺氧条件下,用硝酸盐作为最终电子受体。例如,脱氮硫杆菌(*Thiobacillus denitrificans*)、假单胞菌属的一些种、芽孢杆菌属、微球菌属(*Micrococcus*)、无色杆菌属(*Achromobacter*)和某些真菌。在浸水的土壤中,这个过程经常发生。在深水区或在沉积层中以及在其他一些因有机物质分解迅速而造成的厌氧微生境中,也常发生反硝化反应。反应是由一种粒状结合的酶和辅酶的复合物即硝酸还原酶催化而发生的。硝酸还原酶中含有钼,不受氨的抑制。这个酶同细胞色素氧化酶之间的竞争取决于氧和硝酸盐的相对浓度。就细胞色素 b 而言，电子传递链对两种酶可以通用。但是，细胞色素 c 对这两条途径是不同的，在氧的浓度高和硝酸盐的浓度低的情况下，细胞色素 c 在细胞色素氧化酶的作用下，将氧还原成水；反之，则在硝酸盐还原酶的作用下，将 NO_3^- 还原成 NO_2^- 和 H_2O。

氧对大多数微生物是合适的电子受体。有一些微生物如地衣反硝化杆菌（*Denitrobacter licheniformis*）对硝酸盐具有很高的亲和力。反硝化过程可以从硝酸盐进行到氮气和氧化氮，但它的机制和中间产物还不清楚。在水域的沉积物中，一些发酵性微生物可引起硝酸盐分解到氨的过程。氨可以重新被利用，而不会像反硝化作用那样将气态氮释放到大气中而损失掉。据估计，每年每公顷面积上平均要丢失氮素 22.5kg。

三、固氮作用

在自然界大气中的氮是丰富的，但地球表面的有机氮却相当匮乏，生物固氮系统把大气中的氮变成可利用氮的固氮作用对氮在生物圈中的循环有重要作用，固定的氮是光合生物氮营养的重要来源。据估计，每年全球有约 2×10^8t 氮被固定。

固氮微生物有的游离生活，有的与植物共生。有的是化能营养，有的是光能营养。表 7-1 列出了具有固氮能力的微生物的属和类群。

表 7-1　固氮微生物

	光能营养	化能营养
游离，好氧	蓝细菌	固氮菌属
		拜叶林克氏菌属
		分枝杆菌属
		甲烷氧化菌
		硫杆菌属
		固氮单胞菌属
		固氮球菌属
		棒杆菌属
		固氮螺菌属
		假单胞菌属
		弧菌属
		放线菌属
游离，厌氧	着色菌属	梭菌属
	绿菌属	克雷伯氏菌属
	红螺菌属	芽孢杆菌属

续表

	光能营养	化能营养
	红假单胞菌属	脱硫弧菌属
	红假单胞菌属	脱硫肠状菌属
	红微菌属	产甲烷细菌
		柠檬酸细菌属
		欧文氏菌属
		肠杆菌属
共生,好氧	蓝细菌(+真菌、蕨类、裸子植物)	根瘤菌属(+豆科植物)
		螺菌属(+禾本科植物)
		弗兰克氏菌属(+桤木)
		放线菌属(+种子植物)
共生,厌氧		柠檬酸细菌属(+白蚁)

在陆地生境中,根瘤的共生固氮对固定氮起主要作用。共生根瘤的固氮速率常常比土壤中游离生长的固氮菌的速率高 2~3 个数量级。

游离的土壤细菌固氮速率虽然很低,但它们分布很广泛。在根际固氮的游离细菌的固氮速率要比无根土壤中的细菌的固氮速率高得多,这样使固定的氮易于转移到光合生物。

在水生境中,蓝细菌(鱼腥藻属和念珠藻属)是最重要的固氮细菌。

有些动物(如白蚁)的消化道中也有固氮现象,这对于那些直接消费采集生产者产生的纤维素的动物合成蛋白质尤其重要。

四、环境和农业活动对氮素循环的影响

氮素循环流动的方向和速率受环境因素的影响,这种影响比碳素循环更值得注意。这是因为在碳素循环中,两个循环之间具有能应付任何条件的各种微生物。而氮素循环只局限于几个具有固氮作用的细菌属,甚至只有一个属的细菌能进行特殊的氮素转化,例如,亚硝化单胞菌和硝化杆菌。影响氮循环的主要因素是通气性、温度和水分。硝化作用和固氮作用可以在好氧的条件下进行,而在厌氧条件下则发生反硝化作用。在一般的农业土壤中,硝化作用、固氮作用和反硝化作用之间的平衡决定于通气性。这些过程可以在同一块土壤中同时进行,这是因为同一块土壤中可以存在着相对好氧和厌氧的微生境(microhabitat)。

在某些情况下,人们已经利用反硝化作用来解决生产中的实际问题。如污水处理,尽管污水经过较好的处理,水体中去掉了有机物质,但仍含有

不少的无机氮，它会给某些藻类提供较好的氮素营养，使其旺盛地生长，给水的再利用带来麻烦。因此，应用操纵渗滤器或活性污泥罐、厌氧污泥消化器等。处理过程首先是好氧阶段，促进硝化作用，接着是厌氧阶段，促进反硝化作用。

近年来，为提高多种重要作物的产量，施入到土壤中的铵态氮肥和硝态氮肥的数量大大增加了。铵可以使土壤变酸，而硝酸盐可以使土壤变碱。铵带正电荷，因而被吸附到土壤胶体上和进入到黏土颗粒内而不易流失。但硝酸盐运动性强，容易从土壤中淋溶流失。因此，有时为了在潮湿的土壤中保持铵氮，常将硝化作用抑制剂与铵氮一起施入土壤，以防止硝酸盐的形成。硝酸盐在厌氧条件下易被还原和发生反硝化作用，从而使有效的氮从土壤中丢失。铵不很容易丢失，因为铵态氮必须首先进行氧化作用，而在厌氧条件下，不存在氧化的过程。土壤积水或由于土壤结构不良而致使通气性很差，或加入大量的有机物质，经过微生物的分解作用，都会造成厌氧生活的条件。这种情况应尽可能通过合理的农业措施加以避免。大型的农业机械的使用可使湿地压实而形成厌氧条件，也应当予以重视。

肥料中氮的去向不仅取决于土壤条件，而且也取决于肥料的化学性质以及肥料的施用数量和肥料的颗粒大小。因此，一种肥料例如尿素，水解后可使环境变碱，可以在施用上采用高速率，或者使肥料颗粒大些，就可以使土壤的 pH 明显升高。硝化作用适宜于在中性或微碱性的条件下进行。而当 pH 高于 8 时，硝化杆菌就很少把亚硝酸盐转化成硝酸盐了。硝化杆菌比亚硝化单胞菌对铵的毒性更敏感。肥料颗粒附近土壤的 pH 提高，可以使硝化作用不发生，或者使对植物有毒的亚硝酸盐积累。另一方面，如果土壤太酸，硝化作用也将不进行。在土壤中施用石灰，使 pH 在 4~6，则可促进硝化作用。土壤中铵的含量可影响硝化作用，因为它是最初的底物。

在配制和应用肥料时，要注意使微生物的硝化作用缓慢地、稳定地进行，使植物在肥料被淋溶和反硝化作用之前可以利用硝酸盐，同时也要注意不要抑制对植物有益的固氮作用，所以，施肥不是一件简单的技术。

各种其他农业活动也会影响土壤中氮的转化，例如许多除草剂可以抑制硝酸还原作用。当硝酸盐作为植物的氮源时，亚硝酸盐的积累会引起对植物的毒害作用。

由于施用化肥花费很大，并需要高水平的工业化生产，因此，人们试图通过大量的工作来调节土壤微生物区系，使其固定更多的氮素。一方面控制土壤微生物阻止反硝化作用，使已经存在的氮能够更多地保存下来。另一方面人们希望能够在不依赖人工化肥的条件下获得高产。已经证明，在土壤中施入固氮微生物和接种根瘤菌是有效的。据报道，固氮菌可以使许多重要的作物增产20%。

氮素施用可以影响植物病原菌的消长，尤其是土壤传播的根病。原因可能是土壤中微生物的相互竞争和养分平衡的许多变化导致植物病原菌的致病性发生变化。

随着工农业生产的发展，人工固氮日益增长，也影响着生态系统中氮素的循环。例如，人们使用农业肥料、畜禽粪尿以及部分生活污水，使过多的氮进入江河、湖泊，便出现过肥，从而造成富营养化的污染现象。在水体中分解过程超过生产过程，细菌大量生长，生物耗氧量提高，使水中严重缺氧，鱼类等动物便大量死亡，底栖动物尤为减少，这就破坏了水体生态平衡。渔业部门以及某些风景名胜区的江湖管理中都应注意这个问题。

第四节 其他元素的循环

一、氧 循 环

矿物和岩石沉积物中的氧元素量很大但却是不活动的氧“库”，活跃的循环源主要是分子氧（大气中和溶解于水中的氧）和水。活的生物和无生命的有机物中氧的含量相对较少，但也是活跃的循环源。

大气中的氧最初主要来源于水，光合作用时水被光解。呼吸作用把氧从大气中去除，产生 CO_2，同时重新形成光合作用时被光解的水。生境中分子氧的存在决定着这个生境的代谢活性。对于严格的厌氧生物，氧是一种抑制剂。

氧能扩散到一个厌氧的环境中。通过光合作用等方式，厌氧环境也可以重新得到氧。植物、藻类和蓝细菌光合作用光解水时产生分子氧。光合细菌［着色菌科（Chromatiaceae）、红螺菌科（Rhodospirillaceae）、绿菌科（Chlorobiaceae）］的光合作用不产生氧。

矿物燃料及其他燃料的燃烧消耗大气中的 O_2，而产生 CO_2，因此对大气 O_2 和 CO_2 都有影响。因为大气中的氧“库”相当大（占大气的21%），而 CO_2 相对小一些，因此同样的过程对 CO_2 的影响较大，而对 O_2 的影响可以忽略。

在大气上层，电离辐射使氧气变成臭氧。臭氧不直接参与生物地球化学循环。然而大气中相对较小的臭氧库受到人类活动的破坏，也受到生物地球化学循环反硝化作用的影响。由于臭氧层具有屏蔽紫外线辐射的作用而显得特别重要。臭氧层受破坏将使人体皮肤病增加。

二、氢　循　环

最大的全球性氢源是水。水通过光合作用和呼吸作用而活跃循环,光合作用中水被光解,水成了供氢体。地球上水的体积很大,循环的速率却相当慢。束缚于岩石晶格中的水不能活跃循环。大量的不活泼的氢源是液态和气态的燃料烃。有机物和有生命物质是相对较小的活跃循环的氢源。游离的氢气仅存在于厌氧的环境。

元素氢的循环与碳的循环紧密相连,CO_2 还原成有机物时需要氢。在生物系统中氢的运输一般由辅酶(如 NADH)来完成。在硫和氮的循环中也需要氢的参与。

分子氢也产生于某些发酵途径。厌氧条件下产生的氢可被产生甲烷的微生物用来还原 CO_2 产生甲烷。然而当存在硝酸盐和硫酸盐时氢被优先用来还原这些化合物。分子氢也可以从厌氧地带放出,在好氧条件下被氢氧化细菌转化成水。氢氧化细菌(假单胞菌、产碱菌和其他)是兼性无机化能异养菌,并且能从氢的氧化中取得能量来固定 CO_2。

$$6\,H_2+2\,O_2+CO_2 \longrightarrow [CH_2O]+5H_2O$$

三、硫　循　环

硫在生物圈中是相当丰富的元素,极少成为限制性营养。海水中可溶的硫酸盐是体积最大、循环缓慢的硫源。生命物质和无生命的有机物是小的、循环迅速的硫源。很大的不活动的硫源是硫化物矿石、硫沉积物和矿物燃料。人类活动(采矿、燃烧燃料)已经使这些硫源活跃起来。微生物催化不同形式硫的氧化和还原,推动硫的生物地球化学循环。

1. 硫的氧化

生物圈中含硫化合物分解,硫酸盐还原和火山活动所产生的硫化氢大部分都被氧化成硫酸,只有一小部分成为硫化物或被氧自发氧化成单质硫。单质硫和硫代硫酸盐也被生物氧化成硫酸盐。可以表示为:

$$2\,H_2S+O_2 \longrightarrow 2\,S+2\,H_2O$$

$$2\,S+3\,O_2+2\,H_2O \longrightarrow 2\,H_2SO_4$$

能氧化硫化氢的微生物在形态上、生理上各有不同的特点,一般可分成两个不同的生理类群,即无色硫细菌和光营养硫细菌。

无色硫细菌是好氧或微好氧的化能营养硫氧化菌,它们能氧化硫化氢和其他还原性硫化合物为硫酸盐,并在氧化过程中得到能量和还原力来固定 CO_2 作自养生长。属于无色硫细菌的硫氧化菌的生理特征、生境分布见表 7-2。

表 7-2 无色硫细菌的生理特征及生境分布

无色硫细菌	生境	生理特征
硫化杆菌属(*Sulfobacillus*)	矿渣堆	无机营养,形成芽孢,氧化 Fe(H),嗜热
硫杆菌属(*Thiobacillus*)	土壤、淡水、海洋	大部分无机营养,有的氧化 Fe(H),有些嗜热,沉积 S 在细胞外
硫微螺菌属(*Thiomicrospira*)	海洋	无机营养
硫化叶菌属(*Sulfolobus*)	地热泉	无机营养,嗜热氧化 Fe(H)
枝硫菌属(*Thiodendron*)	淡水、土壤	附着,能量状况不清
硫小杆菌属(*Thiobacterium*)	淡水	在纯培养下不生长,元素硫沉积在细胞内,能量状况不清
大单胞菌属(*Macromonas*)	淡水	同上
卵硫菌属(*Thiovulum*)	淡水	同上
硫螺菌属(*Thiospira*)	淡水	同上
贝日阿托氏菌属(*Beggiatoa*)	淡水、土壤、海洋	滑动细菌,元素硫沉积在细胞内,难以分离,能量代谢不清
辫硫菌属(*Thioploca*)	淡水、土壤	同上
发硫菌属(*Thiothrix*)	淡水、土壤、海洋	同上
无色菌属(*Achromatium*)	淡水	同上

无色硫细菌是土壤中主要的硫氧化菌,它们对水体中硫的氧化起着重要的作用。硫杆菌是其中最著名的,它们广泛分布于土壤和沉积物以及各种水体中,并能氧化一系列还原性硫化合物。在一般异养细菌难以生长的环境如酸性环境、热酸硫泉这样的极端环境中,硫杆菌起主要作用。常见的硫杆菌包括氧化亚铁硫杆菌(*T. ferrooxidans*)、氧化硫硫杆菌(*T.thiooxidans*)和酸热硫化叶菌(*Sulfolobus acidocaldarius*)等。

光营养硫细菌是专性氧化硫化氢的另一个生理类群。它们是厌氧菌,在光照条件下利用还原性硫化合物作为电子供体来同化 CO_2 进行不产氧的光合作用。这种光合作用同植物的产氧的光合作用不同,只有一个光合系统参加反应,硫化氢首先被氧化成单质硫,然后再被氧化成硫酸。

$$2\,H_2S + CO_2 \xrightarrow{\text{光}} [CH_2O] + 2\,S + H_2O$$

$$2\,S + 3\,CO_2 + 5\,H_2O \xrightarrow{\text{光}} 3[CH_2O] + 2\,H_2SO_4$$

第一步过程比第二步过程进行得快,因此单质硫会积累下来。

光营养硫细菌分为绿硫细菌和紫硫细菌。大多数紫硫细菌把单质硫小滴储存于细胞内，而绿硫细菌[包括紫硫细菌的外硫红螺菌属(*Ectothiorhodospirace*)]把硫分泌到胞外，这里的硫和其他外源硫能被进一步氧化成硫酸盐，但弧形绿菌的菌株氧化硫的能力有限。两类硫细菌占据着不同的生态位。光营养硫细菌的组成、生态分布和生理特征见表7-3。

表7-3 光营养硫细菌的组成、生态分布和生理特征

光营养硫细菌	生境	生理特征
着色菌科(紫硫细菌)	淡水、海洋	混合营养，硫红螺菌沉积硫于细胞外，其他沉积硫于细胞内
绿菌科(绿硫细菌)	淡水、海洋	无机营养，硫沉积在细胞外
绿屈挠菌科(Chloroflexaceae)	地热泉	混合营养，硫沉积在细胞外，嗜热
颤藻(蓝细菌)	淡水	在厌氧条件下硫沉积在细胞外

光营养硫细菌对湖泊、海洋水体中硫的氧化起主要作用。光合硫氧化过程依赖于光和还原性硫化物，这些硫化物是非生物过程或厌养细菌还原硫产生的。在某些类型的生境中有充足的硫化氢、光线及厌氧条件，这些生境特别适合于厌氧的光合作用，有人把这种生境称为“硫灶”(sulfuretum)。硫灶在自然界分布广泛，常见于淤泥、沙、海洋，这一特点在矿泉中比较典型。在不发生水对流的季节性混合湖和不存在季节性分层现象的全混合湖中，光营养硫细菌栖居在一个狭窄的水平面上，那里的光、硫化氢和厌氧环境有利于它们的繁殖。它们有一系列的色素能捕获大部分放氧光合作用未利用的光。但硫化氢的浓度不能过高，否则也会抑制光营养硫细菌的生长。纯培养研究证明，绿硫细菌的绿菌属细菌耐受硫化氢的能力最强(4～8mmol/L)，紫硫细菌的着色菌属、囊硫菌属(*Thiocystis*)和荚硫菌属(*Thiocapsa*)耐受性较弱(0.8～4mmol/L)。硫氧化细菌所占据的生态位主要决定于光、氧浓度和S^{2-}的浓度。

除上述的硫氧化细菌外，有相当数量的异养微生物真菌和细菌(包括曲霉、节杆菌和芽孢杆菌等)在纯培养条件下能氧化大量的还原性硫化物。它们在土壤、水生境中分布广泛，尽管它们氧化硫是附带的，但也可能起着重要作用。

2. 硫酸盐还原

某些微生物利用硫酸盐作为厌氧呼吸的末端电子受体，进行异化性的硫酸盐还原。这些细菌称为硫酸盐还原菌，是专性的厌氧菌。硫酸盐的还原和还原性的有机碳化物、H_2的氧化紧紧联系在一起。硫酸盐还原细菌包括脱硫弧菌属、脱硫肠状菌属、脱硫单胞菌属。除了厌氧的硫酸盐还原菌外，芽孢杆菌属、假单胞菌属中的一些种也能从硫酸盐释放出硫化氢，但它们对异化性硫酸盐还原不起主要作用。仅少数的化合物能作为硫酸盐还原的电子供体，最常见的是丙酮酸、乳酸和分子氢。

陆地生境中大部分的硫酸盐积存在水渍的沼泽地区，进入大气中的生物源硫化氢也主要来源于这种环境，因为来源于海洋的硫化氢在到达表面以前已被氧化。硫酸盐还原在湖泊沉积物中的意义比在海洋沉积物中小得多，因为湖泊沉积物的硫酸盐较少。然而在分层的季节性混合湖中，大量硫酸盐会在这些生态环境中造成高速率的硫酸盐还原。海洋环境中的硫酸盐还原尤其重要，海洋是一个大约 3.6×10^{15} t 的巨大硫源，海水中氧的溶解度相应较低，那里 SO_4^{2-} 的氧化能力比氧高 500 倍，在厌氧条件下氧化性硫化物氧化的海洋有机物占海洋沉积物中被矿化有机物的 50% 以上。

如果有充足的电子供体和 SO_4^{2-}，SO_4^{2-} 还原的关键是环境中的氧化还原电位。硫酸盐还原细菌生长和繁殖的 E_h 是 0mV 或低于 0mV 的条件。它们可以耐受很宽的 pH、压力、温度和盐度范围。

和异化性的硫酸盐还原不同，许多生物能同化还原硫酸盐产生的低浓度的硫化氢，这可以被综合到有机化合物中去。

3. 硫化氢的释放

含硫蛋白质经微生物的作用可以从生物尸体和残留物中释放出来，再经微生物的作用产生硫化氢。很多腐生细菌都具有这种能力。有研究发现从各种类型湖泊中分离出的腐生细菌中的 30% 在肉汤——蛋白胨培养基上生长时能释放出硫化氢。见于不同类型湖泊，分解蛋白质产生硫化氢的代表性腐生细菌见表 7-4。

4. 硫循环中的某些环境问题

硫氧化产生大量的强无机酸可以增加土壤中磷和其他矿质营养的溶解性，也提高了这些物质的利用性。这对微生物和植物来说是有益的。但硫杆菌及其他氧化硫微生物的活动可以导致酸矿水的形成，这又污染了环境。另外矿物燃料的燃烧使大部分硫成为 SO_2、SO_3，它们大量排入大气，造成有害健康的酸性烟雾以及范围广泛、危害很大的酸雨。厌氧条件下形成的硫化氢还会引起钢铁构件的腐蚀，对动植物也有严重的毒性。

四、磷 循 环

磷不是生物圈中的丰富成分，但在中性、碱性条件下，磷易于和金属离子（如 Ca^{2+}、Mg^{2+}、Fe^{3+} 等）形成磷酸盐沉积物，使生物对磷的利用受到影响。大量

表 7-4 湖泊中产硫化氢的主要腐生细菌

湖泊类型	细菌
淡 水	
贫营养湖	草分枝杆菌(*Mycobacterium phlei*)、线形分枝杆菌(*Mycobacterium filiforme*)
中营养湖	硝化杆菌(*Bactevium nitrificans*)、液化假单胞菌(*Pseudomonas liquefaciens*)、橙色色杆菌(*Chromobacterium aurantiacum*)
富营养湖	荧光假单胞菌(*Bact. delicatum*)
无营养湖	荧光假单胞菌(*Bact. pituitans*)
盐湖和咸水港湾	藤黄分枝杆菌(*Mycobacterium luteum*)、硝化微球菌属(*Nitrococcus*)、嗜盐无色杆菌(*Achromobacter halophilum*)、嗜盐黄杆菌(*Flavobacterium halophilum*)

的缓慢循环的磷源存在与海洋和湖泊的沉积物中,小的活跃循环的磷源是土壤和水中的溶解性磷酸盐、有机物中的磷元素。一种很大的不活动的磷源是磷酸盐矿石,但由于化学和肥料工业的发展使这部分磷也活跃循环。

磷和其他生命物质的组成元素如碳、氢、氧、氮、硫一样,在陆地、水体和生命系统中形成一个复合连锁的循环。微生物参与下列的磷循环过程:

有机磷→溶解性无机磷

不溶性无机磷→溶解性无机磷

溶解性无机磷→有机磷

在这些过程中微生物不改变磷的氧化态,微生物所推动的循环可以看作是一种磷元素的转移。

1. *有机磷的矿化*

植物吸收的磷主要是溶解性无机磷,因此要使土壤中有机磷重新为植物所利用就要有一个从有机磷到溶解性无机磷的转化过程。有机磷的矿化就是这样一个过程,其主要发生在土壤中,也见于水体。各种动植物残体、粪便腐烂分解后释放出有机磷,它是和有机碳、有机氮物质的释放相伴进行的。这个过程受有机质组成和颗粒大小、微生物组成、温度、湿度、pH 等多种因素的影响。当存在合适的营养时,pH 和氧决定着微生物的组成,在接近中性的条件下细菌是优势的类群,而在酸性条件下真菌更为重要,如果在缺氧的条件下则厌氧微生物处于支配地位。

土壤中有机磷的组成很复杂,据报道磷脂占 1%,核酸或核酸的降解产物占 5%~10%,肌醇六磷酸盐(植素)占 60%,另外还有其他形式的有机磷。土壤中有很多微生物能使有机磷酸盐释放出溶解性无机磷酸盐。水稻田中的蜡质芽孢杆菌(*Bacillus cereus*)、霉状芽孢杆菌(*B. mycoides*)和星孢芽孢杆菌(*B. asterosporus*)可以分解卵磷脂。此外解磷巨大芽孢杆菌(*B. megaterium varphosphaticum*)、假单胞菌也有很强的分解卵磷脂和核酸的能力。有机磷中的肌醇六磷酸盐是很难分解的,但土壤中很多微生物能产生植酸酶把它分解为肌醇和磷酸。从土壤中分离出来的微生物中有 30%~50%的菌株具有植酸酶活性,如曲霉、青霉、根霉、克银汉霉、节杆菌、链霉菌、假单胞菌和芽孢杆菌等。

2. 磷的有效化作用

在许多生境中磷酸盐以不溶性的钙、铁、锂和铝盐的形式存在,因此不能被植物和很多微生物所吸收利用。许多异养和自养微生物能产生多种有机酸和无机酸(如柠檬酸、葡糖酮酸、草酸、褐菌酸、硝酸、硫酸等)溶解不溶性磷酸盐。

微生物产生的有机酸还可以和不溶性磷酸盐形成一种稳定的复合物,使不溶性磷酸盐能释放出来,如褐菌酸可和磷酸铁形成稳定的复合物。释放出来的溶解性无机磷酸盐一方面为微生物所利用,剩下的供其他生物利用。

土壤中的腐生细菌具有分解有机物产生有机酸的能力。在植物根际,这种产酸细菌的数量非常丰富。常见的是假单胞菌、分枝杆菌、小球菌、黄杆菌、青霉、小核菌、镰孢霉和曲霉。

自养微生物通过硝化作用和硫的氧化作用产生硝酸和硫酸,大大促进了土壤中磷的有效化过程。有人研究将硫黄和难溶的矿物磷酸盐混合施用,土壤中原有的和新加入的硫在硫杆菌的作用下产生的硫酸能显著提高磷的溶解性,因而提高了可利用性。这种方法在潮湿的热带地区牧场有较大的使用价值。

在厌氧条件下,微生物可以还原三价铁离子或二价铁离子,使不溶性磷酸盐成为可溶性磷酸盐,因此在积水的土壤中可以促进磷酸盐的释放。

3. 磷的同化

溶解性无机磷化合物通过生物细胞转化为有机磷或成为细胞的组成成分。微生物有很强的同化磷的能力,在细胞膜、细胞核中都有丰富的磷存在。微生物矿化和有效化过程释放出来的溶解性磷酸盐首先满足自身的生长需要,剩下的被微生物吸收利用。这样,在微生物和植物之间就存在着对可利用磷源(包括原存的溶解性磷)的竞争,在磷不足以满足微生物和植物的需要时,往往有害于植物的生长。在土壤中,动植物残体的有机磷很快就会被微生物矿化,又很快被微生物同化,因此土壤中的有机磷大部分存在于土壤微生物中。在水体中藻类能固定大量的磷,充足的磷素营养使藻类大量生长。水体中(如湖泊)磷的转化受季节的强烈影响。

尽管磷酸盐一般不被微生物还原，但在缺乏硫酸盐和硝酸盐的厌氧环境中，磷酸盐可以作为末端电子受体被还原成次磷酸盐、亚磷酸盐和磷化氢（PH_3）。

五、铁 循 环

铁是地壳中的重要元素，但仅小部分铁参与生物地球化学循环。铁主要是参与氧化还原反应。它包括微生物对铁的直接和间接作用，如氧化、还原和螯合反应。由此延伸出微生物和铁相互作用的三个方面：铁的氧化和沉积，铁的还原和溶解，铁的吸收。

1. 铁的氧化和沉积

参与铁循环的微生物主要是细菌，还有真菌。铁细菌包括三个不同的类群：氧化铁的细菌，沉积铁氧化物的细菌，还原铁的细菌。

铁的氧化和沉积往往连在一起，氧化、沉积铁的微生物包括嗜酸的铁氧化菌、中性 pH 铁细菌和真菌（表 7-5）。

嗜酸的铁氧化菌主要是氧化亚铁硫杆菌、氧化亚铁亚铁杆菌和氧化硫亚铁杆菌，这些细菌都具有把亚铁氧化成正铁的能力，它们的不同名字是它们不同氧化能力的反映。氧化亚铁硫杆菌不仅能氧化亚铁，也能氧化无机硫和金属硫化物。对氧化亚铁硫杆菌的研究丰富了人们对铁氧化酶系和能量学的认识。它们通过氧化反应取得能量固定 CO_2。CO_2 同化是在 RuBP 羧化酶作用下经 Calvin-Benson循环进行的。

中性 pH 铁细菌是一个庞杂的类群，有的能氧化亚铁，有的仅仅能沉积铁氧化物。它们有的可以从铁的氧化中取得能量，但除个别外，大多是异养的。它们氧化铁的形式多种多样，有时铁的氧化和代谢有机物产生过氧化氢联系在一起，氧化产物沉积在细胞表面。有的微生物如纤发菌的铁氧化过程集中在细胞表面的荚膜和鞘内进行，催化酶、过氧化氢、还原形式的铁都集中在那里。

铁的氧化具有生理意义。微生物在氧化基质时产生过氧化氢，这种强氧化剂对微生物有很强的毒性。存在铁时过氧化氢就不会积累，而是在铁的氧化过程中被消耗掉。

2. 铁的还原和溶解

在海洋沉积物、沼泽和几乎所有的分层水环境中，当那里输入的有机物使氧被耗尽，厌氧区内就会发生铁还原。这种还原作用毫无例外是微生物作用的结果。在实验条件下，用抑制剂抑制微生物的生长，铁的还原作用就不会发生。铁的还原作用主要由铁还原细菌进行，主要的种属包括环状芽孢杆菌（*Bacillus circulans*）、巨大芽孢杆菌、肠膜芽孢杆菌（*B. mesentericus*）、多黏芽孢杆菌（*B. polymyxa*）、产气气杆菌、铜绿假单胞菌、液化假单胞菌（*Pseudomonas cloacae*）、大肠杆菌、普通变形菌（*Proteus vulgaris*）、变形菌、梭菌、无色杆菌、葡萄球菌等。其中芽孢杆菌数量丰富,分布广泛,对铁的还原起重要作用。

表 7-5 铁氧化和沉积微生物

Ⅰ. 嗜酸的铁氧化菌

- 氧化亚铁硫杆菌(*Thiobacillus ferrooxidans*)
- 氧化铁铁杆菌(*Ferrobacillus ferrooxidans*)
- 氧化硫铁杆菌(*Ferrobacillus sulfooxidans*)
- 硫化叶菌属(*Sulfolobus*)
- 钩端螺菌属(*Leptospirillum*)
- 生金菌属(*Metallogenium*)

Ⅱ. 中性 pH 铁细菌

(1) 铁氧化物直接沉积在表面

① 球形 铁球菌属(*Siderococcus*)
浮霉状菌属(*Planctomyces*)
柄球菌属(*Caulococcus*)
瑙曼氏菌属(*Naumanniella*)

② 毛发状 暗辫菌属(*Peloploca*)

③ 丝状 生丝微菌属(*Hyphomicrobium*)
土微菌属(*Pedomicrobium*)

④ 分枝丝状 放线菌属(*Actinomyces*)

⑤ 开壳 遮盖赭菌(*Ochrobium tectum*)

(2) 铁氧化物沉积在鞘膜上

- 鞘铁菌属(*Siderocapsa*)
- 板硫菌属(*Thiopedia*)
- 球衣菌属(*Sphaerotilus*)
- 纤发菌属(*Leptothrix*)
- 细枝发菌属(*Clonothrix*)
- 泉发菌属(*Crenothrix*)

(3) 铁氧化物沉积在竖立的柄上

- 浮霉状菌属(*Planctomyces*)
- 嘉利翁氏菌属(*Gailionella*)
- 曲发菌属(*Toxothrix*)

(4) 没有坚硬细胞壁

- 无胆甾原体属(*Acholeplasma*)

Ⅲ. 真菌

- 乳头孢属(*Papilospora*)
- 短梗霉属(*Aureobasidium*)
- 隐球酵母属(*Cryptococcus*)
- 盾壳霉属(*Coniothyriium*)

微生物除能直接还原铁外，还能间接还原铁。微生物在厌氧条件下的代谢产物甲酸盐和单质硫可以还原三价铁。微生物生长降低环境中的 E_h 和 pH，也能使环境有利于氧化态铁的还原。

铁还原机理尚不完全清楚。目前的研究说明包括硝酸盐还原酶复合物在内的许多铁硫蛋白具有还原铁的能力。野外研究也证明兼性硝酸盐还原菌参与铁的还原。

3. 铁的吸收

在自然水环境中，生物往往要竞争有限的可利用铁。通过铁螯合化合物使铁活跃起来以保持它的溶解性和可利用性，这对整个生物群落都有重要意义。微生物在这方面起重要作用。微生物产生的专一性的铁螯合剂作为结合铁和转运铁的化合物，溶解的铁供给微生物以及动植物使用。

微生物有专一性的高亲和力的铁吸收系统，这使它们可以在低铁浓度的条件下生长。这种系统被称为铁体（siderochromes）或铁载体（siderophores），细菌、真菌和某些藻类都能合成铁载体，它们被分泌到生长培养基中促进铁的吸收。所有的好氧和兼性厌氧的微生物都能合成和需要铁载体，当然这是在铁限制微生物生长的时候。分泌出来的铁载体以极高的专一性亲和力和三价铁结合在一起。一旦铁周围配体被结合到铁载体上，复合物就能被分泌铁载体的细胞或其他细胞吸收，铁就可以从细胞内释放出来。

六、硅 循 环

硅的循环主要与某一藻类即硅藻（Bacillariophyta）有关。硅藻具有二氧化硅的外壳。还有一种原生动物称为放射虫（Radiolarians）也有硅壳。许多微生物，包括细菌、真菌以及真菌的地衣型，能通过产酸，从岩石中溶解出硅酸盐。硅藻所固定的硅量与生物圈中的硅量相比是很小的。因为火成岩及其沉淀物的衍生物中，有 90% 是二氧化硅，最普遍的形式是砂和黏土矿物。硅藻在土壤中是相当少的。因此，水域中的硅循环具有重要意义。

在水域中，最重要的可溶性硅形态是非解离的正硅酸盐，即 $Si(OH)_4$。但是，在更酸的湖泊中，也有颗粒状物质和四氧化硅的胶状聚合物，而在海洋中则没有。硅在水中的含量随季节和水深度的变化而变化。硅可以限制硅藻的生长，特别是在春季和初夏，硅藻生长的高峰期和水华的后期更是如此。

海洋中硅的含量对那些本身不要求硅作为养料的生物的影响是次要的。但是，在长期内对调节海洋的酸碱度有重要作用。在铝硅酸盐、钙离子、钾离子、钙钾铝硅酸盐之间有一个平衡。因此，碳酸钙和碳酸氢钙的含量水平反映了钙的含量。反之，钙的含量又影响碳酸钙和碳酸氢钙的含量水平。

第八章 环境因子对微生物的影响

微生物不能脱离生活环境而生存、繁殖和进行一切生命活动,环境条件的改变可对微生物的形态、生理、生长、繁殖等产生影响,所以微生物的活动与其所处的环境密切相关。适宜的环境条件可以促进微生物生长、繁殖,不良的环境条件则使微生物的生长、繁殖受到抑制,甚至引起微生物死亡。生长的抑制通常是指微生物在不适宜的生长条件下,细胞内的代谢活动处于最低状态,此时生长停止,但当回到适宜的生长条件时细胞仍可恢复生长的生物学现象。死亡则是微生物在不良和有害的环境中,细胞内的代谢活动或细胞结构受到不可逆破坏,即使回到适宜生长的条件也不能恢复生长的生物学现象。微生物生长的抑制或死亡是由于不良环境因子对其作用程度不同所致。

微生物所处的环境条件复杂多变,而影响微生物的环境因子是密切关联又综合起作用的。如果某因子很不适宜,就会通过影响整个体系而影响微生物的生长和繁殖,甚至引起微生物死亡,但单一因子的影响又会受其他因子的作用而得到加强或减弱。

微生物对不良环境条件都具有一定的适应和忍耐能力。例如,一般微生物的营养细胞在环境不良时能够处于休眠状态,而细菌的芽孢、霉菌的孢子则比营养细胞更能忍耐和度过不良环境。

环境中各种因子不是孤立的,它们之间有错综复杂的联系,但诸因子中仍有主次之分,起主要作用的因子因不同环境而异。虽然影响微生物活动的环境因子很多,但归纳起来可分为营养因子、物理因子和化学因子三类。掌握这些因子对微生物影响的规律,就可以根据需要来调节和控制环境因子,从而有目的地抑制有害微生物、促进有益微生物的生长。

第一节 营养因子对微生物的影响

微生物要生存,就要进行各种代谢活动,就必须从周围环境吸收营养物质,这是代谢活动的起点。通过新陈代谢作用,从中获得能量并合成新的细胞物质,同时把体内废物排出体外。所以,营养物质是微生物进行新陈代谢和一切生命活动赖以正常进行的物质基础。

如果营养物质不足将会导致微生物生长所需要的能量、碳源、氮源、无机盐等成分不足，此时机体一方面降低或停止细胞物质合成，避免能量的消耗，或者通过诱导合成特定的运输系统，充分吸收环境中微量的营养物质以维持机体的生存；另一方面机体对胞内某些非必要成分或失效的成分进行降解以重新利用，这些非必要成分为细胞内储存的物质（如无意义的蛋白质与酶、mRNA 等）。例如在碳源、氮源缺乏时，机体内蛋白质降解速率比正常条件下的细胞增加 7 倍，同时减少 tRNA 合成和降低 DNA 复制的速率，导致生长停止。营养因子对微生物的影响符合 Liebig 定律。

一、最小量定律

Liebig 定律（Liebig's law）也称为最小量定律，是由德国农业化学家 Justus Liebig 提出来的，其内容为：任何生物的总产量或生物量取决于外界供给它的所需养分中数量最少的那一种。反过来就是说这种最小量的营养物限制着生物的生长，这种营养物就是一种限制性因子。营养物量的多少是比较而言的，如果很多种营养物都是过量的，仅缺少一种，那么生物量就取决于这种缺少的营养物。增加限制微生物生长的营养物的数量可以使微生物得以大量生长繁殖，直到另外的营养物成为限制因子。当然不同的生物有不同的营养需要，在同一个生态系统中某一种营养物对一种生物是最小量，对其他的生物就不一定是最小量。

Liebig 定律适用于动物、植物和微生物。

利用这个定律的原理可以进行定量的生物分析，确定一种微生物对某种营养物的需要量。例如要测定一种微生物对维生素的需要量，可以提供过量的其他营养物而限制维生素的量，从而可以根据微生物生物量的多少来大致确定这种微生物对维生素的需要量。

同时我们还可以用营养物的数量来有目的地促进有益微生物、抑制有害微生物的生长。这是因为不同的微生物在生理上对营养物的要求有差异，一些微生物能在特定的营养条件下生长，而另一些微生物则不能；在同一生态环境中，一些微生物的生长可能受某种营养物的限制，而另一些微生物则不受这种营养物而受其他的营养物所限制。在实际工作中就可以利用这一点。例如在污水处理中，碳氮比例要维持在一定的水平上，当碳源过量、氮源不足时，污水处理中的正常微生物类群的生长受到限制，而球衣细菌等丝状菌却可以大量繁殖，造成污泥膨胀。如果加入的碳氮比例合适，则正常的微生物类群能大量生长，球衣细菌等丝状菌的生长受到抑制，从而进行正常的污水处理。

二、营养因子及其生理作用

就总体而言，微生物能够利用的营养物质种类极多，不同类型的微生物对营养物质的需求有较大的差异。但是不论从元素水平还是从营养要素的水平来看，各种微生物之间还是存在着"营养上的统一性"。具体来讲，影响微生物生命活动的有五种营养因子，即碳源、氮源、无机盐、生长因子和水五大类物质。

（一）碳源

凡能提供微生物营养所需的碳元素（碳架）的营养源，称为碳源（carbon source）。碳源物质在微生物细胞内经过一系列复杂的化学变化后成为微生物自身的细胞物质（如糖类、脂质、蛋白质等）和代谢产物，碳可占一般细菌细胞干重的一半。同时，绝大部分碳源物质在细胞内生化反应过程中还能为机体提供维持生命活动所需的能源，因此碳源物质通常也是能源物质。但是有些以 CO_2 作为唯一或主要碳源的微生物生长所需的能源则并非来自碳源物质。

微生物利用碳源物质具有选择性，糖类是一般微生物较容易利用的良好碳源和能源物质，但微生物对不同糖类物质的利用也有差别，例如在以葡萄糖和半乳糖为碳源的培养基中，大肠杆菌（*Escherichia coli*）首先利用葡萄糖，然后利用半乳糖，前者称为大肠杆菌的速效碳源，后者称为其迟效碳源。目前在微生物工业发酵中所利用的碳源物质主要是单糖、饴糖、糖蜜（制糖工业副产品）、淀粉（玉米粉、山芋粉、野生植物淀粉）、麸皮、米糠等。为了节约粮食，人们已经开展了代粮发酵的科学研究，以自然界中广泛存在的纤维素作为碳源和能源物质来培养微生物。

不同种类微生物利用碳源物质的能力也有差别。有的微生物能广泛利用各种类型的碳源物质，而有些微生物可利用的碳源物质则很少，例如假单胞菌属（*Pseudomonas*）中的某些种可以利用多达 90 种以上的碳源物质，而一些甲基营养型（methylotrophic）微生物则只能利用甲醇或甲烷等一碳化合物作为碳源物质。微生物可利用的碳源物质主要有糖类、有机酸、醇类、脂质、烃、CO_2及碳酸盐等（表 8-1）。

（二）氮源

氮源（source nitrogen）物质为微生物提供氮素来源，这类物质主要用来合成细胞中的含氮物质，一般不作为能源，只有少数自养微生物能利用铵盐、硝酸盐同时作为氮源和能源。在碳源物质缺乏的情况下，某些厌氧微生物在厌氧条件下可以利用某些氨基酸作为能源物质。能够被微生物利用的氮源物质包括蛋白质及其不同程度的降解产物（胨、肽、氨基酸等）、铵盐、硝酸盐、分子氮、嘌呤、嘧啶、脲、胺、酰胺、氰化物等（表 8-2）。

常见的蛋白质类氮源包括蛋白胨（peptone）、鱼粉、蚕蛹粉、黄豆饼粉、花生饼粉、玉米浆、牛肉浸膏（beef extract）、酵母浸膏（yeast extract）等。微生物对这类氮源的利用具有选择性。例如,土霉素产生菌利用玉米浆比利用黄豆饼粉和花生饼粉的速度快,这是因为玉米浆中的氮源物质主要以较易吸收的蛋白质降解产物形式存在,而降解产物特别是氨基酸可以通过转氨作用直接被机体利用,而黄豆饼粉和花生饼粉中的氮主要以大分子蛋白质形式存在,需进一步降解成小分子的肽和氨基酸后才能被微生物吸收利用,因而对其利用的速度较慢。因此玉米浆为速效氮源,有利于菌体生长;黄豆饼粉和花生饼粉作为迟效氮源,有利于代谢产物的形成。因此在发酵生产土霉素的过程中,往往将两者按一定比例配成混合氮源,以控制菌体生长时期与代谢产物形成时期的协调,达到提高土霉素产量的目的。

表 8-1 微生物利用的碳源物质

种类	碳源物质	利用情况
糖	葡萄糖、果糖、麦芽糖、蔗糖、淀粉、半乳糖、乳糖、甘露糖、纤维二糖、纤维素、半纤维素、甲壳素、木质素等	单糖优于双糖,己糖优于戊糖,淀粉优于纤维素,同多糖优于杂多糖
有机酸	糖酸、乳酸、柠檬酸、延胡索酸、低级脂肪酸、高级脂肪酸、氨基酸等	与糖类比效果较差,因为有机酸较难进入细胞,进入细胞后会导致 pH 下降;当环境中缺乏碳源物质时,氨基酸可被作为碳源利用
醇	乙醇	在低浓度下能被某些酵母菌和醋酸菌利用
脂质	脂肪、磷脂	主要利用脂肪,在特定条件下将磷脂分解成甘油和脂肪酸加以利用
烃	天然气、石油、石油馏分、液状石蜡等	利用烃的微生物细胞表面有一种由糖脂组成的特殊吸收系统,可将难溶的烃充分乳化后吸收利用
CO_2	CO_2	为自养微生物所利用
碳酸盐	$NaHCO_3$、$CaCO_3$、白垩等	为自养微生物所利用
其他	芳香族化合物、氰化物、蛋白质、肽、核酸等	当环境中缺乏碳源物质时,这些物质能被微生物降解利用,利用这些物质的微生物在环境保护方面有重要作用

表 8-2 微生物利用的氮源物质

种类	氮源物质	利用情况
蛋白质类	蛋白质及其不同程度的降解产物（胨、肽、氨基酸等）	大分子蛋白质难以进入细胞，一些真菌和少数细菌能分泌胞外蛋白酶，将大分子蛋白质降解后再利用，而多数细菌只能利用相对分子质量较小的降解产物
氨及铵盐	NH_3、$(NH_4)_2SO_4$ 等	容易被微生物吸收利用
硝酸盐	KNO_3 等	容易被微生物吸收利用
分子氮	N_2	固氮微生物可利用，但当环境中有化合态碳源时，固氮微生物就失去固氮能力
其他	嘌呤、嘧啶、脲、胺、酰胺、氰化物	大肠杆菌不能以嘧啶作为唯一氮源，在氮限量的葡萄糖培养基上生长时，可通过诱导作用先合成分解嘧啶的酶，然后再分解并利用嘧啶，这些物质可不同程度地被微生物作为氮源加以利用

微生物吸收利用铵盐和硝酸盐的能力较强，NH_4^+ 被细胞吸收后可直接利用，因而 $(NH_4)_2SO_4$ 等铵盐一般被称为速效氮源，而 NO_3^- 被吸收后需进一步还原成 NH_4^+ 后才能再被微生物利用。许多腐生型细菌、肠道菌、动植物致病菌等可利用铵盐或硝酸盐作为氮源，例如大肠杆菌、产气肠杆菌（*Enterobacter aerogenes*）、枯草芽孢杆菌（*Bacillus subtilis*）、铜绿假单胞菌（*Pseudomonas aeruginosa*）等均可利用硫酸铵和硝酸铵作为氮源，放线菌可以利用硝酸钾作为氮源。以 $(NH_4)_2SO_4$ 等铵盐为氮源培养微生物时，由于 NH_4^+ 被吸收，会导致培养基 pH 下降，因而将其称为生理酸性盐；以硝酸盐（如 KNO_3）为氮源培养微生物时，由于 NO_3^- 被吸收，会导致培养基 pH 升高，因而将其称为生理碱性盐。为避免 pH 变化对微生物生长造成不利影响，需要在培养基中加入缓冲物质。

（三）无机盐

无机盐（inorganic salt）是微生物生长必不可少的一类营养物质，它们在机体中的生理功能主要是作为酶活性中心的组成部分、维持生物大分子和细胞结构的稳定性、调节并维持细胞的渗透压平衡、控制细胞的氧化还原电位和作为某些微生物生长的能源物质等。微生物生长所需的无机盐一般有磷酸盐、硫酸盐、氯化物以及含有钠、钾、钙、镁、铁等金属元素的化合物（表 8-3）。

表 8-3 无机盐及其生理功能

元素	化合物形式(常用)	生理功能
磷	KH_2PO_4, K_2HPO_4	核酸、蛋白质、磷脂、辅酶及 ATP 等高能分子的成分,作为缓冲系统调节培养基 pH
硫	$(NH_4)_2SO_4$, $MgSO_4$	含硫氨基酸(半胱氨酸、甲硫氨酸)等维生素的成分,谷胱甘肽可调节胞内氧化还原电位
镁	$MgSO_4$	己糖磷酸化酶、异柠檬酸脱氢酶、核酸聚合酶等活性中心组分,叶绿素和细菌叶绿素成分
钙	$CaCl_2$, $Ca(NO_3)_2$	某些酶的辅因子,维持酶(如蛋白酶)的稳定性,芽孢和某些孢子形成所需,建立细菌感受态所需
钠	NaCl	细胞运输系统组分,维持细胞渗透压,某些嗜盐细菌核糖体的稳定因子
铁	$FeSO_4$	细胞色素及某些酶的组分,某些铁细菌的能源物质,合成叶绿素、白喉毒素所需

在微生物的生长过程中还需要一些微量元素,微量元素是指那些在微生物生长过程中起重要作用,而机体对这些元素的需要量极其微小的元素,通常需要量在 10^{-6}~10^{-8} mol/L(培养基中含量)。微量元素一般参与酶的组成或使酶活化(表 8-4)。

表 8-4 微量元素及其生理功能

元素	生理功能
锌	存在于乙醇脱氢酶、乳酸脱氢酶、碱性磷酸酶、醛缩酶、RNA 与 DNA 聚合酶中
锰	存在于过氧化物歧化酶、柠檬酸合成酶中
钼	存在于硝酸盐还原酶、固氮酶、甲酸脱氢酶中
硒	存在于甘氨酸还原酶、甲酸脱氢酶中
钴	存在于谷氨酸变位酶中
铜	存在于细胞色素氧化酶中
钨	存在于甲酸脱氢酶中
镍	存在于脲酶中,为氢细菌生长所必需

如果微生物在生长过程中缺乏微量元素,会导致细胞生理活性降低甚至停止生长。由于不同微生物对营养物质的要求不尽相同,微量元素这个概念也是相对的。微量元素通常混杂在天然有机营养物、无机化学试剂、自来水、蒸馏水、普通玻璃器皿中,如果没有特殊原因,在配制培养基时没有必要另外加入微量元素。值得注意的是,许多微量元素是重金属,如果过量,就会对机体产生毒害作用,而且单独一种微量元素过量产生的毒害作用更大,因此有必要将培养基中微

量元素的量控制在正常范围内,并注意各种微量元素之间保持恰当比例。

(四) 生长因子

生长因子(growth factor)通常指那些微生物生长所必需而且需要量很小,但微生物自身不能合成或合成量不足以满足机体生长需要的有机化合物。各种微生物需要的生长因子的种类和数量都不同(表 8-5)。

表 8-5 某些微生物生长所需的生长因子

微生物	生长因子	需要量
弱氧化醋酸杆菌(*Acetobacter suboxydans*)	对氨基苯甲酸 烟碱酸	0~10 $ng\cdot mL^{-1}$ 3 $\mu g\cdot mL^{-1}$
丙酮丁酸梭菌(*Clostridium acetobutylicum*)	对氨基苯甲酸	0.15 $ng\cdot mL^{-1}$
Ⅲ型肺炎链球菌(*Streptococcus pneumoniae*)	胆碱	6 $\mu g\cdot mL^{-1}$
肠膜明串珠菌(*Leuconostoc mesenteroides*)	吡哆醛	0.025 $\mu g\cdot mL^{-1}$
金黄色葡萄球菌(*Staphylococcus aureus*)	硫胺素	0.5 $ng\cdot mL^{-1}$
白喉棒杆菌(*Cornebacterium diphtherriae*)	β-丙氨酸	1.5 $\mu g\cdot mL^{-1}$
破伤风梭状芽孢杆菌(*Clostridium tetani*)	尿嘧啶	0~4 $\mu g\cdot mL^{-1}$
阿拉伯糖乳杆菌(*Lactobacillus arabinosus*)	烟碱酸 泛酸 甲硫氨酸	0.1 $\mu g\cdot mL^{-1}$ 0.02 $\mu g\cdot mL^{-1}$ 10 $\mu g\cdot mL^{-1}$
粪链球菌(*Streptococcus faecalis*)	叶酸 精氨酸	200 $\mu g\cdot mL^{-1}$ 50 $\mu g\cdot mL^{-1}$
德氏乳杆菌(*Lactobacillus delbrueckii*)	酪氨酸 胸腺核苷	8 $\mu g\cdot mL^{-1}$ 0~2 $\mu g\cdot mL^{-1}$
干酪乳杆菌(*Lactobacillus casei*)	生物素 麻黄碱	1 $ng\cdot mL^{-1}$ 0.02 $\mu g\cdot mL^{-1}$

自养微生物和某些异养微生物(如大肠杆菌)不需外源生长因子也能生长。不仅如此,同种微生物对生长因子的需求也会随着环境条件的变化而改变,如鲁

氏毛霉（*Mucor rouxii*）在厌氧条件下生长时需要维生素 B_1 与生物素，而在好氧条件下生长时自身能合成这两种物质，不需外加这两种生长因子。有时对某些微生物生长所需生长因子的本质还不了解，通常在培养时培养基中要加入酵母浸膏、牛肉浸膏及动植物组织液等天然物质以满足要求。根据生长因子的化学结构和它们在机体中的生理功能的不同，可将生长因子分为维生素（vitamin）、氨基酸与嘌呤及嘧啶三大类。最早发现的生长因子在化学本质上是维生素，目前发现的很多维生素都能起到生长因子的作用。虽然一些微生物能合成维生素，但许多微生物仍然需要外界提供维生素才能生长。维生素在机体中所起的作用主要是作为酶的辅基或辅酶参与新陈代谢；有些微生物自身缺乏合成某些氨基酸的能力，因此必须在培养基中补充这些氨基酸或含有这些氨基酸的小肽类物质，微生物才能正常生长。肠膜明串珠菌生长需要 17 种氨基酸，有些细菌需要 D-丙氨酸用于合成细胞壁；嘌呤和嘧啶作为生长因子在微生物机体内的作用主要是作为酶的辅酶或辅基，以及用来合成核苷、核苷酸和核酸。

（五）水

水是微生物生长所必不可少的。水在细胞中的生理功能主要有：① 起到溶剂和运输介质的作用，营养物质的吸收与代谢产物的分泌必须以水为介质才能完成；② 参与细胞内一系列化学反应；③ 维持蛋白质、核酸等生物大分子稳定的天然结构；④ 因为水的比热容高，是热的良好导体，能有效地吸收代谢过程中产生的热并及时地将热迅速地散发出体外，从而有效地控制细胞内温度的变化；⑤ 保持充足的水分是细胞维持自身正常形态的重要因素；⑥ 微生物通过水合作用和脱水作用控制由多亚基组成的结构，如酶、微管、鞭毛及病毒颗粒的组装与解离。

第二节 物理因子对微生物的影响

与微生物生命活动有关的物理因子主要有：温度、水分活度、渗透压、氧化还原电位、辐射、超声波、微波、压力等。

一、温 度

温度是影响微生物生命活动的最重要因素之一。温度通过影响微生物膜的液晶结构，酶和蛋白质的合成和活性，RNA 的结构及转录等，影响微生物的生命活动。具体表现在两个方面：一是随着微生物所处的环境温度的上升，细胞中生化反应速率加快从而生长速度加快；二是随着温度的上升，细胞中对温度较敏感的组成物质（如蛋白质、核酸等）可能会受到不可逆转的破坏，从而对机体产生不利影响，如果温度更高，可致机体死亡。因此，微生物的生长有一定的温度范围。

（一）微生物生长的适应温度

从整体来说，微生物生长的温度范围较宽，已知在-10～95℃都有微生物可以生长，但具体到某一种微生物其生长的温度范围就较窄。每种微生物的生长有三个基本温度点：最低生长温度、最适生长温度、最高生长温度。环境温度低于最低温度时，微生物不能生长；在最低生长温度时，微生物的生长很慢；此时，温度升高，微生物的生长加快，至最适生长温度时，微生物的生长最快；如果温度继续升高，则微生物的生长减慢，达到最高生长温度时，微生物的生长已很慢，超过最高生长温度时，微生物不仅不能生长而且出现死亡。

不同微生物生长的适应温度是很不相同的（表 8-6）。

表 8-6　不同微生物生长的三个基本温度

微生物	生长温度/℃		
	最低	最适	最高
细菌和古生菌：			
嗜冷芽孢菌（*Bacillus psychrophilus*）	-10	23～24	28～30
嗜冷微球菌（*Micrococcus cryophilus*）	-4	10	24
粪肠球菌（*Enterococcus faecalis*）	0	37	44
大肠杆菌（*Escherichia coli*）	10	37	45
嗜酸热原菌（*Thermoplasma acidophilum*）	45	59	62
水生栖热菌（*Thermus aquaticus*）	40	70～72	79
隐蔽热网菌（*Pyrodictium occultum*）	82	105	110
热叶菌（*Pyrolobus fumarii*）	90	106	113
卓越聚球蓝细菌（*Synechococcus eximius*）	70	79	84

续表

微生物	生长温度/℃		
	最低	最适	最高
真菌:			
斯考特假丝酵母 (*Candida scottii*)	0	4~15	15
酿酒酵母 (*Saccharomyces cerevisiae*)	1~3	28	40
微小毛霉 (*Mucor pusillus*)	21~23	45~50	50~58
藻类:			
雪衣藻 (*Chlamydomonas nivalis*)	-36	3	4
骨条藻 (*Skeletonema costatum*)	6	16~26	>28
单细胞红藻 (*Cyanidium caldarium*)	30~34	45~50	50~58
原生动物:			
变形虫 (*Amoeba proteus*)	4~6	22	35
瓜形膜袋虫 (*Cyclidium citrullus* Cohn)	18	43	47

根据微生物生长的最适温度的不同,可以将微生物分为嗜冷、兼性嗜冷、嗜温、嗜热和超嗜热等五种不同的类型。它们都有各自的最低、最适和最高生长温度范围(表 8-7)。

表 8-7 微生物生长的温度范围

微生物类型	生长温度/℃		
	最低	最适	最高
嗜冷微生物(psychrophiles)	0 以下	15	20
兼性嗜冷微生物(psychrotrophs)	0	20~30	35
嗜温微生物(mesophiles)	15~20	20~45	45 以上
嗜热微生物(thermophiles)	45	55~65	80
超嗜热或嗜高温微生物 (hyperthermophiles)	65	80~90	100 以上

（二）低温对微生物的影响

当微生物处于最低生长温度时，其新陈代谢活动降低到极低的程度。若温度再低，则微生物的生命活动停止，但除少数对低温敏感的微生物会很快死亡外，多数微生物其活力仍然存在，当温度升高时又可恢复其正常的生命活动，故可用低温保存菌种。一些细菌、酵母菌、霉菌的琼脂斜面菌种，通常可保存在4～7 ℃的冰箱中，很多细菌和病毒可保存在-70～-26 ℃的冰冻条件下，甚至某些微生物，如病毒等，可保存于液氮中（-196 ℃）。

一般地，微生物经低温处理时，开始时有部分细胞死亡，而存活下来的则可能长期保存活力。

在冰冻条件下，微生物的死亡主要是由于细胞内水分转变成冰晶，引起细胞脱水而不能生存。另外，冰冻时如果微生物所在基质有糖、蛋白质、脂肪等，微生物不易死亡，而如果基质水分高或酸度高，微生物易死亡。

（三）高温对微生物的影响

不同微生物对高温的敏感程度不同。多数微生物的营养体和病毒在50～60 ℃、10 min内死亡，而少数微生物在80 ℃仍然能生长。放线菌和霉菌的孢子比其营养细胞的抗热性强，一般在80 ℃、10 min死亡。细菌的芽孢在100 ℃以上的温度下，经过一定的时间才会死亡。一些微生物的抗热能力见表8-8。

表8-8 一些微生物的抗热能力

微生物种类	灭菌温度/℃	灭菌所需时间/min
伤寒沙门氏菌（*Salmonella typhi*）	60	5
金黄色葡萄球菌（*Staphylococcus aureus*）	63	7
大肠杆菌（*Escherichia coli*）	60	5～30
结核杆菌（*Mycobacterium tuberculosis*）	61	30
酵母菌	50～60	10～15
霉菌	60	5～10
肉毒梭状芽孢杆菌（*Clostridium mucilaginosa*）	120～121	10
嗜热脂肪芽孢杆菌（*Bacillus stearothermophilus*）	120～121	12
枯草芽孢杆菌（*B. subtilis*）	100	6～17
炭疽芽孢杆菌（*B. anthracis*）	105	5～10

同一菌种在不同菌龄对热的抵抗力也不同，一般老龄菌体比幼龄菌体较抗热，如处于稳定期的菌体较处于对数期的菌体耐热。

微生物所处的基质条件对微生物的抗热性也有影响。一般地，微生物在干热环境中较在湿热环境中耐热；在生长适宜的 pH 下较偏酸性或偏碱性条件下耐热；在基质中含有脂肪、糖、蛋白质等物质时微生物较耐热。

二、水分活度

一切生物都离不开水，微生物也不例外，它们从环境中吸取营养物质，分解营养物产生能量及合成细胞结构和功能物质等都需要水的存在与参与。但是影响微生物生长的不仅仅是水的含量，更重要的是环境中水的可利用性。

微生物生长的环境中水的可利用性或有效性常以水分活度（water activity，a_w）表示，水分活度是指在一定的温度和压力条件下，溶液的蒸气压力与同样条件下纯水蒸气压力之比，即：

$$a_w = P_w / P_{0w}$$

式中，P_w 代表溶液蒸气压力；P_{0w}代表纯水蒸气压力。纯水的 a_w 为 1.00，溶液中溶质越多，a_w 越小。微生物一般在 a_w 为 0.60～0.99 的条件下生长，a_w 过低时，微生物生长的迟缓期延长，比生长速率和总生长量减少。

（一）水分活度和微生物的生长

环境中 a_w 值低时，微生物要作更多的功才能从基质中吸取水分。基质的 a_w 低至一定程度则微生物就不能再生长。因而干燥便成为一种很好的食品保藏方法。

微生物不同，其生长的最适 a_w 也不同。根据各种微生物生长所要求的最低 a_w，可将其分为三类：干生性、中生性和湿生性微生物（表 8-9）。

表 8-9 微生物的类型与 a_w

类型	最低生长 a_w	最适生长 a_w
干生性微生物	0.80 以下	0.95～0.98
中生性微生物	0.80～0.90	0.98～1.00
湿生性微生物	0.90	1.00

一般来讲，细菌大部分是湿生性的，其生长最低 a_w 较霉菌的高，而革兰氏阴性菌的生长 a_w 较革兰氏阳性菌高。大多数腐败细菌在 a_w0.91 以下不能生长，金黄色葡萄球菌则在 a_w 低至 0.86 仍可生长，而肉毒梭菌 a_w 低于 0.94 则不能生长。酵母菌一般为中生性，最低生长 a_w 在 0.88 以上。霉菌中干生性、中生性、湿生性三种类型的菌均有。

酵母菌和霉菌生长的 a_w 范围较细菌的范围宽。现有报道的细菌最低生长 a_w 为嗜盐细菌的 0.75，而嗜盐真菌和嗜高渗酵母的 a_w 分别为 0.65 和 0.60。若用 NaCl 来降低 a_w,要饱和溶液 a_w 才能达到 0.80(表 8-10)。

表 8-10 几种微生物生长最低 a_w

微生物	a_w
一般细菌	0.91
酵母菌	0.88
霉菌	0.80
嗜盐细菌	0.75
嗜盐真菌	0.65
嗜高渗酵母	0.60

(二) 低 a_w 对微生物的影响

环境 a_w 降低不仅影响微生物的生长,而且对其形态、生理代谢等都有一系列的影响。

1. 低 a_w 对微生物形态的影响

溶液中溶质的存在会降低其 a_w,从而影响微生物的活动,这种影响也称为渗透压的影响。微生物细胞在低渗(高 a_w)和高渗(低 a_w)环境中,细胞形态会发生变化,在低渗环境中,细胞会吸水膨胀,甚至破裂;在高渗环境中,细胞内的水将渗透到环境中。从而使细胞的原生质收缩而发生质壁分离(plasmolysis),这种变化都可在显微镜下观察到。但是在一般的高渗情况下并不总是发生质壁分离,有的可能发生其他方面的形态变异。如葡萄球菌的细胞在低 a_w 环境中只发生细胞变形,即使 a_w 再低也不发生质壁分离。而大肠杆菌等一些革兰氏阴性菌,在低 a_w 环境中,菌体形成异常的长鞭毛。另有一些菌的形态变异则还与具体的溶质有关,如鼠伤寒沙门氏菌(*S.typhimurium*)在甘油调节的低 a_w 环境中细胞质为均质,而在葡萄糖、蔗糖或山梨醇中则细胞质收缩且细胞变为“哑铃形”。

一般细胞壁无渗透效应,但在蔗糖溶液中曾有人观察到细胞壁“变皱”。

2. 低 a_w 对代谢产物的影响

在低 a_w 对微生物的影响方面,人们最关心的是对微生物有毒代谢产物的影响。一般地,微生物的产毒量与其细胞总数有关,因为低 a_w 环境可抑制微生物生长、繁殖,因此可以减少其产毒量;另外,在低 a_w 环境中,即使微生物数目很多,其产毒量也很低。

由于霉菌生长的最低 a_w 比细菌的低,因而人们普遍都很关注霉菌产毒所需的最低 a_w。Northolt 和其同事发现,黄曲霉在以甘油或蔗糖调节的 a_w0.83 以下不产生黄曲霉毒素,但以 NaCl 代替甘油或蔗糖,则其产毒的最低 a_w 值将会升高,而在实验培养基中加入 1%~2%的 NaCl 反而还会增加黄曲霉毒素产量。在苹果储藏中，a_w 对一些霉菌产棒曲霉素影响很大。在实验室培养中，灰黄青霉（*P.griseofulvum*）在 a_w0.88 时可产毒，a_w 降至 0.86 即检不出毒素，而其生长最低 a_w 为 0.84。Northolt 等人在棒曲霉素产毒菌的研究中发现，尽管有少数实验的展青霉菌株在 a_w0.95 仍可产生少量毒素，但绝大多数菌株在 a_w0.99 即可停止产酸。尽管在 a_w0.83 以下的环境中未发现什么菌可产生真菌毒素，我们仍不能因此就得出在 a_w0.83 以下的环境中就不会有真菌毒素的结论。

在肉毒梭菌的产毒研究中，Ohye 和 Christian 发现，能生长的环境中便能产毒。因菌型不同其生长和产毒的最低 a_w 在 0.94～0.97，它们在实验中用来调节 a_w 的是 NaCl、KCl 和 Na_2SO_4 的混合物。而 Riemann 发现，在含1.5%～2.0%NaCl 的培养基中（相当于 a_w0.99），尽管 E 型肉毒梭菌仍可大量生长、繁殖，但并不产毒。

3. 低 a_w 对微生物生长的影响

低 a_w 对细菌、酵母菌、霉菌生长的影响规律各不相同。

细菌被转到低 a_w 环境后，其生长延滞期将大大延长，如细菌在被转到低 a_w 环境前是处于最适环境下的延滞期，则低 a_w 对其损害更大。细菌延滞期的延长对干燥和半干食品的保藏极为有利。

由于延滞期延长，细菌的对数生长期也受到影响，结果使细胞在单位时间的分裂次数减少，生长速度变慢，总的效果就像原生长曲线（即未降低 a_w 时）向时间轴旋转一定角度一样。一般地，只要 a_w 降低不是太大，就只有抑菌作用而不会杀死细菌。生长最适和最低 a_w 高的细菌受低 a_w 的影响最大；而金黄色葡萄球菌则在低 a_w 环境中仍可很好地存活。

有些酵母菌可以在低 a_w 环境下生长，从而引起一些低 a_w 食品的腐败。其中以酵母属为主，如鲁氏酵母、蜂蜜酵母（*S. mellis*）、产酸酵母（*S. acidifaciens*），可引起蜂蜜、糖蜜、糖果、果酱、果冻、干果和糖渍水果的变质。有些耐盐酵母在酱油生产中还起着有益菌的作用，如德巴利酵母属（*Debaryomyces*）、汉逊酵母属（*Hansenula*）和毕赤酵母属（*Pichia*）可耐 15%～20%的 NaCl 溶液。一般酵母菌的生长并不一定要求低 a_w 环境，而仅仅是耐低 a_w 环境。

大多数酵母菌仅可耐低 a_w。而很多霉菌不仅可以在低 a_w 环境中存活，而且还可以生长甚至还可以大量繁殖。但低 a_w 对霉菌也有影响，且不同溶质控制的低 a_w 效果不同，如霉菌在甘油和糖控制的低 a_w 环境中生长得比在 NaCl 控制的低 a_w 环境中好。

降低 a_w 不仅可以抑制微生物的生长繁殖，同时还可以增强微生物对不良环境的抵抗能力，使其能在加热和冷冻过程中更好地存活下来，这些存活的菌一旦遇到适宜的环境，其体内的生理损伤得到修复后便可迅速生长，这是很值得注意的问题，因为这种意外的微生物迅猛生长可能给食品等生产厂家带来灾难性的损失。

4. 低 a_w 对孢子的形成和萌发的影响

用来控制低 a_w 的溶质不同，对细菌产孢的影响也不一样，用葡萄糖、山梨醇或 NaCl 时，蜡状芽孢杆菌（*B.cereus*）T 菌株产孢的最低 a_w 为 0.95，而用甘油时为0.91。厌氧性的产气夹膜梭菌（*C. perfringens*）在用蔗糖或 NaCl 调 a_w 的复合培养基中孢子生长和萌发的最低 a_w 在 0.97 到 0.95 之间，但用甘油时为 0.93 或更低。

霉菌的产孢与 a_w 的关系具有特殊的意义。因为与细菌或酵母不同，霉菌只有产生孢子才能完成其生活周期（life cycle）。一般情况下，霉菌产孢的最低 a_w 比孢子萌发的最低 a_w 高。

三、渗 透 压

两种不同浓度溶液之间以一层半透膜隔开，其结果是溶剂分子（如水）从低浓度一边向高浓度一边扩散。溶剂通过一层半透膜扩散的现象称为渗透；渗透时对膜产生的压力称为渗透压。膜两侧的溶液浓度差越大，则渗透压越大。

（一）渗透压对微生物的影响

微生物的细胞膜是一层选择性半透膜。细胞膜是细胞在进行新陈代谢过程中进行物质交换的门户。它可使水分子自由通过，但对其他物质的通过具有选择性。

1. 在等渗溶液中

等渗溶液，即溶液中的渗透压与微生物细胞内的渗透压相等。这时，微生物的新陈代谢活动保持正常，微生物细胞保持原形，不发生变化。常用的生理盐水（0.85%～0.9%的 NaCl 溶液）即为等渗溶液的一种。

2. 在高渗溶液中

高渗溶液即溶液的渗透压高于微生物细胞内的渗透压。这时，水分子通过细胞膜向外渗透，造成细胞脱水而使原生质收缩变稠，引起细胞质壁分离，结果使微生物代谢活动呈抑制状态甚至造成死亡。这就是食品加工业中应用盐腌（5%～30%）和糖渍（30%～80%）方法保存食品的理论依据。

3. 在低渗溶液中

低渗溶液即溶液的渗透压低于微生物细胞内的渗透压。处在这种情况下，水分子将从溶液中进入微生物细胞内，使细胞吸收水分而膨胀甚至可引起细胞过分膨大而破裂。

（二）微生物对渗透压的适应性

各种微生物都有一个最适宜的渗透压。微生物生长在不同渗透压的液体内，需要保持和调节细胞内外两侧的渗透压平衡。一般情况下，不属海洋、盐湖的微生物置于 0.85%～0.9%的 NaCl 溶液中能正常生长繁殖，这种浓度的盐溶液对其中的微生物细胞来说是等渗的。有些如在海洋生活的微生物，必须在 3%～5%的盐溶液中才能良好生长，像这种必须在含 2%以上盐溶液中才能生存的微生物，称为嗜盐微生物或嗜高渗透微生物。此外，还有一些微生物在2%以下的盐溶液中能良好生长，在2%以上的盐溶液中也能良好生长，这一类微生物就称为耐盐微生物。

各种微生物都具有耐受不同盐浓度的能力。多种杆菌在10%以上的盐溶液中立即停止生长，也有耐盐性较差的微生物在10%以下就不能生长。例如，大肠杆菌、沙门氏菌和肉毒杆菌等，在6%～8%的盐浓度时已完全处于抑制状态。球菌被抑制生长的盐浓度为15%，例如，葡萄球菌在15%盐浓度时生长受到抑制，20%的盐浓度则对其有杀灭作用。霉菌多在20%～25%的盐浓度中受抑制。酵母菌一般对盐浓度十分敏感。但酵母菌中的某些种和细菌中的某些种跟霉菌相似，具有耐高盐的特性。如花蜜酵母菌能在60%～80%的糖液中生存，它们常常是造成某些蜜饯食品败坏的主要原因。总而言之，盐浓度一般达18%～25%时才能防止微生物生长。而且，因微生物都有不同程度的耐盐能力，所以即使在高盐浓度中，也总会有一些微生物能生存下来。例如，大肠杆菌置于食盐饱和溶液中，还可保持生命力有6周之久。

各种微生物对不同浓度的糖溶液也呈现出不同程度的适应性。相同浓度的糖溶液和盐溶液，对微生物的作用是不同的。例如，蔗糖浓度必须大于食盐浓度的6倍，才能产生相同的抑菌效果。糖溶液浓度为1%～10%时，能影响某些微生物的生长；为50%时，可抑制多数酵母菌和细菌的生长；在65%～70%时，可抑制多数霉菌的生长；在70%～80%时，则可阻止所有微生物的生长。不同种类的糖，对微生物的抑菌作用也不尽相同。例如，35%～40%的葡萄糖溶液或50%～60%的蔗糖溶液可抑制金黄色葡萄球菌的生长。如浓度分别为40%～50%和60%～70%时，就会死亡。葡萄糖和果糖的抑菌作用比蔗糖和乳糖要大。

由于渗透压大小与溶液中溶质分子数目有关，分子数相对多则渗透压相对大。在同一百分浓度的溶液中，具有小分子溶质的比具有大分子溶质的渗透压大；离子溶液较分子溶液渗透压大。因此，利用不同物质作为溶质时，在使用比例上应该合理调整。

四、辐　射

辐射（radiation）是一种由波或粒子传递能量的物理现象。不同波长的辐射对生物体的效应不同。无线电波的波长最长，对生物的效应最弱；红外辐射具有热效应，也可被光合细菌作为能源；可见光（波长380～760 nm）是蓝细菌和藻类光合作用的主要能源；紫外辐射（波长136～400 nm）有杀菌作用。由于以上几种辐射不使被照物发生电离反应，因此又称为非电离辐射。波长很短的X射线、γ射线、β射线和α射线等，具有很高的能量，它们被辐射物质吸收后，往往发生电离效应，使水或其他一些物质电离，对生物体有致死作用，这类辐射称为电离辐射(ionizing radiation)。

(一) 紫外辐射

紫外线是一种非电离辐射源,它可使被辐照物的分子或原子的内层电子能级升高,但不引起电离。生物细胞内的核酸、嘌呤、嘧啶和蛋白质对紫外线都有很强的吸收作用(最大吸收峰分别为 260 nm 和 280 nm),可能使这些分子发生异常反应,导致细胞代谢机能的改变而发生变异,甚至破坏其分子结构,阻碍蛋白质合成,进一步则造成细胞死亡。紫外线的杀菌机制很复杂,现已知主要是对 DNA 的作用,最明显的是诱导胸腺嘧啶二聚体的形成,阻碍 DNA 的复制,因此作杀菌用以 260 nm 的紫外线最有效。紫外线的穿透力很差,不能透过不透明体,0.1mm 厚的牛奶可吸收其能量的 90%,所以紫外线一般仅用于空气和物体表面的消毒。

紫外线的杀菌效果,因菌种及其生理状态不同而异,辐射时间和剂量对效果也有影响。辐射剂量一般用单位面积吸收的能量来表示,即微瓦每平方厘米或尔格(erg)每秒每平方厘米($1\ W = 10^7\ erg/s$)。一只 50 W 的低压汞灯在 1 m 距离的有效强度约为 100 $\mu W/cm^2$。一般干细胞对紫外线的抵抗力较湿细胞的强,孢子比营养细胞强,革兰氏阳性球菌、病毒较革兰氏阴性杆菌强,多倍体或多核细胞较单倍体或单核细胞的抵抗力强。若以杀死 90% 活细胞所需的辐照剂量称为 D 值(decimal reduction dose),从表 8-11 可以看出一些微生物对紫外线的相对抗性。其中以霉菌对紫外辐射的抗性最强。

表 8-11 各类微生物对紫外辐射的抗性

微生物	D 值*	微生物	D 值*
革兰氏阴性菌:		霉菌:	
大肠杆菌	2.1~6.4	灰绿曲霉	50~100
普通变形杆菌	<3	黄曲霉	50~100
伤寒沙门氏菌	3~4	黑曲霉	<200
黏质沙雷氏菌	3~4	总状毛霉	20~50
弗氏志贺氏菌	3~4	指状青霉	50~100
荧光假单胞菌	3~4	扩展青霉	20~50
革兰氏阳性菌:		娄地青霉	3~4
炭疽芽孢杆菌	5~6	黑根霉	7~200
枯草杆菌(营养体)	5~6	酵母菌:	
枯草杆菌(芽孢)	6~8	酿酒酵母(面包)	3~4
藤黄微球菌	10~20	酿酒酵母(糖蜜)	6~8
金黄色葡萄球菌	3~4	椭圆酵母(野生)	8~10

* D 值单位:$10^3\ \mu W/cm^2$。

很多微生物都具有修复紫外线引起 DNA 损伤的酶学机制。这些酶可以将 DNA 链上损伤的部分修补好,从而使其恢复正常的功能。有些微生物细胞内的这些酶需见光后(光谱中蓝色区域的可见光)才能起作用,由这类酶来修复紫外辐射引起损伤的作用称为光复活作用。这类酶被激活后能识别 DNA 中胸腺嘧啶二聚体并使其解离而恢复成正常结构的 DNA 链。另外一些修复酶则在无光的情况下起作用,这种作用称为暗复活作用。起暗复活作用的是几种酶,它们协同地作用,先是将 DNA 链上损伤部分去掉,再以新的核苷酸补上,从而使其恢复为结构完整的 DNA 链。正是由于微生物细胞内这些修复机制的存在,因此只有在紫外辐射引起的损伤大大超过细胞的修复能力时,才会导致细胞死亡。

(二)电离辐射

电离辐射的波长都很短(200 nm 以下),但能量都很高,对微生物有很强的致死作用,这种致死作用并不像紫外辐射一样是由辐射对细胞组分的直接破坏所引起的,而是辐射诱发细胞内物质电离,产生反应活性高的游离基,这些游离基再与细胞内的敏感大分子反应而使细胞失去活力。如电离辐射微生物细胞时,细胞内会产生游离的氢、羟基和一些过氧化物(如 H_2O_2),这些物质可引起细胞发生各种损伤,包括蛋白质和核酸类的损伤,但致死的主要原因是 DNA 的致死性损伤而导致细胞丧失复制能力。大量的研究表明,微生物在致死剂量作用下,细胞中大多数的酶并不失活,其他蛋白质和大分子物质也没有多大变化。对电离辐射造成的损伤,微生物细胞具有暗修复作用,但无光修复作用。

电离辐射对微生物的作用无专一性,对一切细胞组分都有作用,但各种微生物对辐射的抗性不同,甚至同种微生物的不同菌株之间有时也有相当大的差别。一般细菌的抗性差别很大,有很敏感的,如大部分细菌的营养细胞;也有抗性很强的,如细菌芽孢。酵母菌对电离辐射的抗性较霉菌强,细菌芽孢较酵母菌强,病毒的抗性最强。霉菌中除特别敏感的外,其抗电离辐射力与细菌的营养细胞相当。酵母菌的抗电离辐射力明显较霉菌强,与抗性较强的细菌相近,抗性特别强的克鲁斯假丝酵母(*Candida krusei*)和稍敏感的细菌芽孢差不多。到目前为止,还未发现哪种酵母或霉菌的抗电离辐射力能比得上抗性强的细菌。

氧气对微生物的抗辐射能力有很大的影响。在有 O_2 的情况下辐射的杀菌作用要比无 O_2 情况下强得多;水对电离辐射的杀菌作用也有很大的影响,一般微生物在干燥条件下比在含水环境中更耐电离辐射,但冰冻的影响不大。辐照时微生物所处的基质对辐射的杀菌效果也有显著的影响,同一种微生物在不同的基质中所要求的致死剂量差异很大。

电离辐射灭菌的特征是被灭菌物品的温度不升高,因此又称冷灭菌,但因各种电离辐射的穿透力和电离作用不同,并不是每一种电离辐射都可用于食品的灭菌。α 粒子的电离能力强但穿透力弱;β 射线的电离作用弱但穿透力较 α 粒子强;X射线穿透力明显较前两者强,但发生较难,价格昂贵,以上几种电离辐射都有各自的缺点,难以运用。唯有γ射线穿透力和杀菌作用都很强,而且很容易发生,现已广泛用于不耐热食品的杀菌处理,电离辐射除可用于杀菌外,还有杀虫、抑制发芽、改良品质等作用。

五、超声波

人类听觉所能感到的声波频率,一般在9 kHz/s以下,这种声波对微生物无作用,而超声波是指频率在20 kHz/s以上的声波,它具有强烈的生物学效应。在用超声波处理微生物时,因超声波的高频率振动与细胞的振动不协调而造成细胞周围环境的局部真空,引起细胞周围压力的极大变化。这种压力的变化足以使细胞破裂、死亡,并释放出其细胞内含物。超声波的这种作用称为空穴作用。另外,超声波剧烈振动产生的热效应也是造成有机体死亡的原因之一。也有人认为,微生物所处环境中的水,经超声波作用可产生过氧化氢,过氧化氢具有杀菌作用。超声波对微生物的致死效应与超声波的频率、处理时间、微生物种类、细胞大小、形状和数目等都有关系。如杆菌比球菌、丝状菌比非丝状菌、体积大的细菌比体积小的细菌,在超声波处理时更容易死亡,细菌的芽孢比营养体抵抗力强,病毒的抵抗力更强。

由于超声波可破碎细胞,可用来研究细胞结构和化学组成,如细胞内酶、免疫物质、核酸类物质的提取。为使生物活性物质不被破坏失活,在超声波处理中,通常在低温下间歇处理以免发生热失活作用。

六、微波

微波是以频率介于无线电波(低于300 MHz/s)和红外线(高于300 000 MHz/s)的电磁波。它对微生物有致死作用。其原因是微生物在微波场中吸收微波的能量而产生热效应,温度升高而致死。微波产生的热效应均匀,利用率高,速度快。

在用微波来灭菌时,为避免对无线电通讯波段的干扰,国际上规定了一定的波段(表8-12)。

表8-12 微波加热的波段

频率范围/(MHz/s)	中心频率/(MHz/s)	中心波长/cm	波长代号
915±25	915	33	L
2 400±50	2 400	12.2	S
5 800±75	5 800	5.2	C
22 125±125	22 125	1.4	K

七、压　　力

在一定的压力下，可以引起微生物细胞黏度、弹性和细胞容积的改变，引起菌体蛋白质的变性。这是压力影响微生物生长繁殖和微生物致死的重要原因。

不同的高压气体种类对微生物的伤害作用程度不同。高压下的气体，若是高浓度的氧和二氧化碳，对微生物有较大的伤害作用，其中以氧造成的致死作用更大；若是高浓度的氢和氮气，则对微生物影响较小，尤以氮气似乎无多大影响。高压对微生物的作用还受到微生物所处环境中的 pH、温度等因素的影响。同时，微生物对压力有相当强的抵抗力。据研究所知，陆地细菌在 30℃ 和 3.03×10^4 kPa（300atm）下，生长缓慢；4.04×10^4 kPa（400 atm）下，生长停止。深海中的细菌（如潜水芽孢杆菌）在 30～40 ℃ 和 6.06×10^4 kPa（600 atm）下，还能够正常地生长繁殖，故称嗜压菌。也有学者曾经证明，抗压力强的微生物甚至在高于 3.03×10^5 kPa（3 000 atm）的环境下也不会死亡。

第三节　化学因子对微生物的影响

环境中的各种化学物质能从各个方面影响微生物的生命活动。有些可作为微生物的营养物质而促进微生物的生长繁殖和代谢活动；有些则对微生物的生长繁殖和代谢活动有抑制作用；有些甚至破坏微生物的代谢、破坏菌体结构，对微生物有致死作用。

化学物质对微生物的作用往往与其浓度有关，在较高浓度下有杀菌作用，浓度低时只有抑制作用，浓度低至一定程度则还可能对微生物的生长有刺激作用。微生物种类不同对化学物质的反应也不一样，同一种化学物质对某一种微生物有伤害，对另一种微生物则可能有益。因此了解了各种化学因子对微生物的影响，我们就可以针对不同的微生物，选择不同的化学物质和合适的浓度来控制它们。

一、pH

（一）微生物生长的 pH 范围

微生物生长过程中机体内发生的绝大多数反应是酶促反应，而酶促反应都有一个最适的 pH 范围，在此范围内只要条件适合，酶促反应速率很高，微生物生长速率最大，因此微生物的生长也有一个最适的 pH 范围。此外微生物生长还有一个最低和最高的 pH 范围，低于或高出这个范围，微生物的生长就被抑制，不同微生物生长的最适、最低、最高 pH 范围也不同。

一般细菌生长的最适 pH 范围为 6.5～7.5，在 pH 4～10 可以生长；放线菌在

pH 7.5～8 生长较适合；酵母菌和霉菌适于在 pH 5～6 的酸性环境下生长，但在 pH 1.5～10 的范围内都可生长，一般真菌生长的 pH 范围比细菌广，细菌对环境的 pH 范围要求相对严格（表 8-13）。

表 8-13 各种微生物生长的 pH 限值

菌名	最低 pH	最高 pH	菌名	最低 pH	最高 pH
粪产碱菌	6.4	9.7	加拿大汉逊酵母	2.15	8.6
大肠杆菌	4.4	9.0	酿酒酵母	2.35	8.6
普通变形杆菌	4.4	9.2	脆壁酵母	2.4	9.05
伤寒沙门氏菌	4.0～4.5	8.0～9.6	小椭圆酵母	2.2	8.8
氧化硫硫杆菌	2.1	8.8	巴斯德酵母	1.0	9.8
副溶血性弧菌	4.8	11.0	少孢酵母	1.5	—
蜡状芽孢杆菌	4.9	9.3	八孢裂殖酵母	5.45	7.05
枯草杆菌	4.5	8.5	克鲁斯假丝酵母	1.5	—
嗜热脂肪芽孢杆菌	5.2	9.2	梅丽有孢汉逊酵母	1.5	—
肉毒梭菌	4.7	8.5	胶红酵母	1.5	—
生孢梭菌	5.0	9.0	米曲霉	1.6	9.3
黏质沙雷氏菌	4.0	9.0	意大利青霉	1.9	9.3
微球菌	5.6	8.1	变幻青霉	1.6	11.1
金黄色葡萄球菌	4.0	9.8	尖镰孢	1.8	11.1
乳链球菌	4.3～4.8	9.2	恶臭小皮伞	2.0	6.8
布拉克须霉	3.0	7.5			

由于微生物生长的 pH 范围还受到很多因素的影响，因而表 8-13 中的数值仅可代表各种微生物生长的基本 pH 范围，并不能代表它们在所有条件下生长的 pH 范围。如有些乳杆菌的最低生长 pH 取决于酸的类型，在醋酸和乳酸（调 pH）中的最低生长 pH 较在柠檬酸、盐酸、磷酸和酒石酸中的高；粪产碱菌在 0.2 mol/L NaCl 中的生长 pH 范围较无 NaCl 或在 0.2 mol/L 的柠檬酸钠中的宽。

在微生物的生长过程中，由于代谢活动而引起物质的转化，会使基质的 pH 发生变化。例如，乳酸菌分解葡萄糖产生乳酸，使基质的 pH 下降；尿素细菌分解尿素后产生氨，则会使基质的 pH 上升。环境 pH 的改变又会影响微生物的生长、代谢活动，当超过微生物生长的 pH 范围时，微生物的生长则受到抑制甚至死亡。为了维持微生物生长过程中环境的 pH 稳定，在配制培养基时不仅要注意调节 pH，而且常常还需要加入缓冲剂。各种缓冲剂都只能在一定的 pH 范围内有效地起缓冲作用，如磷酸盐在 pH 6~8 的范围内是很好的缓冲剂，广泛用于培养基的配制。要维持微酸性环境可用柠檬酸盐作缓冲剂；要维持碱性环境则可用硼酸盐或甘氨酸。缓冲剂有上百种，选用的主要原则是它们应对培养物没有直接影响。

环境的 pH 不仅影响微生物的生长，而且还影响其代谢产物。同一种微生物在不同 pH 环境中可能积累不同的代谢产物。如酵母菌生长的最适 pH 为 4.5~5.0，厌氧条件下进行乙醇发酵，不产生甘油和醋酸；但 pH 大于 8 时，则除产生乙醇外，还有甘油（主要产物）和醋酸。

（二）微生物适应不同 pH 环境的机制

pH 至少从两个方面影响微生物细胞的活性：影响酶的功能和营养物的输送。

微生物的细胞膜对 H^+和 OH^-相对地是不可渗透的，因而尽管环境的 pH 可能变化很大，但细胞质内的 H^+和 OH^-的浓度保持基本恒定的近中性，这一点极为重要。因为细胞内的叶绿素、DNA 和 ATP 都能被酸性的环境所破坏，而 RNA 和磷脂则对碱性的环境很敏感，胞内酶的最适 pH 一般在中性附近，而外质中的酶和胞外酶的最适 pH 则接近环境的 pH。

当微生物处在低于或高于中性 pH 的环境中时，其生长繁殖能力取决于其改变环境 pH 的能力。当它们处在酸性环境中，细胞要么阻止 H^+进入，要么迅速地将进入细胞的 H^+排出细胞。大多数在酸性环境中生长的微生物，其代谢作用的结果可使环境的 pH 升高；而在碱性环境下生长则能使 pH 下降。如氨基酸脱羧酶在 pH 4.0 左右活性最高，pH 达 5.5 后则无活性，这样在酸性环境中可很快将 pH 调节至中性。又如丙酮丁酸羧菌（*Cl. acetobutylicum*）将丁酸转化成丁醇而使环境的 pH 升高；产气肠杆菌则可将丙酮酸转化成三羟基丁酮而使基质的 pH 升高；在碱性环境下生长时，最适 pH 为 8.0 的脱氨酶的作用可使有机酸积累而使环境 pH 调至中性。

在营养物质运输方面，由于细菌细胞具有一定的负电荷，非离子型化合物便能进入细胞内而离子型化合物则不能进入。在中性或碱性环境中，有机酸便不能进入细胞，而在酸性环境中，有机酸为非离子状态，便可以进入细胞。偏碱或偏酸的环境都会影响可解离基团的离子特性，从而促进膜上的转运酶失活，影响物质的转运。

另外，不利的 pH 环境使细胞对很多毒剂更为敏感，且幼龄菌细胞较老龄菌细胞和静息细胞对 pH 变化更敏感。微生物在偏离其最适 pH 的任何一侧，都将导致延滞期的延长。

也有研究认为 pH 通过影响细胞质膜的透性、膜结构的稳定和物质的溶解性或电离性来影响营养物质的吸收，从而影响微生物的生长速率。质子是一种唯一不带电子的阳离子，它在溶液里能迅速地与水结合成水合氢离子（H_3O^+等）。在偏碱性条件下，OH^-占优势，水合氢离子和OH^-对营养物质的溶解度和离解状态、细胞表面电荷平衡和细胞的胶体性质等方面均会产生重大的影响；在酸性条件下，H^+可以与营养物质结合，并能从可交换的结合物或细胞表面置换出某些阳离子，从而影响细胞结构的稳定性；同时由于pH较低，某些金属离子如Mn^{2+}、Ca^{2+}、Mo^{2+}等的溶解度增加，导致它们在溶液中的浓度增加，从而对机体产生不利的影响。

二、E_h

氧化还原电位（E_h）是一种物质给出电子的趋势。氧化还原电位越高，则其给出电子的趋势越小；氧化还原电位越低，则其越易给出电子。由于微生物要利用其环境中的各类物质给出电子时产生的能量才能生长，因此微生物所处环境的E_h值对微生物的生长有显著的影响。

（一）环境的氧化还原电位与微生物的类群

自然环境中的氧化还原电位上限是0.816 V，存在于高浓度氧而没有氧利用系统的环境中；氧化还原电位的低限是-0.421 V，存在于富含氢的系统中。一个系统中的氧化还原电位受pH、O_2及其他氧化还原性物质（如维生素C、H_2S、H_2、铁及谷胱甘肽、二硫苏糖醇、硫二乙醇钠等含—SH的有机物）的影响。一般E_h随pH升高而降低；O_2的存在可使系统处在高E_h值；而一些还原性物质又可以使系统的E_h值处在低水平上，如在培养基中加入一铁钉或少许铁屑，便可使培养基的E_h降至-0.40 V，从而使一些厌氧菌在接触空气的平板上仍能生长。

所有微生物都只能在一定的E_h范围内才能生长。根据微生物与环境E_h及O_2的关系可将其划分为好氧型、兼性好氧型和厌氧型三大类（表8-14）。

表8-14　微生物与氧化还原环境及O_2的关系

微生物类型		氧化环境	还原环境	O_2	举例
好氧型	专性好氧	生长	不生长	需要	假单胞菌属、枯草杆菌
	微好氧	生长	生长	需O_2，但O_2分压应<20.2 kPa	芽孢乳酸杆菌、链球菌
兼性好氧型		生长	生长	非必需，有O_2时长得更好	葡萄球菌、酵母菌
厌氧型	耐氧型	生长	生长	不需要，有O_2并不长得更好	黏液真杆菌（*Eubacterium limosum*）
	忌氧型	死亡	生长	O_2有损害作用	梭状芽孢杆菌、产甲烷菌

1. 好氧型微生物(aerobe)

好氧型微生物是指只能在有氧条件下才能生长的微生物，根据其对氧气的需要程度可将其分为专性好氧微生物和微好氧微生物两类。

(1) 专性好氧微生物(obligate aerobe)

专性好氧微生物是指在氧浓度大于空气中的氧浓度［即 O_2 分压大于 20.2 kPa或 O_2 的体积分数大于 20%］的环境中才能生长的微生物，其生长环境的 E_h 在 0.1 V 以上。这类微生物在缺氧时便不能生长，因为 O_2 是它们呼吸时的最终电子受体，它们只能通过氧化磷酸化产生能量，不能通过发酵产生能量，而且在甾醇类和不饱和脂肪酸的合成中都要有 O_2 的参与。大多数的真菌、细菌和藻类都属于这一类型。

(2) 微好氧微生物(microaerobe)

微好氧微生物指的是在厌氧条件下不能生长，但在正常空气中不如在 O_2 浓度稍低［O_2 的体积分数为 2%~10%］的环境中长得好的一类微生物。乳酸细菌中的一些种便属于这一类型。

2. 兼性好氧型微生物(facultative aerobe)

兼性好氧型微生物也称兼性厌氧型微生物(facultative anaerobe)，即指在有氧和无氧环境下都能生长的微生物。它们在 E_h0.1 V 以下的环境中，其细胞中的细胞色素及其他呼吸系统的组分被丢失或大为减少，细胞以发酵产能。由于氧化磷酸化的产能效率比发酵的产能效率高，所以它们在有氧条件下比在无氧条件下生长得快。在实际中，培养专性好氧菌和兼性好氧菌时都十分注意对它们进行供气。实验室中常以摇瓶培养，工业生产中则采用通气和搅拌来增加环境中的供氧量，以促进微生物的生长与繁殖。

兼性好氧菌包括的范围很广，肠道细菌、人和动物的病原菌、酵母及部分霉菌都属于这一类型。

3. 厌氧型微生物(anaerobe)

厌氧型微生物即指在产能过程中不需要 O_2 参与的微生物。根据其厌氧程度的不同又可分为忌氧型微生物(即专性厌氧微生物)和耐氧型微生物两类。

(1) 专性厌氧微生物(obligate anaerobe)

专性厌氧微生物即要求在严格无氧的环境中才能生长的微生物。O_2 的存在对它们有直接的毒害作用，或因 E_h 过高而使它们不能生长。这类微生物只在细菌和原生动物中存在，如梭状芽孢杆菌属、甲烷杆菌属和瘤胃球菌属(*Ruminococcus*)。对这类微生物的培养必须采取一定的措施除去其环境中的 O_2 并与大气隔绝。

(2) 耐氧型厌氧菌

耐氧型厌氧菌微生物的生长不需要 O_2，但 O_2 对它们无毒害作用，在有氧和无氧的环境下生长得同样好。

（二）氧气对厌氧型微生物毒害作用的主要原因

氧气对厌氧型微生物的毒害作用主要是因为这些微生物在 O_2 条件下会产生一些有毒物质，如 H_2O_2 和超氧基（O_2^-），它们在细胞内积累就会导致细胞死亡。由于好氧微生物和兼性厌氧微生物细胞内有过氧化氢酶和超氧物歧化酶，可将 H_2O_2 和 O_2^- 降解为 H_2O 和 O_2，所以这些微生物能在有氧环境下生长。而专性厌氧微生物细胞内既无过氧化氢酶，又无超氧物歧化酶，因此专性厌氧菌在有氧条件下，其细胞内的有毒代谢产物会积累并引起细胞中毒和死亡。耐氧型厌氧微生物细胞内虽无过氧化氢酶，但具有超氧物歧化酶，能分解其细胞内产生的超氧基化合物而解毒，H_2O_2 则通过细胞内某些代谢产物作用而进一步解毒，这是耐氧型厌氧菌在有氧条件下仍可生存的主要原因之一。在某些情况下，只要保持低的 E_h，则专性厌氧菌在有 O_2 存在时也不被杀死。这说明高 E_h 也是引起专性厌氧菌死亡的一个原因，所以在培养专性厌氧菌时不仅要维持厌氧条件，保持低 E_h 也是至关重要的。

三、化学物质

能够杀死微生物或抑制微生物生长的化学物质又叫抗微生物剂（antimicrobial agent），这类物质可以是人工合成的，也可以是生物合成的天然产物。根据它们抗微生物的特性，可分为：① 抑菌剂（bacteriostatic agent），它们能抑制微生物生长，但不能杀死它们，作用机理是这类物质结合到核糖体上抑制蛋白质合成，导致生长停止，由于它们与核糖体结合不紧，在浓度降低时又会游离出来，核糖体合成蛋白质的能力恢复，使生长恢复；② 杀菌剂（bactericide），它们能杀死细胞，但不能使细胞裂解，由于它们是紧紧地结合到细胞的作用靶上，即使在浓度降低时也不能游离出来，因此生长不能恢复；③ 溶菌剂（bacteriolysis），它们能通过诱导细胞裂解的方式杀死细胞，将这类物质加到生长的细胞悬液里后会导致细胞数量或细胞悬液的浑浊度降低，能抑制细胞壁合成或损伤细胞质膜的抗生素就属于溶菌剂。

通常又将抗微生物剂分为消毒剂（disinfectant）和防腐剂（antisepsis）两种，前者通常用来杀死非生物材料上的微生物，后者具有杀死微生物或抑制微生物生长的能力，但对于人体或动物无毒害作用。抗微生物剂广泛用于热敏感的其他物质或家具，如温度计、带有透镜的仪器设备、聚乙烯管或导管的灭菌；在食品工业、发酵工业、自来水厂等部门常用抗微生物剂杀死墙壁、地板与仪器设备等表面和自来水中的微生物；对于空气中的微生物则用甲醛、苯酚、高锰酸钾等化学试剂通过熏、蒸、喷雾等方式杀死它们。表 8-15 列出了一些常用的抗微生物剂。

表 8-15 常用的抗微生物剂

抗微生物剂	作用范围	作用机理
防腐剂:		
有机汞	皮肤	与蛋白质的巯基结合
0.1%~1%硝酸银	眼睛发炎	蛋白质沉淀
碘液	皮肤	与酪氨酸结合,氧化剂
70%乙醇	皮肤	脂溶剂和蛋白质变性
六六粉(酚)	玻璃器皿等	破坏细胞质膜
肥皂、洗液、除臭剂	玻璃器皿等	破坏细胞质膜
阳离子化合物(季铵化合物)	玻璃器皿等	与膜上磷脂相互作用
3%过氧化氢溶液	皮肤	氧化剂
消毒剂:		
$HgCl_2$	桌子、地板等	与巯基结合
$CuSO_4$	游泳池、供水池	蛋白质沉淀
碘液	医用器械用具	与蛋白质酪氨酸结合
氯气	供水池	氧化剂
含氯化合物	奶制品与食品设备,供水池	氧化剂
酚化合物	表面	蛋白质变性
阳离子去垢剂	医用仪器、奶制品与食品设备	与磷脂相互作用
乙烯氧化物、甲醛	食用水	强氧化剂

同时,我们可以根据这些化学物质的结构或作用机理的不同,将抗微生物剂分成盐类、氧化剂、有机物、表面活性剂、抗代谢物、抗生素等。

(一) 盐类

1. 盐类对微生物的作用

不同盐类对微生物起不同作用,这主要取决于盐类的浓度和种类。

一类是微生物所必需的盐,当它们的浓度对微生物的生长适宜时,能促进微生物的生长。当浓度过高时,对微生物产生抑制和杀灭作用。另一类是对微生物有毒性的盐类,即使浓度低微,也具有杀菌作用。

盐类的抑菌和杀菌作用,除与盐浓度有关外,还与以下因素有关:二价阳离子比一价阳离子的毒性大;重金属离子比轻金属离子毒性大;革兰氏阳性菌比革兰氏阴性菌对盐类的敏感性强;盐类在纯溶液中的杀菌作用随温度升高而增大。

2. 重金属盐类对微生物的作用

重金属盐类对微生物有毒害作用。因为重金属离子易与蛋白质结合使之变性或沉淀、破坏细胞原生质,使微生物死亡。以汞、银、铜的杀伤力最强。因其与微生物细胞物质的亲和力大,可与酶蛋白中的巯基(—SH)结合,使酶失去活性或与菌体蛋白结合使其变性,从而影响正常代谢而死亡。

汞化合物有 $HgCl_2$(升汞)、Hg_2Cl、HgCl 和有机汞。其中以升汞的毒性和腐蚀性最强,1∶500~1∶1 000 的升汞溶液对大多数细菌有致死作用。实验室中可用0.1%的升汞消毒非金属器具。由于汞盐对金属有腐蚀作用,对人和动物有剧毒,因此其应用受到限制。另外,汞还易和蛋白质结合形成沉淀,故不适合用于消毒蛋白质含量高的物品(如痰和粪便)。而一些有机汞化合物,如硫柳汞、梅塔酚(Metaphan,即硝基汞甲酚)等的毒性较无机汞低得多,且对大多数细菌有效,故常用作消毒剂、植物保护剂和血清和疫苗的保存,使用浓度为0.01%。

银盐也具有很强的杀菌作用。无机银杀菌剂以硝酸银应用最广,0.1%~1%的硝酸银溶液可用于皮肤消毒。医院常以1%的硝酸银滴入新生婴儿眼中,以防止淋球菌传染。

铜化合物中以硫酸铜为主。常以硫酸铜与石灰、水以适当的比例配成波尔多液,用来防止植物病害。铜盐对藻类和真菌的作用比对细菌的作用强。

其他如砷、镉、铅等重金属盐类也同样属于毒性较强的杀菌剂。

因重金属盐类对人类有强毒害作用,所以,在使用重金属的过程中,必须严格防止中毒。

(二)氧化剂

氧化剂是能自由地供给氧或能从其他化合物释放氧的物质,它作用于微生物蛋白质结构中的氨基、羟基或其他化学基团,造成代谢机能障碍而致死微生物。下面介绍几种作为消毒剂的氧化剂。

1. 高锰酸钾($KMnO_4$)

高锰酸钾是一种强氧化剂,0.1%的高锰酸钾可用于皮肤、水果、饮具的消毒。在酸性溶液中,其杀菌能力增强。

作为消毒剂,高锰酸钾的缺点是它能迅速地与有机物作用生成不溶性的二氧化锰沉淀,所以,它只能用于已经清洗的物体表面消毒,有些国家已禁止高锰酸钾作为消毒剂使用。

2. 过氧化氢(H_2O_2)

过氧化氢是一种活泼的氧化剂,易分解产生水和氧。作为消毒剂其浓度一般为20%,其优点是无毒,适用于大量物品的消毒;缺点是化学性质不稳定,容易分解。

3. 卤素

卤素也是氧化剂,其杀菌力很强。

(1) 氯

氯气常用于水的消毒，如自来水、游泳池内水等，采用剂量是0.2~1 mg/kg。

漂白粉的有效成分是$Ca(ClO)_2$，可用于自来水、某些食品和环境卫生的消毒，其使用浓度为0.5%~5%，缺点是碱性太大。

（2）碘

2.5%碘液常用于皮肤消毒，杀菌力较强。如用酒精配成碘酒则杀菌力更强。

4. 过氧乙酸（CH_3COOOH）

过氧乙酸是高效广谱性杀菌剂。其使用浓度为0.05%~0.5%，可用于塑料、玻璃制品、环境卫生、水果、蔬菜、鸡蛋等食品表面的消毒。缺点是具有一定的刺激性。

（三）有机物

有机物致死微生物一般是通过使其细胞蛋白质变性凝固，使微生物机能障碍而死亡。

1. 酚类

苯酚又称石炭酸，2%~5%的溶液是常用的杀菌剂，用于器械消毒和室内外空气喷雾消毒及粪便消毒。

来苏尔是甲醇（对甲醇、邻甲醇、间甲醇）与肥皂的混合物，其2%溶液用于皮肤消毒，4%溶液用于器械、地面、排泄物的消毒。

2. 醇类

醇类具有一定的杀菌能力，常用的是乙醇，其杀菌力与浓度有关。70%左右的酒精杀菌力最强。杀菌机制是，使细胞蛋白质脱水变性而破坏代谢机能。70%酒精适用于皮肤、体温计、外科器械等的消毒。

3. 甲醛

甲醛是气体，是一种非常有效的杀菌剂，对微生物的营养细胞和孢子同样有效。37%~40%的甲醛溶液俗称福尔马林，具有抑菌和杀菌作用。可用10%溶液消毒厂房和无菌室，但使用时要注意其蒸汽具有很强的刺激性，注意安全。

4. 染料

结晶紫、孔雀绿、复红、亚甲基蓝、孟加拉红等染料对微生物都有一定的抑制作用。通常革兰氏阳性菌比革兰氏阴性菌对染料更敏感。1∶100 000的结晶紫可抑制枯草杆菌、金黄色葡萄球菌以及其他革兰氏阳性菌。1∶5 000的结晶紫可抑制大肠杆菌的生长，孟加拉红可抑制细菌的生长。

（四）表面活性剂

表面活性剂是指能改变（通常是降低）液体表面张力的物质，如肥皂、新洁尔灭、消毒净等，它们能吸附在细胞表面，影响细胞的生长和分裂，所以具有杀菌作用。

肥皂是脂肪酸的钠盐，是温和的杀菌剂，对肺炎球菌、链球菌有效，对葡萄球菌、革兰氏阴性菌、结核分枝杆菌、细菌芽孢无效。另外肥皂也能机械地除去物品表面的微生物。

新洁尔灭（季铵盐）是常用的消毒剂。高度稀释时具抑菌作用，稀释度小时具杀菌作用，同时它也有去污作用，是一种有效而无毒的消毒剂，一般使用浓度为 0.05%～0.1%，用于皮肤、小型器皿表面的消毒。

度米芬也是消毒剂，其使用浓度为 0.05%～0.1%，用于皮肤、器械、布品、塑料等的消毒。

（五）化学疗剂

能直接干扰病原微生物的生长繁殖而可用于治疗感染性疾病的化学药物称为化学疗剂。化学疗剂的主要特征是具有选择毒性。这些药物有些是抑制微生物生长的，有些则是杀菌的。

1. 抗代谢物

微生物正常的生长繁殖过程中常常需要一些生长因子才能正常生长，那么可以利用生长因子的结构类似物干扰机体的正常代谢，以达到抑制微生物生长的目的。例如磺胺类药物是叶酸组成部分对氨基苯甲酸的结构类似物，磺胺类药物被微生物吸收后取代对氨基苯甲酸、5-氟尿嘧啶和 5-溴胸腺嘧啶，分别是苯丙氨酸、尿嘧啶和胸腺嘧啶的结构类似物，由这些结构类似物取代正常成分之后造成代谢紊乱，以抑制机体的生长。因此生长因子等的结构类似物又称为抗代谢物，它在治疗由病毒和微生物引起的疾病上有重要作用。

2. 抗生素

抗生素又叫抗菌素，是由某些生物合成或半合成的一类次级代谢产物或衍生物，它们是能抑制其他微生物生长或杀死它们的化合物，它们主要是通过抑制细菌细胞壁合成、破坏细胞质膜、作用于呼吸链以干扰氧化磷酸化、抑制蛋白质和核酸合成等方式来抑制微生物的生长或杀死它们。

抗生素与其他一些抗代谢药物如磺胺类药物通常是临床上广泛使用的化学疗剂，但多次重复使用，使一些微生物变得对它们不敏感，作用效果也越来越差。根据对某些抗生素不敏感的抗性菌株的研究表明，抗性菌株具有以下特点：① 细胞质膜透性改变，如抗四环素的链霉菌的细胞质膜透性改变，阻止四环素进入细胞；② 药物作用靶改变，二氢叶酸合成酶是磺胺类药物作用的靶，抗磺胺药物的菌株改变了二氢叶酸合成酶基因的性质，合成了一种对磺胺类药物不敏感的二氢叶酸合成酶；链霉素是通过结合到核糖体 30S 亚基的一种蛋白质上，干扰蛋白质合成，以达到抑制生长的目的，抗链霉素的抗性菌株合成了一种蛋白质不能结合链霉素，由这种蛋白质组建的 30S 亚基就不能结合链霉素，因此对链霉素产生抗性；又如通过 23S rRNA 上甲基化，即在核糖上的甲基化或在嘌呤第六位上的甲基化，或 16S rRNA 的 3′-末端发生的甲基化作用等都可以使抗生素作用失去应用的效果；③ 合成了修饰抗生素的酶，这些酶有转乙酰酶、转磷酶或腺苷酸转移酶等，在这些酶的作用下，分别使氯霉素乙酰化，链霉素与卡那霉素磷酸化或链霉素腺苷酸化，这些被修饰的抗生素也失去了抗菌活性；④ 抗性菌株易发生遗传变异，发生变异的菌株导致合成新的多聚体，以取代或部分取代原来的多聚体，如有些抗青霉素的菌株细胞壁中肽聚糖含量降低，但又成了另外的细胞壁多聚体等。抗性菌株所具特征，表明了它们耐药性的机理。化学物质除上述几类外，还有许多其他的无机、有机物质，它们都能干扰细胞正常的生理活性，起到抑制或杀死微生物的作用。

总之，各种环境条件对微生物生长发育的影响是错综复杂的。它们可以单独地对微生物发生作用，也可以受各种因素的影响而改变其作用。由于许多因素可以同时存在，它们之间又相互影响。所以，考虑微生物生长繁殖的外界条件时，要综合分析，同时也应看到在许多因素的综合影响下某一因素所发挥的重要作用。深入研究主导作用的因素，其效果才会显著。

第九章 微生物与动植物的相互关系

在自然界中，微生物的生态分布和生命活动除了受非生物环境因素的影响外，也受各种生物环境因素的影响。微生物与高等植物和动物之间存在着互生、共生、寄生、拮抗、捕食等关系。但是，这样的关系是有条件的，是通过一些具体的种类才体现出来的。不是每一种微生物与其他生物之间都表现出这几种关系，而且这些关系之间又往往没有明显的界限，有时是难以区分的。一般地说，所谓互生，是指两种可以单独生活的生物，当它们生活在一起时，通过各自的代谢活动而有利于对方，或偏利于一方的一种生活方式。因此这是一种“可分可合，合比分好”的相互关系。所谓共生，是指两种生物共居在一起、相依为命，甚至达到难分难解、合二为一的一种相互关系。所谓寄生，一般指一种小型生物生活在另一种较大型生物的体内或体表，从中取得营养和进行生长繁殖，同时使后者蒙受损害甚至被杀死的现象。前者称为寄生物(parasite)，后者称为寄主或宿主(host)。一些寄生生物一旦脱离寄主就不能生活繁殖，称为专性寄生物(obligate parasite)。有些寄生物脱离寄主后也能营腐生性生活，称为兼性寄生物(facultative parasite)。所谓拮抗是指某种生物在其生命活动过程中产生某种代谢产物，或改变其他条件，从而抑制其他某种或某些生物的生长繁殖，甚至杀死对方。捕食则是一种生物以另一种生物为食，作为其生长繁殖的营养来源。

生物有机体和环境是统一的。微生物与植物和动物之间的相互关系也随外界环境条件而转移。而它们之间又相互构成为对方的环境条件。本来是拮抗的关系，当改变了环境条件时，可以完全丧失这种关系。相反，原来是共生或互生的微生物，也可以在另一种条件下变为寄生或产生拮抗。因此，在农业、林业、牧业、工业、医学、环境等各个领域中，要充分发挥微生物的作用，使它成为提高产量、增进健康、改善环境等方面的重要手段，就必须充分了解生物之间的关系，以促进它们的有益活动，消除其有害作用。

在这一章中，主要讨论微生物与植物、动物以及人体之间的相互关系。

第一节 微生物与植物之间的相互关系

植物是陆地土壤有机物质的主要来源，因而也是土壤中绝大多数微生物直接或间接的营养来源。土壤微生物在分解土壤有机物质过程中,产生了植物所需要的矿质养料和各种必需的营养物质。植物和微生物的相互关系是自然界元素循环的核心。

微生物和伸展在土壤中的植物根系发生着直接的联系。它们多在根系附近发育,或附着在根的表面,或进入根组织,共同生活在一起。在植物地上部分的表面也附生着许多微生物。因此,微生物的一切生命活动对于根系的发育和营养状况有着更为直接的关系。但是,也有一些植物寄生性的微生物,它们的活动给植物的生长发育带来有害的影响。

在这一节里,我们将分别讨论植物根、茎、叶、花、果实表面的附生微生物,植物与微生物的共生体以及微生物引起的植物病害。

一、植物表面微生物

植物的根、茎、叶、花、果实表面是某些微生物的良好生境,细菌、蓝细菌、真菌(特别是酵母)、地衣和某些藻类常见于这些好气的植物表面。

(一) 根际微生物

根际是邻近植物根的土壤区域,其中的微生物称为根际微生物。由于植物要在生长过程中和土壤进行着频繁的物质交换,不断改变周围的养分、水分、pH、氧化还原电位和通气状况,从而使根际范围内土壤的化学环境在不同程度上区别于根际以外的土壤,成为微生物生物的特殊微生态环境。

植物根系分泌的水溶性物质和脱落的死亡表层组织,以及由根分泌和根残余组织释放的酶类所分解的土壤有机物质和转化的矿质养分为根际微生物提供了特殊的营养环境。根际效应对土壤微生物最重要的是营养选择和富集,使根际微生物在数量、种类以及生理类群上不同于根外。根际微生物对土壤中的物质转化,对植物的营养和生长以及植物土传病害的发生或抑制有很大的影响。

根际中的微生物一般要比没有植物根的土壤丰富得多,常比同样土壤的无根部分要高几十倍到几百倍,根际中的细菌数量常常超过 10^9 个/g。根际微生物的群落组成也不同于无根的土壤。根际含有高比例的革兰氏阴性不形成芽孢的杆状细菌,而革兰氏阳性不形成芽孢的杆状、球状和多形菌较少。能运动和快速生长的细菌在根际占有优势。根际细菌的营养需要明显不同于无根土壤的细菌种群,常常需要氨基酸才能达到最佳的生长,对维生素等生长因子的需要量两者相似。

影响根际微生物群落发展和组成成分的是植物排泄进入土壤的有机物。不同植物根系所分泌的有机物不同,微生物群落的组成也不同。在植物生长过程中,释放到根际的分泌物也有变化,因此在这个过程中,根际微生物群落可以经历连续的改变,发生演替。此外根际微生物的分布范围及生物量受根系发育的广度和深度的影响。微生物在土壤中的行为关系着该微生物能否成为根际微生物的成员和主要成员，微生物种群间的相互作用关系着根际微生物群落的组成，各自的繁殖速度决定着能否成为优势种群。

根际微生物对植物的生长有明显的影响。植物生长与根际内能影响其生长、发育的特定微生物有关。在缺乏适当的根际微生物时，植物的生长受到损害。根际微生物以各种不同的方式有益于植物，包括去除 H_2S，降低对根的毒性，增加矿质营养的溶解性，产生维生素、氨基酸、生长素和能刺激植物生长的赤霉素。另外由于竞争关系，根际微生物对潜在的植物病原体具有拮抗作用，产生的抗生素能抑制病原菌的生长，这些都是有益的方面。而根际微生物可能成为植物病原体，或者与植物竞争可利用的生长因子、水和营养物，则有害于植物。

（二）茎表面的微生物

地衣是树皮上最显著的群落。真菌黏菌纲的团毛菌属（*Tricha*）、煤绒菌属（*Fuligo*）能在树皮上形成子实体。刺盘孢属（*Colletotrichum*）和外囊菌属可见于木质茎的树皮。

水生生境中植物的茎也为附生微生物提供了合适的生境。例如盐沼中的植物茎上生长着蓝细菌，这些细菌能固定大气中的氮，成为沼泽中固氮的重要成员。

（三）叶面微生物

邻近植物表面的生境称为叶际（phyllosphere）。叶际主要为各种细菌和丝状真菌种群所占据。某些针叶树的针叶表面附生的细菌主要是假单胞菌和某些真菌，这些微生物善于利用糖和糖醇作为碳源。多年生黑麦草表面的优势种群包括荧光假单胞菌、野油菜假单胞菌。

叶的直接表面生境称为叶面（phylloplane），也为不同的微生物占据。乳酸杆菌属（*Lactobacillus*）是叶面广泛存在的附生细菌，腌制泡菜、酸菜和青贮饲料，主要是利用叶面附生的乳酸杆菌作为天然的接种物。酵母也是植物叶面上常见的微生物。常见的有掷孢酵母属、红酵母属（*Rhodotorula*）、胶红酵母（*R. mucilaginosa*）和牧草球拟酵母（*Torulopsis ingniosa*）等。叶表面的酵母和细菌群体有丰富的色素，这使细菌免于受到太阳的直接损害。微生物的数量随季节和叶的年龄而变化。

在热带雨林多雨高湿的条件下，植物表面可见到蓝细菌和一些单细胞绿藻。它们聚集在叶面，与植物争夺光线。但植物可以用蜡质的非网状叶面保持叶面快速干燥来排除它们。

（四）花与果实上的微生物

花是附生微生物的短期生境。有一些假丝酵母，如拉考夫假丝酵母（*Candida reukaufii*）和铁红假丝酵母（*Candida pulcherrima*）不能在叶上生长，但在花上生长良好，因为花上有含糖丰富的花蜜。花上还有假丝酵母属、球拟酵母属（*Torulopsis*）、克勒克酵母属（*Kloeckera*）和红酵母属的成员。一般雄蕊、柱头的真菌要比花冠和花萼多。

花从受精到果实成熟，生境的环境条件发生了改变，微生物群落也会发生演替。果实成熟时，酵母属有时成为优势种群，柠檬形克勒克酵母和铁红假丝酵母常见于果实表面。不同种的植物果实有特定的不同群落组成。苹果、梨子、葡萄、柑橘、樱桃表面都有数量众多的酵母。葡萄酒的自然发酵就是葡萄表面附生酵母菌的作用。其他各种果实的外面也附有各种微生物。当果皮损伤时，附生微生物便进入果内，引起果肉腐烂。

二、植物与微生物的共生体

（一）菌根（mycorrhiza）

一些真菌和植物根以互惠关系建立起来的共生体称为菌根。真菌和植物根的这种结合，使双方从营养上都得到好处，同时又不导致植物病害。由于这种共生体对双方都有益，因此这种共生体能长时间存在，并且在结构上和生理上具有多种多样的形式。菌根共生体可以促进磷、氮和其他矿物质的吸收。真菌和植物根形成的共生体增强了它们对环境的适应能力，使它们能占据它们原来所不能占据的生境。根为真菌的生长提供了能源。菌根菌为植物提供矿物质和水，产生的植物之间的抑制物质使生长植物对其他植物存在损害关系，削弱外来者的竞争，以保持占据的生境。结合以后的共生体不同于单独的根和真菌，它们除保留原来各自的特点外，又产生了原来所没有的优点，体现出了共生体的优势和良好的生理功能，体现生物种间的协调性。

菌根分为两大类，外生菌根和内生菌根。外生菌根的真菌在根外形成致密的鞘套，少量菌丝进入根皮层细胞的间隙中；内生菌根的菌丝体主要存在于根的皮层中，在根外较少。内生菌根又分为两种类型，一种是有隔膜真菌形成的菌根，另一种是无隔膜真菌所形成的菌根，后一种一般称为 VA 菌根，即“泡囊-丛枝菌根”（vesicular-arbuscular mycorrhiza）。

1. 外生菌根

外生菌根一般见于裸子植物和被子植物。大部分松柏、栎属植物、山毛榉、白桦和针叶树具有外生菌根。外生菌根在温带森林中是普遍存在的。大多数形成外生菌根的真菌属担子菌的伞菌目（Agaricales），其中主要是鹅膏属（*Amanite*）、牛肝菌属（*Boletus*）和口蘑属（*Tricholoma*）三个属。也有少数种类属于腹菌纲和子囊菌纲。有些菌根菌有寄主植物的专一性，但有些真菌能和范围广泛的植物建立共生体。外生菌根真菌和最适生长温度为 15～30 ℃，嗜酸，最适 pH 为 4～6，有的在 pH3 以下也能生长良好。大部分外生菌根菌能很好地利用简单的糖类（如葡萄糖），有的还能利用更复杂的糖如双糖和糖醇。氨、氨基酸和铵盐可作为有机氮源，它们生长还需要维生素，如硫胺素、生物素。外生菌根的代谢物包括生长素、赤霉素、细胞分裂素、维生素、抗生素和脂肪酸，有的还产生各种酶，如纤维素酶。

外生菌根产生的生长激素可以抑制根须的形成，结果菌根发生形态学的变化，产生特征性的二歧式分枝，这促进植物枝根的生长和寿命的延长。由于根须发育不良，它们的功能由真菌菌丝所替代，这样大大增加了植物吸收利用营养的范围，菌根吸收营养（如磷酸盐和钾）的速率超过未感染根。磷酸盐、含氮化合物和钙等营养物开始积累在真菌鞘内，随后再转移到植物根。另外，真菌扩大了吸收表面积，这促进了植物根的营养供应。

有外生菌根的植物表现出较强的抗病能力，不易受病原体的侵袭，它们可以生长在接种了植物病原体的土壤中。土壤接种能形成菌根的真菌后，苗圃中的苗木残废率明显减少。菌根菌能产生抗生素，真菌在根外所形成的鞘也有屏障作用，病原体不易通过。另外菌根产生的有机酸也能阻止病原体的感染。

由于菌根提高了吸收营养的能力，提高了抗病能力，因此也提高了植物对毒物的耐受能力并且扩大了对湿度、pH 这些环境因子的耐受范围。菌根对植物的有益效应在贫瘠的土壤中更为明显，有菌根的树木生长得比无菌根的要好。把树木栽种在缺乏菌根菌的大草原，预先接种菌根菌的树苗要比不接种的生长快得多。

2. 非 VA 型内生菌根

非 VA 类型的内生菌根仅见于少数几种植物，最常见的是兰科和杜鹃花科植物，所有的兰花和很多杜鹃花都有内生菌根。

在自然条件下，兰花中菌根真菌是专一性的，假蜜环菌（*Armillaria mellea*）和立枯丝核菌（*Rhizoctonia solani*）是能和兰花形成内生菌根的主要真菌种。兰花内生菌根真菌能成为宿主植物的寄生菌，反过来植物能消化某些真菌菌丝，使这种共生体具有不稳定“相互寄生”的特点。兰科植物的种子若没有菌根真菌共生就不能萌芽。杜鹃花的幼苗需要有菌根真菌共生才能存活。

天麻（*Gastrodia elata*）为兰科植物，有蜜环菌与它共生，在天麻的块茎部形成菌根。这种菌根对于天麻块茎的发育非常重要。缺乏与其共生的真菌，则天麻块茎将逐年退化而无法繁育。天麻吸收的是有机养料，因而也不再进行光合作用。天麻的根已全部退化，叶子也退化成没有叶绿素的小鳞片。整个植株只剩下“地茎”和“花茎”两部分。所以，天麻种子只有在有蜜环菌生长的地方才能萌发、生长。天麻的老块茎也必须有蜜环菌生长，有许多菌索和菌丝蔓延生长着的时候，新生的地茎才能生长，并且才可能在老块茎上生出许多健壮的侧芽。这些侧芽到第二年成长为新生的块茎。组织切片观察，可以见到蜜环菌菌丝侵入天麻块茎的皮层细胞以后,就被块茎溶解和消化,从而构成兰科植物里独特的营养类型。实际上,天麻是寄生于蜜环菌的植物。蜜环菌是朽木菌,它腐生于朽木而获得有机碳源和能源。蜜环菌形成的菌索缠绕并侵入天麻块茎,它不是从块茎取得养料。相反,它提供给天麻以养料,使植物抽出花茎,开花结实。

3. VA 型内生菌根

VA 型菌根广泛存在于许多植物中,大多数农作物、木本植物和野生草本植物都具有这种菌根,有 VA 菌根的植物种比上述两种菌根植物种之和还要多。

大多数菌根菌的寄主范围较广,从一个根块上的菌根菌可以感染许多植物,但仍然具有相对范围的专一性。

VA 菌根的真菌在分类上都属于内囊霉科(Endogoaceae),主要有内囊霉属(*Endogone*)、无柄孢属(*Acaulospora*)、巨孢霉属(*Gigaspora*)和实果内囊霉属(*Scleracystis*)。

VA 菌根的外部形态不明显,因此这种共生体常常不为人所注意。其内部形态表现出菌丝不仅存在于根皮层薄壁细胞之间,而且可进入细胞内部,但植物细胞仍可保持活力。胞内和胞间的菌丝呈现出泡囊状和分枝状,根内感染的真菌和广泛分布于土壤外部的菌丝相连,菌丝在 VA 菌根周围形成松散的网状结构。

VA 菌根共生体的建立改善了植物的营养条件,促进植物的生长。VA 菌根可以提高植物吸收磷的能力,有 VA 菌根的植物比无 VA 菌根植物吸收磷素的效率要高得多。同时菌根真菌从土壤中吸取锌、硫和氨的能力也得到提高。VA 菌根提高了植物从贫瘠土壤中吸收养分的能力,因此许多 VA 菌根植物可以在这种环境下生长。缺乏磷酸的未耕作土壤,VA 菌根植物的生长比无菌根植物好得多。预先给松树种子接种菌根菌可使松树在高海拔及其他不利环境下生长。具 VA 菌根的植物可能是废弃矿山再植被化的合适树种。

在肥料不足或不施肥的土壤中,VA 菌根所带来的效益更为明显。VA 菌根对热带地区的农业尤其有意义,那里的土壤常常受到冲刷,缺乏可利用的磷酸盐和其他植物营养。菌根菌能溶解磷酸盐岩,以便于植物的直接吸收,由于改善了植物的营养条件,因此提高了作物的收获量。

(二) 根瘤

在微生物和植物的共生关系中,主要有豆科植物与根瘤菌的共生和非豆科植物与放线菌、蓝细菌和根瘤菌的共生。

1. 根瘤菌和豆科植物的共生固氮

根瘤菌和豆科植物的共生固氮作用是微生物和植物之间最重要的互惠共生关系。根瘤菌入侵植物根,形成根瘤,根瘤内细菌才具有固定大气中游离氮的能力。共生固氮对于保持土壤肥力,提高农作物产量有重要作用。

在土壤微生物群落中，异养的根瘤菌可以自由生活在土壤中，但这种情况下它们不固定氮。在合适的条件下，根瘤菌侵入植物根须，形成根瘤。根瘤菌和豆科植物形成的根瘤共生体是专一性的，有的菌株只感染一种豆科植物，也有能感染多种豆科植物的菌株。在根瘤菌和豆科植物之间有相互识别的能力，豆科植物根能正确识别根瘤菌种群，反过来根瘤菌又能识别相应的豆科植物根。豆科植物根毛表面有许多感受器，感受器上面含有特殊的植物蛋白，称植物凝集素；根瘤菌的表面有感受器，它的上面有特殊的多糖，一种植物凝集素能和相应的一种多糖相结合。细菌侵入根毛的细胞壁，一条含有细菌的侵染线就开始形成。侵染线继续生长，穿过根表而进入到内皮层。在这里，细菌被释放出来，进入皮层细胞中，而不进入细胞膜内。在根瘤形成的区域，根瘤菌常为多倍体细胞。细菌开始分裂，失去它们的细胞壁，形成膨胀的通常是呈“X”或“Y”形状的分枝。这种形态的根瘤菌称为类菌体。

2. 非豆科植物与放线菌的共生固氮

非豆科植物主要是木本植物，在与微生物的共生关系中，主要的植物有赤杨属（*Alnus*）、木麻黄属（*Casuarina*）、杨梅属（*Myrica*）、沙棘属（*Hippophae*）、鼠李属（*Hippophae*）、胡颓子属（*Elacagnus*）、马桑属（*Coriavia*）等。放线菌与宿主植物有很强的专一性，如桤木弗兰克氏菌（*Frankia alni*）只和桤木根建立共生体。根瘤的形态、结构和豆科植物的根瘤不同。开始形成根瘤时在根上出现小的突起，1~2 周后许多小球状根瘤簇生在一起。根瘤的内部结构和根的结构相类似，有顶端分生组织、分生组织后面分化出成行排列的细胞，外面是皮层，内生菌丝存在于皮层细胞中，最外面是周皮。

（三）叶瘤和茎瘤

在某些热带植物的叶上长有叶瘤（foliage nodule）。叶瘤内有专一的微生物种类。茜草科（Rubiaceae）的大沙叶属（*Pavetta*）和九节木属的一些种的叶瘤中生活着的微生物是细菌。紫金牛属的叶瘤发生在叶缘。薯蓣（*Rhizoma dioscoreae* Chinese yam）的叶瘤则在延长的叶尖上形成，其中也都有细菌生活。在茜草科的其他属中，如 *Chonnelin*、*Coprosina* 和 *Neorosen* 等属中，也发现有叶瘤组织。长期以来，人们都把叶瘤作为共生固氮的组织。从这些叶瘤中分离得到的细菌有分枝杆菌属、克雷伯氏菌属、色杆菌属、产碱杆菌属（*Alcaligenes*）和黄杆菌属等属的一些种。它们多数都不能固氮。在有叶瘤的植株上进行 ^{15}N 试验和乙炔还原试验，也都不能得到充分肯定的数据以证明它们有固氮活性。在叶瘤中的微生物是从植物的叶得到营养，它们的代谢产物也可能对植物有刺激或营养的作用。

（四）红萍

红萍是一种羊齿植物的鳞叶腹腔内共生着一种固氮鱼腥藻。它有旺盛的固氮能力。在这种共生关系中，红萍从这种固氮蓝细菌处得到氮素营养，而鱼腥藻则在红萍的鳞叶腹腔内得到长期特殊的生活环境，也可能由于提供了糖类营养，因而促进了蓝细菌的固氮作用。近年来还发现，红萍除与蓝细菌共生外，在萍体的背面及根部还附有固氮菌属的一些固氮细菌。

三、微生物引起的植物病害

某些病毒、细菌、真菌和原生动物能引起植物的病害，主要的病害是由真菌引起的。微生物引起的植物病害是微生物对植物的偏害作用。病害使植物功能失常，因而降低了植物生长和维持它们生态位的能力。病原体通过不同的途径进入植物体内，通常产生分解酶、毒素和生长调节因子干扰植物的正常功能。被感染植物能产生各种形态上和代谢上的异常，有的植物会快速死亡，或经历缓慢的变化过程，而走向死亡。

植物的微生物病害的发生可以归结为下述四个阶段：① 病原微生物和植物接触；② 病原微生物进入植物体中；③ 感染的微生物生长；④ 植物病害症状的出现。

病原微生物和植物接触主要通过根面、叶面或其他表面。大部分真菌植物病原体以孢子形式通过空气传播，它们通过茎叶和植物相接触。病毒和部分细菌、真菌病原体通过昆虫媒介转移，这些病原体大多是通过叶面和植物接触。有的病原体通过土壤动物传播，接触的位置在根面。有些能运动的病原体如假单胞菌和霉菌的粉孢子趋向植物是它们的趋化作用的结果，根面是接触的部位。

病原体进入植物通常通过伤口或自然开口如气孔。有的真菌进入植物的唯一途径是伤口，其他的从气孔进入植物。有的病毒存在于地下水中，水被根吸收，病毒即进入植物中。有些病原体能直接穿透植物体表，穿透过程包括病原体吸附在植物表面，形成穿透器和穿过表皮。有的穿透是物理性的，有的是酶的作用，有证据说明植物组织常常受到病原体产生的酶的侵袭，穿透点邻近的植物组织被软化。

成功进入植物的微生物病原体通过产生分解酶、毒素和生长调节剂干扰植物的正常功能。植物细胞是由果胶黏结在一起的，植物病原体产生的果胶酶类可以分解果胶，使植物组织解体，导致植物的腐烂症和其他损害。其他的病原体产生的纤维素酶和半纤维素酶主要分解植物组织的细胞壁成分。

被感染植物能产生各种形态上和代谢上的异常。病原微生物占领植物细胞有时会导致植物快速死亡。在其他情况下，植物经历缓慢的变化过程。病原体的入侵可以直接引起植物的形态学反应，形成小突起的结构，小突起的形成可以防止病原体的进一步散播。受感染植物组织的细胞壁常被改变，这可以使细胞膨大或畸弯。细胞壁的变化可能是由于病原微生物产生的酶降解细胞壁组分引起的。病原体的入侵还可能影响细胞的透性，导致植物的死亡。透性的变化也可能是由果胶酶造成的，或是由产生的毒素引起的。细菌性溃疡造成植物的输导组织的损伤，溃疡的形成一般伴随有树胶排出。

（一）病原真菌

许多真菌具有成为植物病原菌的特质，它们产生的各种孢子便于在植物中传播，产生的休眠孢子使它们在宿主植物外存活。病原真菌有一个复杂的生命周期，一部分在感染植物中完成，另一部分在宿主植物外完成，其中大部分病原真菌的情况是一部分时间在宿主植物中度过，而另一部分时间在土壤或土壤中的植物残留物中度过。还有些病原真菌一个阶段在宿主中行寄生生活，另一阶段在地面上的残留组织中行腐生生活，这些真菌一直和宿主组织保持密切的接触，不管组织是否死亡。环境中的温度和湿度对真菌的存活与感染起决定性作用，孢子的萌发要求有一定的湿度和温度条件。

植物的大部分真菌病原体不能穿透宿主的表面，穿透表面一般要靠特殊的组织，如附着泡。许多真菌从根系感染植物，如疫霉属能产生动孢子，动孢子能穿过土壤运动到根际。

锈菌和黑粉菌是最重要的真菌病原体，可以引起农作物的严重病害，造成极大的经济损失。

（二）病原病毒

许多病原病毒能引起植物病。烟草花叶病毒是第一个得到结晶的病毒。病原病毒存在于土壤和患病的植物组织中，又能被媒介转移到敏感的宿主植物上。各种昆虫，如蚜虫、叶蝉和线虫可以作为病毒的媒介。

病毒是专一性胞内寄生的，只有进入合适的植物细胞才能进行复制。在进入植物细胞以前，病毒只有保持完整才能维持其感染能力，结构不完整就会失去活性。病毒在媒介中的存活时间可以比在土壤中长，媒介中的病毒不会受到微生物酶的攻击以致失活，而其在土壤中游离存在时是不能幸免的。病原病毒也可以通过被感染的植物组织得以传播。

（三）病原细菌

植物病原细菌分布广泛，能引起很多植物病害，包括徒长、萎蔫、腐烂、疫病、树瘿等。植物病原细菌包括下列细菌属：支原体属、螺旋体属、棒杆菌属、土壤杆菌属、假单胞菌属、黄单胞菌属、链霉菌属和欧文氏菌属。

大部分的植物病原细菌不能形成休眠阶段，因此它们在生活史的所有阶段均和植物保持密切接触。许多植物病原细菌能抗干燥，而且在植物停止生长时能存活于植物种子和其他植物组织中。部分病原菌是专性寄生的，不能与土壤中的腐生细菌竞争，其他的非专性寄生的病原体能在土壤中繁殖，只有发展成足够大的细菌群体后才会引起植物病害。细菌病原体的传播方式多种多样。

第二节 微生物与动物之间的相互关系

微生物和动物存在着极为密切的相互关系。许多无脊动物通常是通过捕食微生物来满足它们一部分或全部的食物需求。微生物还和一些动物有着共栖或共生的关系。这些生活在动物上的微生物都有其相应的功能，总体上可以分为有益、有害两个方面。对动物有害的微生物可以称为病原微生物，包括病毒、细菌、真菌、原生动物的一些种类。病原微生物可以通过不同的作用方式造成对动物的损害和致病。也可变害为利，如利用昆虫病原微生物防治农林害虫。对动物有益的微生物和动物的互惠共生关系受到广泛的关注和深入研究，如微生物和昆虫的共生、瘤胃共生、海洋鱼类和发光细菌的共生等。

一、微生物与昆虫的共生

多种多样的微生物和昆虫都有共生关系，情况错综复杂，但都是微生物与昆虫相互协同进化的结果，这种互惠共生有三个显著的特点，第一，微生物具有昆虫所不具有的代谢能力，昆虫利用微生物的代谢能力得以存活于营养贫乏或营养不均衡的食料（如木材，植物液汁或脊椎动物血液）环境中；第二，昆虫和微生物双方都需要联合，不形成共生体的昆虫生长缓慢，繁殖少而不产生幼体，而许多共生微生物可在昆虫外的生境中发现，有些是不能培养的；第三，许多共生体可以在昆虫之间转移，一般是从亲代到子代，相互交叉转移。在微生物与昆虫的互惠共生关系中，主要的微生物是真菌。

根据共生真菌发挥作用的场所将昆虫与真菌的互惠共生分为内共生和外共生两类。内共生是指真菌生活在昆虫体内，在细胞内对昆虫发挥有益作用的共生类型，内共生真菌对昆虫的作用包括调节寄主昆虫细胞膜的透性、诱导寄主昆虫细胞内酶的合成和分解，以控制寄主昆虫细胞的代谢水平等方面。外共生是指真菌由昆虫携带传播，在与昆虫分离时发挥有益作用的共生类型，外共生真菌对昆虫的作用包括真菌自身变成昆虫的食物（如食菌小蠹、白蚁）和真菌使昆虫的生活环境或食物条件发生改变，从而有利于昆虫的生存繁衍（如韧皮部小蠹等）。

（一）互惠共生的昆虫和微生物的种类

在生态系统中与微生物共生的昆虫主要有同翅目中的蝉总科（Cicadoidea）、木虱总科（Chermoidea）、蚜总科（Aphidoidea）和蚧总科（Cocccidea）；鞘翅目中的天牛科（Cerambycidae）、筒蠹科（Lymexylonidae）、窃蠹科（Anobiidae）、小蠹科（Scolytidae）、长蠹科（Bostrichidae）和长小蠹科（Playpodidae）；膜翅目中的树蜂科（Siricidae）和蚁科（Foricidae）。

目前已知能够与昆虫互惠共生的真菌包括担子菌(Basiodiomycetes)、子囊菌(Ascomycetes)、半知菌(Fungi Imperfecti),其中包括担子菌亚门的2个目,子囊菌亚门的2个目,半知菌亚门的3个目。这些真菌主要是昆虫的外共生真菌,而对于昆虫内共生的真菌,则由于昆虫内共生真菌培养的困难和真菌发育的多型现象,导致认识和评价这些真菌的特征、分类地位和与昆虫的共生作用比较困难。

(二) 昆虫与微生物的互惠共生作用

昆虫与真菌形成的内共生关系是相对较为进化的共生类型,其互惠共生作用主要在昆虫与真菌营养代谢方面:① 协调昆虫和真菌吸收利用植物特殊营养物质;② 调节昆虫和真菌生理代谢;③ 调节昆虫与真菌的生长发育、昆虫性器官的分化和真菌的繁殖进程;④ 抵御植物毒性物质合成和代谢,降解树木次生性毒性物质。

切叶蚁利用在树叶上繁殖的鳞伞属、炭角菌属的真菌才能完成其发育,形成共生关系。蚂蚁为真菌提供植物组织并吞食菌丝和利用真菌的代谢产物。真菌则帮助蚂蚁分解纤维素物质,并通过蚂蚁进行传播。

白蚁消化道中的共生具有典型性,微生物共生体是细菌和原生动物,两者均能分解纤维素,转化昆虫氮素废物尿酸和固氮,这些过程的代谢物都可以被昆虫同化利用。

圆盾蚧属昆虫和隔担耳属真菌的共生存在发育阶段的差异,当真菌发育到传播阶段,真菌生活于圆盾蚧细胞内或血管内,且没有明显的内共生作用;当真菌处于繁殖阶段,则在圆盾蚧体外发育,并与圆盾蚧形成共生关系。

昆虫与真菌的外共生关系是对寄主树木或生态环境适应性的结果。一般认为外共生作用主要表现在以下几方面:① 昆虫是真菌传播的媒介和入侵寄主树木的必备条件;② 真菌克服寄主树木抗性系统,改善昆虫在寄主树木内的生存条件;③ 真菌参与昆虫对寄主树木的选择和定居;④ 昆虫为真菌的繁殖创造空间和营养条件。

木蜂产卵时将贮菌器中的外共生真菌的孢子植入木材组织中,这一机理确保了真菌从幼虫到成虫的连续。

二、瘤胃共生

食草动物直接食用绿色植物,植物所固定的能量流动到动物,这是生态系统中能量流动和食物链的重要一环。纤维素是最丰富的植物成分,然而大部分动物缺乏能利用这种物质的纤维素酶,生长在动物瘤胃内的微生物能产生分解纤维素的胞外酶,帮助动物消化此类食物。微生物分解纤维素和其他植物多聚物产生有机酸可被动物消化和利用。没有微生物酶的作用,这样丰富的食物资源就不能被充分利用，微生物对这里的能量流动和物质循环起重要作用。反刍动物瘤胃微生物与动物的共生具有代表性，是微生物和动物互惠共生的典型例子。

反刍动物包括牛、羊、鹿等。它们都有一个特殊的称为瘤胃的消化器官。瘤胃是一个独特的不同于其他生态环境的生态系统，它是温度（38～41 ℃）、pH（5.5～7.3）、渗透压（250～350 mmol/L）相应稳定的还原性环境（E_h 为-350 mV），同时有相应频繁和高水平营养物供应。大量基质的输入和相应恒定适宜的环境条件使瘤胃微生物种类繁多，数量庞大。主要的微生物种类包括拟杆菌属、瘤胃球菌属、琥珀酸单胞菌属、甲烷杆菌属、丁酸弧菌属、月形单胞菌属、琥珀酸弧菌属、链球菌属、真杆菌属和乳杆菌属以及纤毛原生动物。细菌数在 10^{10}～10^{11} cfu/g 内含物。大多数细菌是专性厌氧菌，但也有兼性厌氧菌和好氧菌。真菌的游动孢子达 10^3～10^5 个/g 内含物。在瘤胃内可完成从孢子萌发，长出菌丝，而后又形成孢子的生活周期。细菌噬菌体数量可以达到 10^6～10^7 噬菌体/mL 内含物，大部分是温和噬菌体。瘤胃原生动物数量为 10^5～10^6 个/g 内含物，大小为 20～200 μm。

多种多样的微生物种群使微生物能适应反刍动物的食料变化，有时是纤维素、半纤维素，有时是淀粉。

纤维素、半纤维素、蛋白质等多聚物可被瘤胃微生物分解转化，产生的小分子质量脂肪酸、维生素及形成的菌体蛋白（含原生动物）可提供反刍动物。而反刍动物则为微生物提供了丰富营养和良好的生境。此外，动物的生理代谢活动也有助于微生物对有机物的分解和生长繁殖。

大多数动物的胃肠道中都有大量的微生物，除了在分解植物性材料（主要是纤维素）中起主要作用外，还可以帮助消化其他食物，为动物提供营养物，尤其是维生素。并抑制病原微生物的活动。

三、发光细菌和海洋鱼类的共生

一些海洋无脊椎动物、鱼类和发光细菌可建立一种互惠共生关系。发光杆菌属（*Photobacterium*）和贝克氏菌属（*Beneckea*）的发光细菌见于海生鱼类。发光细菌生活在某些鱼的特殊的囊状器官中，这些器官一般有外生的微孔，微孔允许细菌进入，同时又能和周围海水相交换。发光细菌发出的光有助于鱼类配偶的识别，在黑暗的地方看清物体。光线还可以成为一种聚集的信号，或诱惑其他生物以便于捕食。发光也有助于鱼类的成群游动以抵抗捕食者。

一般情况下，发光细菌能连续发光，然而由于发光会受到抑制或其他条件的影响，这样发出来的是闪光而不是连续的光。发光细菌聚集在眼睛、腹部、直肠和颌的附近，但不同种类的鱼含发光细菌的器官的位置是不同的。有发光细菌的鱼类多生活于光穿透层以下的深海。

四、光合微生物与无脊椎动物的共生

某些无脊椎动物和生活在体内的光合微生物建立了互惠共生关系。这里的光合微生物指单细胞藻类和蓝细菌,共生的藻类被称为动物内生藻类。绿藻主要和淡水无脊椎动物共生,甲藻是海洋无脊椎动物的共生伙伴,而蓝细菌常常和海生海绵共生。光合微生物作为初级生产者在和动物的共生关系中,微生物为动物提供有机营养,而动物为微生物提供生理上和营养上的合适生境。

光合微生物和动物之间的这种关系在一年中的某个时间可能尤其有利。例如在冬天较少地面径流为沿岸带生物提供营养,这样旋涡虫就需要和藻类建立共生关系以便在冬天取得营养物。

五、动物与微生物的捕食关系

捕食是自然界中常见的生物间的关系,也是食物链中的重要环节。在淡水或海水中,沉积物的表面浓缩着大量的有机和无机营养物,这实际上是支持自养或异养微生物生长的膜,那里就形成一层微生物。水生腹足纲的软体动物,如蜗牛、海胆,这些动物的捕食方式主要是从沉积物的表面吞食这层微生物,蜗牛还有适应这种吞食过程的器官。

无脊椎动物捕食悬浮状态的微生物主要是通过滤食(filter feeding)。这是捕食者捕食体积微小而又分布均匀的悬浮状捕食的理想方式。捕食者用纤毛或其他器官使水维持流动状态,这样微生物和碎屑在水流中一起被滤食。海底的滤食性无脊椎动物包括多孔动物门(Porifera)如海绵动物,苔藓动物,固着生活的甲壳纲,多毛纲蠕虫,瓣鳃纲和腕足纲等。它们吞食浮游藻类和其他各种微生物,也能吞食腐屑颗粒,而在这些颗粒上附有许多微生物。无脊椎动物对微生物的捕食是水生环境中食物网的重要一环。

六、动物致病的某些生态学问题

病毒、细菌、真菌、原生动物、藻类中的一部分是能引起动物(包括人)疾病的微生物。致病过程有两种类型,一是生长在动物体内或表面的微生物可以产生毒素引起感染,造成致病条件;另一种情况是生长在动物体外的微生物产生毒素或其他有毒物质引起动物疾病,或是改变了动物生活的环境,使动物不能继续正常生活下去。

生长在水体、土壤这样自然环境下的动物有时就可以因为微生物的活动而改变它们生活的条件,出现抑制动物生长或毒害动物的现象。例如,在富营养化的湖泊中,藻类的大量生长使水中有机质的含量增加,异养微生物分解有机物质时，由于消耗水体中可利用的氧，在水中造成了厌氧的条件。这样就使水体中需氧的动物种群出现病症或死亡，这往往造成鱼的大量死亡。这是生长在动物体外的微生物造成缺氧而间接引起动物的死亡。

微生物群落也可以产生无机和(或)有机的毒素，引起动物的病害。当沉积物中由微生物的活动所产生的硫化氢积累到一定浓度时，可以使动物中毒。某些陆生微生物群落在氧化硫的过程中所产生的酸性矿水也可使动物致病或死亡。微生物产生的有机毒素有时可引起对这种毒素敏感的动物致病或死亡。这些毒素常随食物被动物吞入体内，从而使动物中毒。例如，由黄曲霉菌产生的黄曲霉毒素可引起动物中毒。某些有毒的高等真菌的子实体，当动物误食后也会引起动物中毒死亡。

有一些微生物本身也可能是感染性病原菌，或者是寄生性微生物。它们侵入动物体内生长，并在敏感的部位繁育，引起疾病。致病性或寄生性微生物通过不同的途径进入寄主动物体内。大部分病原菌不能穿透外层的皮肤建立感染。但是也有例外，如纤毛类原生动物能穿透鱼类皮肤的表面。也有少量致病性的微生物能在皮肤的表面建立外部感染。一般地说病原微生物是通过动物的呼吸道、胃肠道以及泌尿生殖道等开口进入动物体内。但是，它们引起疾病往往也受到环境条件和动物本身免疫能力的制约。同时，也受到土著正常微生物群落的拮抗和竞争。

致病微生物的感染性常常取决于它们从一个寄主到另一个敏感寄主的传播能力。如果在它们离开寄主之后，不能感染新的、敏感的寄主，它们就需要存活下来，等待感染的时机。不然，它们受环境因素的影响或者受中间宿主群落变化的影响而死亡。病原微生物一般通过接触传播、空气传播、水传播和食品传播，还可以通过媒介传播。

不能在宿主体外长时间成活的病原微生物只能通过接触传播的方式从宿主到敏感个体进行传播。例如引起梅毒的苍白密螺旋体(*Treponema pallidum*)就是通过这种方式传播。

通过空气传播的一般是呼吸道病原体。肺炎、流感等呼吸道疾病就是通过这种方式传播的。空气传播的病原微生物必须能抗干燥，另外由于它们不能在宿主体内繁殖，因此必须释放出大量的微生物才能保证成功感染下一个敏感的宿主。

肠道病原体一般通过水和食品传播，食品和水的粪便污染可以引起经食品和水传播病的流行。例如山洪把粪便冲刷到水中进入城市供水系统就会引起霍乱等传染病的发生。生活在水体中的动物和通过水传播的病原微生物接触而造成感染。

媒介传播是病原微生物传播的重要途径。有的病原微生物被媒介简单传播，有的可在媒介中生长繁殖，再行传播。在某些情况下，病原微生物种群能在替补的动物宿主上生长，这时替补的宿主可以作为媒介或成为贮源。媒介对病原微生物有保护作用。病原微生物种群、媒介种群和敏感宿主种群之间有高度的专一性。媒介常常可以为病原微生物提供侵入宿主的入口，媒介通过叮咬破坏了保护性的皮肤屏障就属于这种情况。蚊子、扁虱和虱等昆虫是常见的传染媒介，细菌引起的伤寒、病毒引起的黄热病都是通过昆虫媒介传播的。大多数情况下媒介不受病原微生物的影响。某些动物疾病还能转移到人，如鼠疫耶尔森氏菌能引起鼠疫，一般感染啮齿动物，但也能引起人的疾病。

宿主动物的生理状态常常在很大程度上决定着它们对入侵病原微生物的反应能力，因而决定着动物对致病微生物的敏感性。动物的营养不良或受其他原因而造成的衰弱可以提高病原菌入侵的敏感性。已经得病的动物对二次感染通常比健康的动物要敏感得多。在有压力的条件下，寄主动物对入侵微生物反应能力的损伤或削弱，是某些疾病具有季节性爆发的一个原因。

动物器官上的土著微生物对致病性微生物的抵抗力往往使病原微生物的侵入受到抑制，从而使动物免受病害的侵袭。

微生物所引起的疾病的地理分布与媒介群落的分布有关，而寄主动物的敏感性，病原微生物的繁殖能力、存活条件和传播的可能途径对疾病的地理分布也有重要的影响，但是所有这些因素都受生态环境的制约。

总之，疾病在动物群落中的发生是一种生态学过程，它取决于病原微生物、宿主生物的生物学特性和影响病原体在宿主之间传播的生物和非生物因素。

第三节 微生物与人体之间的相互关系

人体器官表面一般为无侵袭力的“土著”微生物所占据。皮肤、口腔和胃肠道有各具特色的微生物群落，占据不同生境的微生物表现出各自的群落特征，有不同形态、生理和代谢特点。这一节介绍的是人体器官表面的微生物。

一、微生物与皮肤健康

皮肤表面温度适中（33～37 ℃），pH 稍偏酸（4～8），可利用水一般不足，汗液中有无机离子和其他有机物，是微生物生长的合适环境。皮肤表面的脂质物质对决定哪类微生物能占据这里的生境极为重要，许多游离的脂肪酸有抗微生物活性，占据皮肤表面的微生物必须能耐受这些物质，而能成功生长的微生物不仅能耐受它们，还要能利用它们作为能源和碳源。皮肤表面盐的浓度常常很高，因此那里的微生物还必须能耐受由此而产生的低水活度。皮肤表面的微生物还必须能和其他外来的微生物竞争可利用的生境。很多研究证明，皮肤表面正常栖居的微生物能产生微生物间的抑制物质，这能阻止外来微生物对皮肤生境的侵袭，可以防止外来微生物和病原微生物的侵染，对皮肤有保护作用。

皮肤细菌群落包括好氧和厌氧菌。优势的细菌种群是革兰氏阳性菌，它们对干燥的抗性要比革兰氏阴性菌强，其中又以葡萄球菌（*Staphylococcus*）、微球菌属（*Micrococcus*）的数量最多，它们能耐受盐和利用脂质。其他还包括棒杆菌属（*Corynebacterium*）、短杆菌属（*Brevibacterium*）和丙酸杆菌属（*Propionibacterium*）的一些种。皮肤上唯一的革兰氏阴性菌是不动杆菌属的成员，革兰氏阴性菌多见于皮肤表面的潮湿部位，如脚趾之间。

皮肤表面的真菌较少，瓶形酵母（*Pityrosporum*）和正圆瓶形酵母（*P. orbiculare*）是常见于头皮组织的两种酵母。这两种酵母是嗜脂的，且能利用皮肤表面的脂质。某些皮肤真菌还偶尔引起皮肤病，如脚癣和环癣。

决定微生物分布的主要因素是皮肤表面的小气候（microclimate），那里的小气候能阻止某些微生物的生长。此外，宿主产生的抗微生物物质——游离脂肪酸和土著微生物对其他后侵入微生物的偏害作用对皮肤表面的微生物分布也有很大影响。

二、微生物与口腔健康

口腔是一个有利于微生物生长的生境：① 温度稳定；② 水分充足；③ 口腔内高低不平的表面为微生物提供多样的微生境；④ 营养丰富；⑤ 唾液提供微生物生长因子，也含有抗微生物物质；⑥ 好氧的大环境和厌氧的微生境并存。口腔微生物分布于软组织黏膜（脱落与未脱落）表面、牙齿表面和唾液，同时存在好氧和厌氧的微生物，主要类群包括革兰氏阳性菌和革兰氏阴性菌，还有一些酵母菌。链球菌属细菌占口腔土著细菌的大部分。葡萄球菌属和小球菌属细菌在细菌群体中所占比例低。革兰氏阴性专性厌氧球菌韦荣氏球菌（*Veillonella*）细菌数量常常很大。乳杆菌属细菌数量一般较少。各种革兰氏阴性好氧菌如假单胞菌属以及革兰氏阴性厌氧杆菌如拟杆菌属的成员也存在于口腔中。口腔中的土著微生物还有放线菌。白假丝酵母（*Candida albicans*）在口腔中也是常见的。口腔中还发现原生动物如内变形虫属（*Entamoeba*）和毛滴虫属（*Trichomonas*）。口腔微生物区系的放线菌属、丝杆菌属（*Bacterionema*）、纤毛菌属（*Leptotrichia*）和罗氏菌属（*Rothia*）的一些种未能从其他生境分离出来，说明是口腔中所独有的。

口腔内的微生物之间存在着各种各样的相互关系。一些微生物能改变口腔环境使其他微生物生长，例如兼性厌氧菌消耗氧使专性厌氧菌得以生长。某些微生物为了自身的存在而产生抗微生物物质以阻碍竞争种群的生长。例如链球菌的一些种能产生乳酸而有害于其他的微生物。唾液有抗微生物和病毒的作用,它能洗去口腔中的微生物,使它们不能在口腔中过量生长。

口腔疾病(龋齿和牙龈炎)和口腔微生物有重要关系,但不是外部病原微生物的侵染而是内部微生物群落组成和结构的改变。人食物中的糖分(特别是蔗糖)含量增加导致在牙齿表面形成一个产酸和耐酸的细菌群落,这个群落中的主要属种是突变链球菌(*Streptococcus mutans*)、表兄链球菌、乳杆菌属细菌。它们代谢糖产酸,使口腔 pH 急剧下降,而唾液尚不足以中和其酸度,使牙齿表面 pH 甚至下降到 4,酸溶解表面的珐琅质,最终造成龋齿。氟能恢复和促进牙齿珐琅质和抑制细菌对糖的代谢,因此是良好的防治牙病的药物。免疫方法已被研究用于龋齿的防治,突变链球菌制备的单克隆抗体具有正向的免疫效应。

微生物在牙齿表面的发育导致牙斑的形成。牙斑的微生物群落从先驱生物到顶级群落有一个演替过程。牙齿表面清洗后(指无菌)10~15 min 出现包括血链球菌(*Strepococcus sanguis*)、唾液链球菌(*S. salivarius*)在内的先驱生物。演替过程经历一到两个星期,最后是一个复杂的顶级群落,这个群落包括拟杆菌属、链球菌属、放线菌属(*Actinomyces*)、梭杆菌属(*Fusobacterium*)和罗氏菌属。顶级群落表现出高度稳定的调节能力,有些种尽管和群落中一些种的关系很密切,但它们进入口腔后便会迅速被排除。群落中某些种的消长还受食物的影响,突变链球菌随食物中蔗糖的增加而增加,而增加乳酸的成分又会使韦荣氏球菌属细菌增加。

三、微生物与胃肠道健康

胃肠道所包含的人体器官有胃、小肠和大肠,胃肠道微生物研究的主要是大肠内的微生物。胃的特点是酸度高(pH 甚至低于 3),含大量的消化酶,这种生境不适合于微生物生长,因此胃内仅有数量较低的胃壁上的抗酸微生物,包括酵母、链球菌、乳杆菌等,但当胃酸度降低,细菌数量会增加。

小肠有两个部分,十二指肠和回肠。连接胃和大肠,主要功能是消化食物和吸收营养。其正常环境 pH 稍偏碱,表面多腺体,含有消化酶,强烈蠕动。微生物数量从近胃端的低量(10^3 cfu/mL)到近大肠端的高量(10^8 cfu/mL)。

大肠的主要功能是吸收粪便中的水分,也吸收少量的营养。其正常环境 pH 偏碱到中性,温度稳定,表面多腺体,温和蠕动。微生物数量巨大(10^{11} cfu/mL),区系组成包括好氧和厌氧的微生物。微生物利用消化后的食物取得碳源和能源。好氧微生物的活动能消耗存在的全部氧气,使大肠内的环境成为厌氧化的,这适于厌氧微生物的大量生长。肠道微生物群落包括乳杆菌属、链球菌属、梭菌属、韦荣氏球菌属、拟杆菌属、双歧杆菌属、大肠杆菌、放线菌等,还有肠道病毒、真菌和原生动物。

人和胃肠道微生物存在着对双方都有利的共生关系。肠道微生物可以完成多种代谢反应(表 9-1),对人的生长发育有重要意义。微生物合成的维生素、蛋白质,产生的能源可以为人吸收利用。医学上人们服用大量抗生素以后,由于抗生素同时抑制了肠道内微生物的生长,将会导致叶酸和维生素 K 的缺乏。这样病人必须同时服用维生素以补充需要量的不足。

表 9-1 肠道微生物在系列化及代谢上的作用

维生素的合成	产物:硫胺素、核黄素、吡哆醇、B_{12}、K
产生气体	产物:CO_2、CH_4、H_2
产生臭味	产物:H_2S、NH_3、胺、吲哚、粪便素、丁酸
产生有机酸	产物:乙酸、丙酸、丁酸
固氮作用	微生物:肺炎克氏杆菌(在高糖量食物的人中)
固醇代谢	过程:酯化作用、脱羟基作用、氧化作用、还原作用、转化作用
糖苷酶反应	酶:β-葡糖苷酸酶、β-半乳糖苷酸酶、β-葡糖苷酶、α-葡糖苷酶、α-半乳糖苷酶

胃肠道易受到外来微生物或病原微生物的侵染。能侵染胃的微生物有细菌(幽门螺杆菌)、病毒(细胞巨化病毒)、酵母、寄生虫。幽门螺杆菌与人类 B 型胃炎、消化性溃疡及胃癌等有着密切关系,备受临床医学、微生物学工作者的关注。

四、身体其他部位的正常菌群与健康

人体除皮肤、口腔以及胃肠道外,外耳道、眼结膜、上呼吸道(如鼻腔、咽等)以及泌尿生殖道等黏膜处也同样存在着正常菌群的分布。外耳道通过外耳门直接与外界相连,其表面被覆薄层皮肤,皮肤内含丰富的感觉神经末梢、毛囊、皮脂腺及耵聍腺。外耳道的正常菌群以葡萄球菌、类白喉棒状杆菌、绿脓杆菌、非致病性抗酸杆菌、肺炎链球菌(*Streptococcus pneumoniae*)和铜绿假单胞菌(*Pseudomonas aeruginosa*)为主。外耳道皮肤所分泌的耵聍对外耳道具有保护功能,当外耳道皮肤出现不同程度的擦伤时,外界的真菌将乘机进入外耳道狭窄幽深处,外耳道壁被擦伤处渗出的体液为真菌生长繁殖提供了培养液,从而引发外耳道炎。眼结膜作为覆盖在眼睑内面和眼球前部眼白表面的一层透明薄膜,由于受泪液中溶菌酶作用,其表面菌群相对较少。新生儿出生 24 h 内眼部大多无菌或仅可检出革兰氏阴性菌。成年人眼结膜表面主要以白色葡萄球菌、甲型链球菌(*Streptococcus*)、流感嗜血杆菌(*Haemophilus influenzae*)和结膜干燥杆菌为主。作为人体呼吸通道,鼻咽腔与外界空气直接接触,作为人体呼吸系统的门卫,其黏膜表面存在的正常菌群有:葡萄球菌、甲型或乙型链球菌、肺炎球菌、奈氏球菌、类杆菌和梭杆菌及一些真菌或厌氧菌。在一般情况下这些菌群处于平衡,人体不易发病，而当体内环境发生改变，如感冒、疲乏、着凉或机体抵抗力下降时，菌群间的平衡失调，潜伏的条件致病菌大量繁殖可导致鼻咽腔受到感染。

人类生殖器的正常菌群较多，常有表皮葡萄球菌、甲型链球菌、肠球菌（*Enterococcus*）、棒状杆菌、类杆菌、奈瑟氏菌、不动杆菌（*Acinetobacter*）、耻垢分枝杆菌、支原体（Mycoplasma）、假丝酵母等。女性阴道更是一个独特的动态变化的微生态体系，其中存在多种正常的微生物群落，其与宿主环境之间构成了相互制约、相互协调的微生态平衡，对维持健康的阴道微生态发挥着重要的作用。阴道内菌群随年龄及内分泌变化而波动，初生女婴阴道的 pH 在 5 左右，主要的菌群为乳杆菌。乳杆菌属（*Lactobacillus*）一直被公认为阴道正常菌群中最重要的成员，在维持阴道微生态平衡、抵抗下生殖道感染中起到关键的作用。出生后 1 月至青春期，pH 上升到 7 左右，主要的菌群也转变为葡萄球菌、棒状杆菌、大肠杆菌等。青春期后，阴道酸碱度又下降，乳杆菌又占优势。而至绝经期，由于雌激素水平的下降，阴道上皮细胞干涩和萎缩，其内糖原的含量也随之下降进而引起阴道乳杆菌数量减少以及 pH 的升高，促使一些致病微生物从肠道迁移至阴道，引发感染。

五、病原体入侵的相关生态学问题

正常菌群通常情况下是不致病的，与人体相互依存。然而在特定条件下，某些微生物（如细菌、真菌、病毒、立克次氏体等）以及寄生虫可造成人或动物感染疾病，这些引起疾病的微生物和寄生虫被统称为病原体。病原体的入侵和感染按照来源可分为外源性感染（或交叉感染）和内源性感染（或自身感染）。引发外源性感染的病原体来自患者以外的地方，包括外界环境或其他有机体；而引发内源性感染的病原体往往来自人体的正常菌群。病原体侵入实际是机体正常菌群与宿主之间相互作用的结果，亦是微生物与宿主之间的一种生态学现象。微生态学就是这样一门研究微生物群与宿主相互关系的学科。

正如上文所述，人体体表及体腔许多部位均存在着不致病的微生物群，在正常情况下，这些微生物与人体处于共生存状态，并与人体建立了密切的关系，这些微生物对人体微生态平衡和内环境稳定都具有极为重要的作用。正常菌群作为抗原，刺激宿主机体产生抗体，增强其免疫能力对抗外来细菌的入侵。对于微生物而言，判断其与机体间平衡的依据包括位置的判断和种类组成变化的鉴定。按照其所定植的位置，处于原位的菌群属于原籍菌，而处于异位的则为外籍菌，尽管在生物学上两者是相同的，但在生态学上则不同。原籍菌群是长期进化过程中形成的，与宿主的关系极为密切和稳定。原籍菌群与宿主组织具有相同的或相似的抗原性，宿主对原籍菌群也呈现低反应性。原籍菌对致病菌和潜在致病菌具有抵抗作用，这又称之为定植抗力。另外原籍菌具有抗感染的作用。譬如肠道中的原籍菌对防御病原体和潜在病原菌对宿主的感染起到重要的作用。而当人体摄入抗生素破坏肠道中的原籍菌群后，其对其他细菌的定植抗力就明显降低，导致宿主被病原体侵入，诱发感染。而外籍菌往往可诱发较强的机体免疫反应，产生抗体和致敏的免疫活细胞。

菌群种类组成变化，包括定性的种群的分离和鉴定以及总菌数和各种群活菌数的定量检查。某一种群优势的下降或消失将可能导致人体和正常菌群的平衡的破坏，导致内源性或者外源性感染的发生。在呼吸道中存在的大肠杆菌在正常情况下维持着有限的优势度，然而当其种群比例增加，将会引起宿主发病。当然当宿主自身的抵抗力下降，许多内源性致病菌将有机会引起宿主感染，例如皮肤、消化道以及泌尿生殖道的细菌对免疫力低下、生态失调及耐药性菌株异常定植的患者就有引发其感染的可能。

第十章 微生物生态学研究的方法和技术

第一节 经典方法和技术

人们不可能对微生物生态系统中所有的微生物逐个进行分析和研究，而是要有目的地分析和研究其中某些类型的微生物，包括其数量、特性、功能等的研究，经典的研究方法一般要进行纯培养，然后对它们进行研究。人们在长期的研究和实践中，积累了一些行之有效的经典方法和技术，如样品的采集、富集培养和分离，直接计数（显微计数等），活菌计数（CFU 法），最大近似值计数（MPN 法），等等。

一、样品的采集、富集培养和微生物的纯培养的分离

根据不同的目的和要求，样品的采集有不同的方法。然而有关样品的采集也有一定规律可循，对于土壤和污泥样品的采集一般不要求无菌操作，因为土壤中的微生物数量非常巨大，来源于空气或采集工具上的污染可以忽略不计，而应当注意所要求采集样品的深度范围。对于水体样品的采集，应视水体清洁程度而定，或直接采集或用滤纸过滤浓缩（要求容器和过滤器无菌及无菌操作）。对于空气样品的采集，要求在无菌操作下进行滤纸过滤。对于生物体上的微生物样品的采集，通常要求取下一定量的组织，用无菌溶液把其中的微生物洗涤下来。所采样品一般要求立即进行实验分析研究，或置冰箱中保存（特殊要求除外）。

样品采集后就要进行各种微生物的计数或进行富集培养和微生物菌种的分离。所谓富集培养就是根据研究目的，用一定的选择性培养基进行培养，使样品中所含的特殊微生物的数量得到增殖，以便于进行分离。一般只要进行 2~3 次的富集培养即可。然后就可进行微生物菌种的分离，通常也可以采用与富集相同的培养基制成平板，以划线的方式进行分离。挑取单菌落接种于一定的培养基中，再进行 2~3 次的纯化，即可获得微生物的纯培养物。

二、显微计数法和荧光染色直接计数法

为了研究微生物生态系统中的微生物种群结构与功能，有必要进行各种微生物数量的测定。可以直接取样品在显微镜下（采用血球板技术）直接计数。但是由于微生物个体微小，不易区别细菌的细胞和有机颗粒，不能区分死细胞和活细胞等，因此限制了该方法的使用，但是用以比较不同土壤、不同部位的微生物数量时，仍有一定的意义。常用的方法有埋片法和毛细管法。

表面荧光显微术（epifluorescence microscopy）是由 Porter 于 1980 年创立的一种细菌快速计数法。该法的大致步骤是：将细菌细胞吸附在聚碳酸酯滤膜（polycarbonate membrane filters）上，再用荧光染料（如吖啶橙、DAPI 等）对样品进行染色，然后在荧光显微镜下观察，荧光信号通过 CCD 收集并通过专用软件进行图像分析后可直接获得细胞数量信息。因此，该法是一种快速便捷的细菌计数方法。荧光染色直接计数法已广泛应用于牛奶、饮料、食品、临床和环境样品的细菌计数。

三、最大近似值法

除了可用显微镜进行直接计数外，还可以采用最大近似值法（most possible number，MPN 法，或称稀释法），就是将样品用无菌生理盐水进行系列稀释，取一定稀释度的稀释液（一般要做 5 个稀释度）接种于培养基中，以统计学的方法求出样品所含微生物的数量（可以从一统计表中查出），最大近似值法一般采用 3 管或 5 管法。该方法可以用于样品中诸如好氧异养菌总量、厌氧异养菌总量、硝化反硝化菌总量、硫酸盐还原菌总量等的定量测定。

四、活菌计数法

样品中微生物数量的测定除了可用上述方法外，还可用活菌计数法（colony forming units，CFU 法）。该方法的具体操作同上，也是将样品用无菌生理盐水进行系列稀释，取合适的稀释度（一般 3 个稀释度），以涂布法接种于平板，或以混菌法进行操作，经过一定时间的培养之后，直接统计平板上的菌落，该方法测定的是样品中当时所含的可培养的活微生物数量，所以称之为活菌计数法。对于那些不可培养的微生物，就不可能包括在内。该方法可以用于样品中诸如酵母菌总量、真菌总量、放线菌总量等的定量测定。

活菌计数法（CFU 法）中，每个菌落由一个单细胞繁殖而成，为肉眼可见的细胞群体，一般来说在每个平板形成 30~300 个菌落属于有效范围，该法所测数值有可能偏低，因为有可能两个或两个以上的单细胞在一起形成一个菌落，也可能培养条件不适合一些微生物生长。

这种方法具有简便快捷、成本低廉等优点。其缺点是不能从土壤颗粒或生物膜获得全部细菌或孢子,而且培养基及培养条件(温度、pH、光照等)往往具有选择性,相当大一部分微生物不能得到培养。而且,平板上长出的往往是那些生长迅速的细菌或产生大量孢子的真菌。由于以上缺陷,该方法用于评价微生物多样性时往往会出现偏差。

在介绍微生物数量测定方法时,还应当关注非培养微生物的检测,大多数在自然界生长的微生物,现在还不可能在实验室进行培养(PACE,1996)。事实上,由于种种原因(如培养基成分、培养条件等),现在可培养的微生物还不到微生物总数的1%。因此,培养方法只能提供少数微生物的信息,忽略了大多数微生物的存在。随着评价环境中微生物多样性方法的不断出现,特别是分子生物学方法的出现,传统方法正被其他方法所替代。对于非培养微生物的多样性和分布的研究,可以采用各种不同的方法,包括直接的显微染色观察、特定基因的PCR扩增、16S rDNA分子探针分析,来鉴别特定的细菌和古细菌。

第二节 生理生化方法

微生物生态学研究中,常用的一类方法是生理生化方法,包括:用于微生物生物量测定的氯仿熏蒸方法(fumigation incubation)、底物诱导呼吸法(substrate-induced respiration)和光合微生物色素法等;用于测定土壤C矿化速率和微生物呼吸强度等方法;用于测定土壤中物质转化的生物活性和酶活性的分析方法;用于测定微生物能量代谢的分析方法;等等。这里仅介绍两种比较新的方法,分别是分析微生物代谢功能多样性的Biolog微平板法和分析微生物群落结构多样性的PLFA谱图分析法。

一、Biolog微平板法

Biolog分析方法是基于微生物利用碳源能力的不同,利用Biolog系统来研究微生物的碳源利用模式的方法。Biolog微滴定板的每一个孔中含有一种不同的碳源(共95种)、其他营养物和四氮唑染料。接种微生物悬浮物于微滴定板孔中后,将滴定板保温一段合适的时间,通过测定伴随的四氮唑染料的还原,而定期监测底物的氧化情况。Biolog微滴定板原来就是根据其中具体类型的代谢指纹用作微生物纯培养的分类鉴定(Bochner,1989)。Biolog数据库包含有鉴定1 449种细菌和酵母菌的信息。

Garland和Mills于1991年将这种方法用于描述土壤微生物群落的功能潜力,即被用于估计诸如碳源利用模式等功能多样性。Biolog分析方法用作此用途时,原理与鉴定单一物种相似,所不同的是接种物是来自土壤微生物群落的混合物(而不是纯培养),所得的碳源利用类型为基础的 Biolog 氧化还原结果来表述土壤样品微生物群落特征,运用主成分分析(PCA)或相似类型的多变量统计分析方法展示不同微生物群落产生的不同代谢多样性类型。其理论依据是:Biolog 代谢多样性类型的变化与群落组成的变化相关。根据测定对象的不同,还研制出了除革兰氏阴性板之外的不同类型的 Biolog 微平板用于研究土壤微生物群落的功能多样性,如生态板(EcoPlates)、MT 板(MT plates)、真菌板、SF-N 和 SF-P 板等。

该方法已用于比较土壤(Haack *et al.*,1995; Grayston *et al.*,2001; wells *et al.*,1996)和根际(Garland,1996)中微生物群落间的差异。也有的研究者用它确定非土著微生物或转基因植物对土壤(Donegan *et al.*,1995; Vahjen *et al.*,1995)、植物凋落物(Insam *et al.*,2001; Pfender *et al.*,1996)、根际和叶际(Heuer and Smalla, 1997)微生物群落的影响。

Biolog 方法具有快速、可再现的特点。然而,该方法对快速生长和适合在该实验条件下生长的小部分群落成员有强烈的选择性(Smalla *et al.*,1998),土壤微生物在 Biolog 微平板温育过程中,由于温育环境与土壤自然状况存在很大差异,快速生长型的土壤微生物变为优势类群,故不能原位反映土壤微生物。故该方法与传统的平板培养法有同样的局限性。另一缺点是被测试的底物不能准确地代表出现于生态系统中的底物类型。因此,Biolog 反应特征只能粗略地代表实际土壤微生物群体底物利用的动力学特征。

二、PLFA 谱图分析

应用磷脂类化合物的脂肪酸组成来研究微生物群落结构是一种较新的方法,磷脂类化合物只存在于生物的细胞膜中,不同微生物体内往往具有不同的磷脂脂肪酸组成和含量水平,而且,一旦生物细胞死亡,其中的磷脂化合物就会马上消失。生物中的磷脂类化合物能显示出快速的转换率,而且生物可以把相对稳定的磷脂类化合物作为它们的生物量。磷脂类化合物的这些特征和磷脂类化合物与生物的密切关系可以作为土壤微生物群落指纹分析。因此,磷脂脂肪酸分析十分适合于土壤微生物群落的动态监测。磷脂脂肪酸(phospholipid fatty acid, PLFA)谱图分析方法、脂肪酸(fatty acid)和脂肪酸甲酯(fatty acid methyl ester,FAME)谱图分析方法等早已应用于对感染致病微生物以及人类和动物体内微生物的研究。近些年来,磷脂脂肪酸分析方法也逐渐被应用于土壤微生物多样性的研究,并作为土壤微生物种群变化的监测指标。

目前,FAME 谱图分析已成为土壤微生物多样性的较为常用的研究方法之一(John *et al.*,1996; Petersen *et al.*,1997; Guckert *et al.*,1986)。该方法首先是利用有机溶剂将土壤微生物中的磷脂脂肪酸浸提出来,然后再进行分离纯化,最后利用标记脂肪酸，通过气相色谱（GC）等仪器分析方法，得到土壤微生物的磷脂脂肪酸组成图谱，进而得到不同脂肪酸的含量和种类，即所谓的FAME指纹剖面（fingerprint profile）。根据FAME的多样性，利用相关的计算机分析软件和相关数据库便可同时得到土壤微生物的群落结构组成多样性、比例以及微生物生物量等方面的信息。

FAME分析方法不需要对土壤微生物进行培养，可以直接提取原位土壤微生物群落的脂肪酸，是一种快速、可靠且可重现的分析土壤微生物群落结构的方法，PLFA方法可用于表征在数量上占优势的土壤微生物群落，包括非培养微生物。FAME分析结果的准确性与微生物体内的磷脂脂肪酸是否提取完全、稳定以及实验过程是否造成污染等有很大关系。在该方法中，细菌和真菌可根据其磷脂脂肪酸的组成来鉴别，但不同属甚至不同科的微生物FAME有可能重叠，而且该方法只能鉴定到微生物属，不能鉴定到种，同时，该方法强烈地依赖于标记脂肪酸，标记脂肪酸变化可导致错误的群落变化估计。另外，该方法一个明显的缺陷是实验条件要求高，耗时长，成本高，因而在实际研究工作中常受到一定的限制（John *et al.*，1996）。该方法最适合用于总微生物群落分析，而不是专一的微生物种类的研究（van Elsas *et al.*，1998）。

第三节　分子生物学方法

现代分子生物学技术在生态学研究中的应用大大推动了微生物生态学的发展，导致了微生物分子生态学的产生。微生物分子生态学方法弥补了微生物生态学传统方法的不足，使人们可以避开传统的分离培养过程而直接探讨自然界中微生物的种群结构及其与环境的关系。

理论上，每一个DNA或RNA片段对鉴定来说都是有用的，包括DNA水解液的分析比较，限制性内切酶酶切片段长度的多态性分析，部分或整个基因组通过DNA-DNA和DNA-rRNA杂交的比较，核酸序列分析DNA或rRNA分类专一性的探测等在内的一系列技术的应用，不仅促进了纯培养的鉴定，而且使微生物种群的分析有了新的进展。目前认识最清楚的是半定量的测量方法DNA-DNA杂交（包括由此变化而来的几种方法）。而另一方面，核酸序列分析是通过新序列与现有已知序列的比较而计算其相似性，虽然这是一项相当费时的工作，但它对描绘新物种在已知物种中的相对进化关系是相当有用的。而且，这些物种特异性序列的不断积累，将有利于对分离物的分子鉴定。序列分析还有助于对有多种用途的高度专一性片段存在的检测。这些区段不仅被用来定义新种，而且作为寡核苷酸的靶序列，在当今分子鉴定和序列分析中扮演相当重要的角色（例如作为探针和引物）。近年来，随着基因组学的发展，出现了宏基因组学

(metagenomics)为人类探索自然界大量存在的未培养或不可培养微生物指明了方向。

这些技术方法的采用,取得了一系列重要的成果和微生物生态学研究的突破,使得对某些微生物的研究成为可能,并在分子水平上阐述生态问题的机制。

一、(G+C)摩尔百分含量

(G+C)摩尔百分含量的差异可以用于研究各种环境样品中细菌群落的多样性(Nusslein and Tiedje, 1999)。其理论基础是微生物不同物种间(G+C)摩尔百分含量不同,分类地位相关的类群内物种之间差异在3%~5%(Tiedje *et al.*, 1999)。该方法提供了一个粗略的解析水平,因为不同的微生物类群也可能具有相同的(G+C)摩尔百分含量。但是(G+C)摩尔百分含量分析的优点是PCR扩增后不受影响,它涵盖所有的DNA抽提物,并可以定量,而且它还能揭示微生物种群中含量较少的物种。当然,它的缺陷是分析时需要大量的DNA样品,一般需要大于50μg(Tiedje *et al.*, 1999)。

Nusslein和Tiedje(1999)采用(G+C)摩尔百分含量、16SrDNA PCR扩增产物的限制性酶切分析(amplified ribosomal DNA restriction analysis, ARDRA)以及rDNA序列分析三种方法分别研究了夏威夷从森林到草场等各种植被覆盖对土壤微生物多样性的影响。研究表明,三种方法分析得到土壤微生物种群差异揭示了植被直接影响土壤微生物种群的结构。既然三种方法从不同角度揭示了微生物群落结构的组成,它们之间形成了一个分析微生物类群的完善体系。表明(G+C)摩尔百分含量用于分析环境样品中微生物群落结构的组成是完全可行的。

二、核酸探针杂交技术

应用特异性探针进行核酸杂交是微生物分子生态学研究中的一种重要的定性和定量工具。探针是能与特定核苷酸序列发生特异性互补的已知核酸片段,因而可检测样品中特定DNA序列存在与否。核酸杂交技术能快速、灵敏地探测出环境微生物中特殊的核酸序列,并且用光密度测定法可直接比较核酸杂交所得到的阳性条带或斑点就能得出定量的结果,从而反映出相关微生物的存在及功能。

探针的应用广泛,起先被用于检测大量外源DNA中特定DNA序列的存在与否。根据核酸探针的来源和性质分为DNA探针,cDNA探针(包括单链DNA探针),rRNA探针以及人工合成的寡核苷酸探针等。并不是任意一段核酸片段均可作为探针,探针是经过特异性选择的,它的特性决定了它所能检测的微生物范围。可以根据物种已知序列的特异性区域设计相应的寡聚核苷酸探针或多聚核苷酸探针，并在5′端加以标记（Theron and Cloete, 2000）。探针通常以一种有效的方式加以标记（放射性的和非放射性的），并且要求杂交的结果可被灵敏地检测。近年来，放射性标记已被更为安全的荧光标记所取代，常用的荧光标记包括荧光素或若丹明的一些衍生物。定点杂交被用于检测一个特定微生物类群的相对丰度。标记核苷酸探针可直接用来探测溶液中、固定在膜上或细胞或组织内的同源核酸序列。探针可以是长探针（100~1 000bp），也可以是短的寡核苷酸（10~50bp）。

Roberts等（1987）研究表明，从DNA制备cDNA探针更适合于种群鉴定，因为它不需要复杂的克隆程序，可与种内所有株系进行杂交，而比单拷贝基因探针有更高的灵敏度。用探针所检测到的保守区段越多表明为同一种或系统进化上相关的分类单元（同一种、属或界）。表型特异性的cDNA探针对检测环境样品中某一特定表型的存在与否十分有用，例如，细菌中存在编码致病性、抗生素抗性和重金属抗性等同源基因，可采用这些同源基因cDNA探针来检测特定表型。近年来，单链cDNA和RNA探针亦已用于*E.coli*和*Salmonella* spp.等环境微生物的检测，比双链cDNA探针具有更高的灵敏度，背景更清晰，且杂交不需变性。另一类目前广泛应用的是寡核苷酸探针，它们多由人工合成，一般为30bp左右，具极高的灵敏度。目前根据rRNA基因的多拷贝且高度保守DNA片段而设计的寡聚核苷酸探针，能粗略检测某一环境样品中细菌的大致种类，又能鉴定出特定种的存在。目前这类探针已用于检测环境样品中的*E. coli*、*Listeria* spp.、*Yersimia* spp.及*Mycobacterium avium*等致病性细菌。

这种杂交技术可以用于抽提的DNA或RNA，也可以在细胞水平（菌落杂交）或者进行原位杂交。它提供了环境样品中微生物空间分布的重要信息。样品通常被固定以增加细胞通透性，但依然保持细胞的结构和完整。样品可以被吸附于玻片也可以悬浮进行杂交。加入标记的荧光探针进行杂交，然后洗去多余的探针，杂交的细胞就可以被检测出来（Head *et al.*, 1998）。荧光原位杂交技术（FISH技术）已成功用于生物膜上细菌空间分布的研究（Schramm *et al.*, 1996）。

原位杂交或核酸抽提后杂交的一个缺陷是灵敏度不够。除非序列有足够的拷贝数，例如来自优势种，否则可能无法检测出来。这一问题可以通过PCR扩增得到解决。环境样品中抽提的DNA可以直接作为PCR扩增的模板，或者提取mRNA后通过逆转录得到cDNA作为扩增模板（van Elsas and Wolters, 1995）。应用mRNA进行多样性研究反映了环境中活性微生物的类群的状况，而直接抽提DNA研究的是环境中潜在的微生物类群状况。扩增的PCR产物既可与寡核苷酸探针杂交以提供特异性信息，也可以与其他环境样品杂交以比较微生物群落结构相似性。

三、DNA-DNA 杂交

DNA-DNA 杂交技术是一项发展比较成熟的分子技术。与基因探针不同，DNA-DNA 杂交包括整个基因组的重组。它是分析微生物群落结构复杂性的一种有效手段，已被用于多样性研究(Torsvik *et al.*，1990a，b，1996)。它提供了一种检测核苷酸序列相似性的通用方法。从环境样品中抽提总 DNA、纯化、变性，然后再退火。杂交(重组)百分比与序列的相似性直接相关，起源不同的两条 DNA 单链之间重组是难以配对的，最多不会超过 20% 的核苷酸之间会形成双链。因此，DNA 相似值被用来估计序列的相似程度。一般情况下，同一基因种内 DNA 相似值大约为 70%，在这一阈值下，能划分特定的分类单元。DNA-DNA 杂交对于种的水平上的分类是非常有用的，但不能用来测定种间或亲缘关系更远的细菌。采用这种方法调查了上千种微生物，它给细菌系统分类带来了强有力的冲击。随着 DNA 序列复杂性(多样性)的增加，DNA 重组率会降低(Theron and Cloete，2000)。在特定条件下，结合 DNA 重组的数量和分布，一半 DNA 重组所需的时间(半重组值，$Cot_{1/2}$)被用作一个多样性指标(Torsvik *et al.*，1998)。由此可见，两个不同样品中的群落结构相似性可以通过比较两者的 DNA 杂交动力学加以分析(Griffiths *et al.*，1999)。该方法的限制因素是必须用与分离物可能相关的属的微生物作参照。

最近几年，DNA-DNA 杂交结合 DNA 基因芯片技术已被用于细菌检测与鉴定(Cho and Tiedje，2001)，或用于评价微生物多样性(Greene and Voordouw，2003)。由于一张芯片可以包含几千个 DNA 序列的信息，且灵敏度很高，这种方法应用于细菌多样性研究有非常重要的价值。芯片既可以包含诸如硝酸盐还原酶、固氮酶等目标基因以提供功能多样性信息，也可以包含一个环境样品"标准"，即 DNA 杂交率小于 70% 的 DNA 片段代表不同的微生物种。

反义样品基因组探针(RSGP)技术是一种应用基因组芯片分析环境样品中优势物种群落结构组成的方法。RSGP 技术分四步：① 从纯培养中分离基因组 DNA。② 交叉杂交以获得杂交率小于 70% 的 DNA 片段。杂交率大于 70% 的 DNA 片段被认为是同一物种。③ 在固体介质上制备芯片。④ 样品群落总 DNA 与内标混合物随机标记(Greene and Voordouw，2003)。这种方法已被用于油田(Voordouw *et al.*，1991，1992，1993)和污染土壤(Shen *et al.*，1998；Hubert *et al.*，1999；Greene *et al.*，2000)的微生物群落结构分析。Voordouw 等(1993)采用 16 个不同的硫酸盐还原细菌和 4 个异养菌的基因组应用 RSGP 技术研究了加拿大西部一定数量油田的生产用水及其污染地带的微生物群落结构，结果发现，在污染土壤中硫酸盐还原细菌比异养菌更为普遍，它们促进了金属的腐蚀。在群落多样性低的时候，RSGP 技术不失为一种有用的技术，但是在评价多样性丰富的群落结构时会遇到一些困难(Greene and Voordouw,2003)。假如多样性非常丰富,交叉杂交将十分困难,或者结构难以解释。Bagwell 和 Lovell(2000)研究肥料对固氮群落的长期影响时即遇到了类似困难。

像 DNA-DNA 杂交一样,RSGP 和微阵列技术的应用有其非常明显的优势:结果不受 PCR 偏差的影响,微阵列能够容纳几千个目标基因序列。然而,它们只能检测数量上占优势的物种。总的来说,待检物种需要培养,但是原则上克隆的非培养微生物的 DNA 片段也可以采用,否则交叉杂交会出现问题。

应用基因或 DNA 片段代替基因组制备微阵列,克服了需要不断培养微生物的麻烦,因为基因可以克隆到质粒上或通过 PCR 扩增 DNA 片段。此外,与基因组相比,基因片段增加了杂交的特异性,还能评估群落中的功能基因组成(Greene and Voordouw,2003)。

四、基于 PCR 的指纹图谱分析

PCR 技术是 1985 年由 Mullis 发明的一种聚合酶链式反应技术。其原理是应用适宜的引物、DNA 聚合酶及合适的反应条件使某靶 DNA 片段的拷贝数在短时间内,在体外增加 100 万倍,从而可以对这些 DNA 序列进行分析。PCR 技术的发明和不断完善,不仅为分子生物学的发展做出了巨大的贡献,同时也为微生物分子生态学的发展和分析技术的建立提供了有力工具。针对 16S rDNA 的 PCR 方法已被广泛用于原核生物多样性研究,可以用于鉴定原核生物并确定其系统进化关系(Pace,1996,1997,1999)。18SrDNA 和内部可转录间插序列(ITS)不断被用于研究真菌群落多样性。然而,可用的原核生物数据信息仍然非常有限(Prosser,2002)。最初,用于生态研究的分子方法依赖于从环境样品中分离并克隆目标基因(Muyzer and Smalla, 1999)。但是几千个克隆的测序工作相当繁琐和费事(Tiedje *et al.*,1999)。因此,发展了其他一些方法用于微生物群落多样性研究。在这些方法中,DNA 先从环境样品中分离并纯化。再用通用引物或特异性引物扩增目标 DNA(16S,18S 或 ITS),扩增产物用不同的方法分离。

1. 变性梯度凝胶电泳(DGGE)和温度梯度凝胶电泳(TGGE)

变性梯度凝胶电泳(DGGE)和温度梯度凝胶电泳(TGGE)是两种研究微生物多样性的类似方法。DGGE 技术是由 Fisher 和 Lerman 于 1979 年最先提出的用于检测点突变的一种电泳技术。它的分辨精度比琼脂糖电泳和聚丙烯酰胺凝胶电泳更高,可以检测到一个核苷酸水平的差异。Muyer 等(1985)首次在 DGGE 中使用“GC 夹”和异源双链技术,使该技术日趋完善。Muyer 等(1993)首次将 DGGE 技术应用于分子微生物学研究领域,并证实了这种技术在揭示自然界微生物区系的遗传多样性和种群差异方面具有独特的优势。由于 DGGE 技术避免了分离纯化培养所造成的分析上的误差，通过指纹图谱直接再现群落结构，目前已经成为微生物群落遗传多样性和动态性分析的强有力工具。此外，基于相同原理，又相继出现了用温度梯度代替化学变性剂的温度梯度凝胶电泳（TGGE）、瞬时温度梯度凝胶电泳（TGGE）等技术。

DGGE 技术检测核酸序列是通过不同序列的 DNA 片段在各自相应的变性剂浓度下变性，发生空间构型的变化，导致电泳速度的急剧下降，最后在其相应的变性剂梯度位置停滞，经过染色后可以在凝胶上呈现为分散的条带。该技术主要包括以下步骤：首先从环境样品中分离纯化 DNA，再用通用引物 PCR 扩增部分 16S 或 18S rRNA 序列，然后进行 DGGE 或 TGGE 分析。通常在 PCR 引物的 5′端加上一段 35~40bp 的 GC 夹，以确保至少有部分 DNA 保持双链状态，以形成一个人工高温解链区。这样，DNA 片段的原有部分就处在低温解链区从而可以实现更好的分离。TGGE 的原理与 DGGE 基本相同，只不过采用温度变性代替化学变性剂。

DGGE/TGGE 技术的优点包括重现性强、可靠性高、方便快捷而且使用成本低。能同时分析多个样品，使其非常适于分析环境样品中微生物群落结构的变化。DGGE/TGGE 技术的局限性包括：待测样品的预处理过程是 DGGE/TGGE 技术能否发挥效能的关键步骤，这一步骤也是实验误差的主要来源。很多因素都会影响样品 DNA 的提取过程，比如，待测细胞是否充分裂解，一些抑制 DNA 降解的物质是否完全去除等。PCR 偏差，在 PCR 扩增过程中，如何避免优先扩增，使所有模板以均等的概率被扩增，基因组的大小、引物的设计以及扩增程序的选择均对扩增后 DNA 片段的质量和数量有很大的影响。据估计，DGGE 技术仅能检测环境样品中 1%~2%的优势微生物类群（Macnarghton *et al.*，1999）。此外，序列不同的 DNA 片段在凝胶上可能有相似的迁移率。因此，一条带可能不仅仅代表一个种（Gelsomino *et al.*，1999）。反之，由于序列略微不同的 16SrRNA 基因的存在，导致一个细菌种也可能得到多条带，从而高估了自然群落中的细菌数量（Gelsomino *et al.*，1999；Maarit-Niemi *et al.*，2001）。

从环境中提取总 DNA 时，希望尽可能多地提取其中的 DNA。通过对不同提取方法得到的 DGGE 带谱进行比较可以评价提取效果的好坏。Kozdaij 等（2000）应用 DGGE 对直接和间接从土壤中提取 DNA 的效果进行了比较，选用的四种方法得到的 DGGE 带谱几乎相同，聚类分析表明相似性达 82%以上，差异也仅体现在较弱的条带上。因此他们认为在该实验中所选用的直接提取和间接提取方法具有相同的提取效果。Gelsomin 等（1999）的研究也得到相同的结论。Maarit-Niemi 等（2001）应用不同的抽提和纯化组合提取 DNA，表明提取方法会影响到 DGGE 图谱，他们报告认为采用土壤 DNA 分离试剂盒（MO Bio Laboratories Inc.，Solana Beach，CA，USA）可以得到最稳定、最清晰、最全面的条带。

Holben 等(2004)应用 DGGE 与(G+C)摩尔百分含量测定相结合的 GC-DGGE 技术检测了鸡消化道中细菌种群结构。这种组合方法增加了评估微生物群落的多样性,克服了 DGGE 不能检测低丰度种群的缺陷。

DGGE/TGGE 技术已经成为微生物群落遗传多样性研究和动力分析的强有力工具,并被广泛用于土壤(Donnel,1999; Duinebeid *et al.*,1998,2001; Smalla *et al.*,2001)、活性污泥(Liu *et al.*,2002; Fang *et al.*,2002)、生物膜(Zhang *et al.*,2001)和底泥(Ferris *et al.*, 1996)等环境样品中的微生物多样性和种群演替规律研究。来源于环境中非培养微生物的功能基因甚至是基因组学研究拓宽了微生物群落的研究领域。DGGE 技术可以监测复杂环境中特异的功能基因及其表达,为环境基因组学研究提供有利信息和基因筛选方案。此外 DGGE 分析中获得的核酸序列还可以进一步应用于荧光原位杂交、DNA 芯片和实时定量 PCR (rea1-time PCR)等技术,为特异种群的快速检测做出贡献。

尽管 DGGE 电泳技术在研究群落动态和多样性方面存在很多优势,但是该技术无法给出代谢活性、细菌数量和基因表达水平方面的信息。因此必须结合其他技术才能弥补其不足。Biolog 和酶学分析均可以提供群落代谢活性特征。此外荧光原位杂交技术可以提供细菌的相对数量信息,稳定同位素探针的原位杂交技术,可以提供代谢信息,阐明群落结构和功能的关系。通过 16S rDNA 或基因文库也是分析不同种群的相对数量的一种方法。利用 real-time PCR 扩增特异种属的 16S rRNA 或功能基因,可以对群落的细菌数量和基因表达水平进行定量。因此,与其他分子生物学技术相结合后,可以进一步发挥 DGGE 技术的效能,更好地为微生物群落结构和功能分析服务。

2. 单链构象多态性(SSCP)技术

另一种由于 DNA 序列差异造成电泳迁移率不同的技术是单链构象多态性(SSCP)技术。和 DGGE/TGGE 技术一样,PCR-SSCP 技术是 1989 年日本关谷实验室将 PCR 反应与单链 DNA 非变性聚丙烯酰胺凝胶电泳相结合而创立的。最初被用于检测新的 DNA 多态性和点突变(Orita *et al.*,1989)。不同 DNA 单链由于自身折叠所形成的二级结构不同,导致其在不含变性剂的中性聚丙烯酰胺凝胶中因为电泳过程中迁移率不同而被分离开来(Lee *et al.*,1996)。这种构象由 DNA 单链碱基顺序决定,其稳定性靠分子内局部顺序的相互作用(主要是氢键)来维持。相同长度的 DNA 单链因其顺序不同,甚至单个碱基不同,所形成的构象不同,因而电泳迁移率不同。

SSCP 技术具有所有 DGGE 技术的局限性。一些单链 DNA 有一种以上稳定的构象,因此,一个 DNA 序列可能在电泳图谱上具有一条以上的条带(Tiedje *et al.*,1999)。然而,它不需要 GC 夹,也不需要变性梯度凝胶。该技术的优点是在改进的 SSCP 图谱中,DNA 分子是单链状态的,这就使得后续的 Southern 杂交变得简单易行。近年来,作为不依赖于培养的基因指纹技术,SSCP 技术已被广泛应用于调查各种环境中的细菌或真菌多样性研究(Lee *et al.*,1996; Peters *et al.*, 2000; Stach *et al.*, 2001; Schmalenberger *et al.*, 2003; Sliwinski *et al.*, 2004)。SSCP 技术还被用于分析群落演替(Peters *et al.*,2000)、根际群落(Schwieger and Tebbe,1998; Schmalenberger *et al.*, 2001)、生物反应器(Zumstein *et al.*, 2000; Delbes *et al.*,2001)中细菌群落变化以及根部的 AMF 物种(Simon *et al.*,1993; Kjoller and Rosendahl,2000)。

3. RAPD(random amplified polymorphic DNA)技术

RAPD 是由 Williams 和 Welsh 在 1990 年各自独立发现的一种 DNA 多态性监测技术。RAPD 技术是基于 PCR 的 DNA 多态性分析方法,以非限制性的随机寡核苷酸链为引物。采用随机引物对土壤微生物群落总 DNA 进行扩增,实际就是检测群落 DNA 的一些位点,所扩增的 RAPD 条带可初步反映整个群落 DNA 序列的有关信息。由于采用的是随机引物,每一次扩增反应相当于对整个群落 DNA 序列作一次随机取样,扩增的 RAPD 条带的数量可代表 DNA 序列的丰富度(S),群落 DNA 序列多样性指数可采用 Shannon-Weaver 指数及其均匀度指数来表示。

该方法适用于细菌种间、亚种间乃至菌株间的亲缘关系分析(Goncalves *et al.*,1999; Chen *et al.*,2003),未知菌株的快速鉴定和流行病学调查等(Ramasota *et al.*,2001; Chansiripornchai *et al.*,2001)。其主要特点是:① 与 RFLP 法相比,RAPD 法所需的模板量少,操作快,不需要知道 DNA 序列信息,并且获得基因图谱较迅速,标记密度较大。② DNA 样品需要量较少,引物价格便宜,成本较低。③ RAPD 反应引物是随机排列的,而且引物很短(一般 9~20bp),使 RAPD 技术可以在对物种没有任何分子生物学研究下进行 DNA 多态性分析,构建这些物种的基因指纹图谱,并通过统计分析和分类研究提供分子生物水平的论据。④ RAPD技术可以直接对所检测的 DNA 多态性进行分析,而省去了如制备、克隆、同位素标记、Southern 印迹、分子杂交等复杂的工作。

这种方法存在的主要弊端是:① 实验重复性较差,结果可靠性较低。可以通过对单链引物进行筛选,优化 PCR 条件来克服这一弊端(Medeiros *et al.*, 2001; Blixt *et al.*,2003)。在同一地点重复进行这种群落筛选的方法,就可以确定在一个特定位点或一个特定生态系统中微生物生物多样性的变化情况(Ranjard *et al.*,2000)。② RAPD 技术很容易受模板质量和浓度、引物长短、PCR 循环次数的影响。③ 由于 RAPD 采用的是随机引物,引物对土壤微生物群落的 DNA 并无特异的选择性。因而,扩增的条带数可以间接反映土壤微生物群落 DNA 序列组成上的差异,扩增的条带越多,则 DNA 序列的丰富度简明表达了土壤微生物群落 DNA 序列多样性的一个侧面,但它未能反映群落 DNA 序列相对多度的信息。

Yang 等(2000)用 RAPD 方法分析了农业化学污染物(三双甲酮、碳酸氢铵及其中间产物)对 4 个土壤微生物群落的 DNA 序列多样性的影响,用 14 个随机引物。有 12 个引物扩增出共 155 个可靠的片段,其中 134 个具有多态性,经过对 DNA 序列多态性的分析和 DNA 丰度、修饰丰度、Shannon-Weaver 指数和相似性系数的计算,结合土壤微生物生物量的测定,结果表明农业土壤化学物质可在 DNA 水平上影响微生物多态性。

4. 限制性片段长度多态性(RFLP)/扩增性 rDNA 限制性酶切片段分析(ARDRA)

限制性片段长度多态性(restriction fragment length polymorphism, RFLP)是 Bostein(1980)首先提出的一种分子遗传标记。RFLP 反映了 DNA 水平上的变异,任何 DNA 序列的改变(如插入、重排、缺失等)都会改变原有酶切位点所在位置,从而使两酶切点间的 DNA 片段长度发生变化,这种变化经酶切、杂交放射自显影就会使 RFLP 带的特征有所改变,由此即可对生物的变异进行分析。Dunbar 等(1997)同时利用分离培养物和直接从土壤中提取的 16SrDNA 基因的 RFLP 图谱分析了松树根圈土壤和树间的土壤微生物的群落结构,他们通过 *Rsa* 和 *Bst*U 两种限制性内切酶分别分析了 179 种分离培养物和 801 种直接从土壤中提取的 16SrDNA 基因的 RFLP 图谱,发现从土壤中直接提取的有 498 种系统型而在分离培养物中却只有 34 种。并且还发现松树根圈土壤中的微生物丰富度大于树间的土壤。在 Liu 等的研究中,PCR 扩增后的 rDNA 经一个酶切位点为 4bp 的限制性内切酶消化。然后用琼脂糖或不含变性剂的聚丙烯酰胺凝胶电泳检测不同长度的酶切片段(Liu *et al.*,1997; Tiedje *et al.*,1999)。RFLP 图谱可以用来评估菌落(Pace, 1996)或者描绘细菌群落结构(Massol-Deya *et al.*, 1995)。这种方法适于检测微生物群落结构变化,但不适于评价微生物多样性或检测特定的系统发育类群(Liu *et al.*,1997)。由于一个物种就有 4~6 个限制性片段,因此不同群落经 RFLP 分析得到的图谱将非常复杂(Tiedje *et al.*, 1999)。或许用一个酶切位点为 6bp 的限制性内切酶就能减少限制性片段的数量,从而增加该方法的应用效能。

扩增性 rDNA 限制性酶切片段分析(amplified ribosomal DNA restriction analysis, ARDRA)技术是基于 PCR 技术选择性扩增 rDNA 片段(如 16S rDNA、23S rDNA、l6S~23S rDNA 片段),再对 rDNA 片段进行限制性酶切片段长度多态性分析。由于此方法不受菌株是否纯培养的限制,不受宿主的干扰,具有特异性强,效率高的特点,因此被广泛用于新物种的发现、微生物分类及鉴定、共生菌、病原菌、寄生菌的生物多样性检测等。

Torsvik(1998)应用 ARDRA 和 DGGE 结合的方法成功地比较出了两种农田

的微生物多样性和群落结构的不同变化。Halda-Alija 等(2001)研究了河流沉淀中肠杆菌的空间和时间分布,发现厌氧肠杆菌在夏天要远远大于冬天。Stefan Weidner 等(1996)应用 ARDRA 技术对自然状况的 *Halophila stipulacea* 海草寄生菌进行了分群,并描述了各类群的相互关系,从而对这类细菌的遗传多样性有了客观的认识。由于 ARDRA 技术具有快速、方便等优点,因此 ARDRA 技术非常适用于复杂的微生物系统中种群结构的研究。ARDRA 方法最大的缺点就是工作量比较大。

5. 末端限制性片段长度多态性(T-RFLP)

末端限制性片段长度多态性(terminal restriction fragment length polymorphism,T-RFLP),又称为 16S rRNA 基因的末端限制性片段(terminal restriction fragment,TRF)分析技术,T-RFLP 是建立在 PCR 基础之上一种新的微生物生态学研究方法。其大致步骤是根据 16S rRNA 基因的保守区设计通用引物,其中一个引物的 5′端用荧光物质标记,常用的荧光物质有 HEX、TET、6-FAM 等。提取待分析样品的总 DNA,以它为模板进行 PCR 扩增,所得到的 PCR 产物一端就带有这种荧光标记。然后,将 PCR 产物用合适的限制性内切酶消化,一般选用酶切位点为 4bp 的限制性内切酶。由于在不同细菌的扩增片段中存在核苷酸序列的差异,酶切位点就会有差异,酶切后就会产生许多不同长度的限制性片段。消化产物用自动测序仪(选用 genescan 功能)进行检测,只有末端带荧光标记的片段能被检测到,而其他没有带荧光标记的片段则检测不到。这些末端标记的片段就可以反映微生物群落组成,因为不同长度的末端限制性片段必然代表不同的细菌,也就是说一种末端限制性片段至少代表一种细菌。

T-RFLP 技术建立在 PCR 的基础之上,克服了传统微生物培养方法的限制,应用快速,具有很高的灵敏度,且输出定量的数据结果。该技术具有三个明显的优势:① 序列数据库具有直接的参考意义,也就是说,从消化产物中获得的所有的末端片段大小,可以与越来越丰富的序列数据库中的末端片段相对比,从而可以做系统发育的推断。② 核酸测序技术要比 DGGE 或者 SSCP 所依赖的电泳系统获得的结果更为可靠。③ T-RFLP 的毛细管凝胶电泳分析更为快速,而且结果是以数据的形式输出。这些明显的优势使其必然成为一种理想的群落对比分析的方法。目前该技术已被成功地应用到了菌种的鉴定、各种微生物群落的比较分析、微生物群落多样性及结构特征的研究等方面(Marsh *et al.*,2000)。

Liu 等(1997)利用 T-RFLP 技术研究了活性污泥、生物反应器内污泥、含沙水层以及白蚁内脏中微生物种群的多样性,结果表明,T-RFLP 是评估复杂微生物群落多样性、比较不同生态环境下微生物群落多样性及结构的快速有效的方法。Clement 等(1998)也是利用 T-RFLP 技术分析了 3 种不同的细菌群落,包括胃肠道、沙地以及被污染沙地中的微生物群落。实验结果很清晰地表明了这

3种群落的不同,且根据末端片段的大小检测出了25种不同的核酸类型。作为一种研究微生物群落特征的理想方法,近几年来T-RFLP技术的发展十分迅速,关于其应用的报道很多。其中Kaplan等(2001)利用T-RFLP技术,研究了饲喂小鼠嗜酸乳酸菌NCFM的过程中NCFM的动力学,以及肠道菌群结构的变化情况。Barkovskii等(2004)利用T-RFLP技术,研究了自然环境的变化对微生物群落的影响。Lueders等(2000)利用T-RFLP技术研究了在稻田土壤灌溉之后,古细菌群落结构的变化情况。

当然,T-RFLP也有其自身的缺陷。首先该技术依赖于PCR和限制性酶切技术,当近缘种微生物在扩增片段靠近荧光标记端的切点一样时,该技术无法区分出这些近缘种,所以在T-RFLP的峰值图上,一个峰代表的有可能不止一个种。另外,对每个峰的定量只是建立在PCR技术的基础上,定量的结果也只是一个相对的含量,不可能真正代表该微生物在某一生态系统中的绝对含量。

样品中的总DNA的提取和限制性内切酶的选择是影响到分析结果的关键因素。对于后者,可以分别用几种限制酶进行分析,综合几种酶切的结果可以提高检出效率。这种做法要求几种酶在各自的反应体系中分别进行酶切,而不是进行在同一个反应体系的双酶切,原因是双酶切并不一定比单酶切产生更多的TRF,甚至可能比单酶切产生的TRF片段要少(Dunbar *et al.*,2001)。待测片段的长度也会影响结果。这是因为随着片段长度的增加,测序仪检测分辨率降低,测序仪检测500 bp以上精度不够(Ranjard *et al.*,2000)。

6. 核糖体基因间隔序列分析(ribosomal intergenic spacer analysis,RISA)/自动核糖体基因间隔序列分析(automated ribosomal intergenic spacer analysis,ARISA)

以核糖体大小亚基基因间隔序列(16S-23S rDNA intergenic sequences,IGS)为研究对象,该片段比16S和23S rDNA表现出更显著的序列多样性尤其是长度特异性,对微生物的IGS片段的PCR扩增混合物,变性后进行聚丙烯酰胺电泳得到群落特异性长度多态性图谱即RISA图谱。与RFLP和T-RFLP技术类似,RISA/ARISA也是一种以核糖体为基础的微生物群落多样性指纹图谱。IGS序列可能编码tRNAs,由于其长度和序列的异质性(heterogeneity),IGS序列分析用于区分细菌菌株和其近缘物种是十分有用的(Aubel *et al.*,1997; Fisher and Triplett,1999)。

在RISA分析中,序列多态性是通过银染后检测获得,而ARISA则用一个具有荧光标记的引物扩增IGS序列,然后通过一个自动系统检测获得序列多态性信息。两种方法都可以提供重现性良好的细菌群落多态性信息,但是RISA分析需要更多的DNA样品,更加费时和烦琐,银染相对来说是一种更加不敏感的DNA检测方法,重复性要低一些;而ARISA增加了DNA检测的敏感性,较少了时间耗费，但是仍然受传统的 PCR 局限性制约（Fisher and Triplett，1999）。RIAS/ARISA 分析已成功用于分析土壤、植物根际、污染土壤和水体的微生物多样性及其变化规律研究（Borneman and Triplett，1997；Fisher and Triplett，1999；Ranjard *et al.*，2000；田扬捷等，2004）。

7. 扩增片段长度多态性（AFLP）

AFLP 是通过限制性内切酶片段的不同长度检测 DNA 多态性的一种 DNA 分子标记技术，是基于 PCR 和 RFLP 的一种 DNA 指纹技术。其原理是利用限制性内切酶水解基因组 DNA 产生不同大小的 DNA 片段再进行选择性扩增，使用双链人工接头与基因组 DNA 的酶切片段相连接作为扩增反应的模板 DNA，用含有选择性碱基的引物对模板 DNA 基因选择性扩增，获得的 DNA 扩增片段通过变性聚丙烯酰胺凝胶电泳分离检测，根据扩增片段长度的不同检出多态性。

与其他的 DNA 指纹技术相比，AFLP 技术有其独特的优点：① AFLP 标记具有比 RFLP、RAPD 标记更为可靠、高效的揭示物种多态性水平的能力（Shim *et al.*，2000；Bohn *et al.*，1999）。典型的 AFLP 分析，每次反应的产物经过聚丙烯酰胺凝胶电泳检测到的谱带在 50～100 条，为研究原核生物属以下物种之间的亲缘关系，乃至菌株之间关系提供了一种有效手段（Lucchini and Vittorio，2003）。冯瑞华（2000）应用 AFLP 技术对来自泰国北部的 245 株慢生型大豆根瘤菌进行了遗传多样性研究。结果表明在 50% 相似性水平上，全部菌株被分为 31 个 AFLP 群，由此可以显示出极大的遗传多样性。② 具有一定的灵活性，可通过特异性 PCR 引物设计和内切酶组合的选择，来调整 AFLP 图谱中限制性片段的适宜数目（Van *et al.*，2004）。③ 由于使用了严格的 PCR 条件和高分辨率的聚丙烯酰胺凝胶电泳，因而重复性好，分辨率高。

虽然 AFLP 技术具有效率高、稳定性好等优点，但它同时也存在着一些缺点，如：费用昂贵；需要同位素或非同位素标记引物，必须具有放射性同位素操作过程中特殊的防护措施以及配套的仪器设备；AFLP 对 DNA 纯度和内切酶的质量要求较高，基因组 DNA 酶切不完全极有可能影响实验结果。

8. 高度重复序列或微卫星区域

许多生物，不论是原核生物还是真核生物，基因组中都含有许多由长度为 1～10bp 的高度重复序列（Zeze *et al.*，1996；Longato and Bonfante，1997；Tiedje *et al.*，1999），它们在菌株、种、属水平上分布有差异，进化过程相对保守（Zeze *et al.*，1996）。基因组重复序列 PCR（rep-PCR），是扩增细菌基因组中广泛分布的短重复序列间的片段，通过电泳条带比较分析，揭示基因组间的差异。rep-PCR 基因指纹分析具有分辨率高、稳定、重现性好、简便易行等特点，在一定程度上与 16S rDNA 序列比较结果相一致，是一种快速而有效的 DNA 指纹技术。在细菌基因分型、检测及群体遗传多样性分析等方面有很大的潜力。rep-PCR 目前发展迅速并被广泛应用于多种细菌基因分类，此方法操作方便，分辨效果好，并可建立分型标准数据库。高度重复序列还包括微卫星，已被用于菌根真菌的鉴定。通过 PCR 扩增微卫星得到的指纹图谱进行聚类分析，可以比较种内或种间的差异（Longato and Bonfante, 1997）。这种方法应用与微生物多样性分析可能受到群落复杂性的限制，但用它来检测因环境条件变化引起的微生物群落变化是非常有用的。这种方法的另一个限制因子是需要知道微卫星的序列以便选用合适的引物。

五、DNA 序列分析

最充分揭示 DNA 多样性的方法是 DNA 序列分析尤其是荧光标记的核酸自动测序仪的普遍使用。同时随着生物信息学的发展，已有许多功能基因及专门的 rDNA 序列数据库软件供序列比较，使核基因的序列分析可揭示更高水平的多态性。生态学上用得最多的是"通用"引物扩增 DNA 某些基因（如 rDNA）的 DNA 片段，随后用通用引物直接测序。

1. 核糖体 RNA（rRNA）和其编码基因 rDNA 序列分析

确定一个分离物为一个分类单元，或证明属于一个新的分类单元，最可靠的方法是进行 rRNA 分析，大多数 DNA 多样性研究以核糖体 RNA（rRNA）或其编码基因 rDNA 为对象。核糖体序列（rRNAs 或 rDNAs）分析已成为研究微生物分类单元之间系统进化关系中最常用的方法。在活细胞中，rRNA 通常有 10^4 个拷贝数，在完整或解离的细胞中易被分离并通过寡核苷酸探针检测。而且 rRNA 分子相当稳定，由于种的专一性和致密的二级结构，使它们易从自然样品中分离。

rRNA 是翻译系统中主要的组成成分，它在所有微生物中功能和进化上是同源的。同源物种 rRNA 结构是相当保守的。在微生物多样性研究中，人们最感兴趣的是小亚基 RNA（SSU rRNA）或其编码基因 SSU rDNA。SSU rDNA 包括保守区和变异区。保守区内核苷酸序列恒定，在分类上相距较远的微生物分类群之间才有差异；变异区能够显示微生物种的差异。SSU rDNA 的这种独特的特性可被用来对微生物进行系谱分类。目前人们已经对很多种已知微生物的 SSU rDNA/rRNA 序列进行了测序（大多数工作是对原核生物 16S rDNA/rRNA 进行的），建立了 SSU rDNA/rRNA 序列数据库。该数据库正在不断扩大，目前已有足够大的数据库来对微生物进行系谱分类。

rDNA 分析中，通常用 PCR 扩增 SSU rDNA，扩增产物用凝胶电泳分离并进行分析。目前最常用的分析方法的基本步骤如下（Raskin *et al.*，1994；Borneman *et al.*，1996；Dunbar *et al.*，1999；Muyzer，1999；Ranjard *et al.*，2000；Niemi *et al.*，2001）：抽提土壤 DNA—PCR 扩增 SSU rDNA（16S rDNA 或 18S rDNA）—PCR 产

物的变性梯度凝胶电泳(DGGE)或温度梯度凝胶电泳(TGGE)分离及带谱分析—回收 DGGE 电泳片段—DNA 序列测定—将测得的 SSU rDNA 序列与 rDNA 序列数据库中已知微生物的 rDNA 序列相比较—获得土壤中可能含有的微生物(包括非培养微生物)多样性信息。rDNA 的 PCR 产物也可以通过 ARDRA 技术和 T-RFLP 等基于 PCR 的方法进行分离和鉴定(Liu *et al.*,1997; Moeseneder *et al.*,1999)。与 rDNA 分析有关的问题包括 rDNA 序列的异质性(heterogeneity)(Nubel *et al.*,1996)和 SSU rDNA 的数量变化较大(Fogel *et al.*,1999)等。

2. *功能基因多样性分析*

16SrRNA 基因不能完全代表群落的功能多样性,编码蛋白质的基因在很大程度上决定了一群微生物或一个物种的特征。生态相关的代谢过程可能分布在几个生理群中,而且一个生理群可能拥有多种功能。例如,有机碳的转化是由许多异养微生物完成的。在一些微生物中,许多代谢过程相关的基因已被测序。这样,我们就可以根据这些已知信息设计引物扩增特定基因,然后用分析 16SrRNA 基因的相同方法对其序列加以分析,从而获得功能多样性信息。这种基因序列多样性信息可以用于分析特定环境中分属于不同生理群的功能基因的相对丰度。通过功能基因分析代表群落多样性的基础是它与生理群有直接的相关性。然而情况并非都如此,例如,如果功能基因是质粒编码的,那么它就可以在物种之间转移。这种方法的关键是功能基因的选择。一个环境中生物的演替是由许多因素决定的,而不是一个简单的基因。因此,用于多样性分析的功能基因的选择必须相当谨慎。

六、基 因 芯 片

基因芯片(microarray)技术由 Fodor 等(1991)首次在 Science 杂志上提出,是生物芯片的一种。美国 Affymetrix 公司于 1991 年生产了世界上第一块寡核苷酸基因芯片。基因芯片技术首先被用于人类基因组的研究(Schena *et al.*,1995)。基因芯片是同时快速分析成百上千个基因的实验平台,具有高密度、高灵敏度、快速检测、经济、自动化和低背景水平等优点。在短短的十几年里,基因芯片在新基因发现、表达谱测定、突变检测、基因多态性、基因组文库作图、临床诊断、新药筛选等领域得到了广泛应用。

在微生物生态学研究领域,基因芯片的应用也有其独特优势。第一,它是研究功能基因组学的有力工具,使研究者能够全面研究不同条件下活细胞的生理特性;第二,基因芯片技术不需要知道保守序列,不同种群的同一功能组的所有多态性基因序列都可以同时构建在芯片上,并且以此作为探针来检测它们在环境样品中的相应分布;第三,快速且操作简便;第四,基因芯片需要的样品量少;第五,基因芯片具有定量功能。总之,基因芯片技术在微生物生态学研究中有着很大的应用潜力，非常适用于自然界种群结构鉴定和功能多样性研究。

根据探针排列的类型，可以将用于环境研究的基因芯片主要分为 3 类：① 系统发育的寡核苷酸芯片（phylogenetic oligonucleotide arrays，POAs），含有源于核糖体核酸（rRNA）基因探针，主要是用于微生物群落组成和结构的系统发育分析。② 群落基因组芯片（community genome arrays，CGAs），含有已知可培养微生物的高度专一性基因序列，该技术可以根据可培养的成分描述微生物群落结构。③ 功能基因芯片（functional gene arrays，FGAs），含有特殊代谢途径，如 C、N、S、P 和金属生物地球化学循环过程中保守结构域的功能基因序列，该技术可以用于检测自然环境中微生物群落的生理状态和功能活动（Zhou，2003）。研究表明基因芯片在检测、鉴定和描绘自然生境中微生物方面有很大潜力。例如，Shalon 等（1996）用 *invA*、*virA* 和 23S rRNA 基因为模板设计基因芯片，检测水环境中致病微生物，结果表明可以将水中致病菌沙门氏菌、志贺氏菌和大肠杆菌区分检测出来。利用致病菌沙门氏菌属、志贺氏菌属等 18 个属的 16S rRNA 制成的 POAs，对 10 个菌属的 110 余株细菌作了基因芯片检测，结果可以将绝大多数的致病菌检测出来（Shalon *et al.*，1996）。Rudi 等构建了含有源于藻青菌的 SSU rRNA 探针的小芯片，并在低浓度和高浓度下分析了湖泊中藻青菌的存在和数量，结果表明探针对培养物的分析是特异性的，还得到了湖泊样品中的可繁殖量（Zhou *et al.*，2002）。一种常用寡核苷酸基因芯片的改良型也被用于环境样品中的目标序列分析。

Valinsky 等（2002）利用从土壤克隆文库中获得的 16S rRNA 构建基因芯片，分析比较了来自两个不同农业土壤的 1 536 个 16S rRNA 基因克隆的指纹图谱，结果发现了不同土壤间的组成差异，土壤中特殊的细菌种群与特异性的植物病害抑制作用具有相关性。美国橡树岭国家实验室的 Zhou 等（2002）分别构建了世界上第一块用于土壤环境检测的功能基因芯片和用于微生物群落鉴定的群落基因组芯片。Loy 等（2002）构建了 132 个代表所有已知硫酸盐还原相关的 16SrRNA 寡核苷酸探针（18 个核苷酸）组成的基因芯片，并用这种芯片研究了牙周袋和高盐度蓝藻藻垫中的硫酸盐还原菌的多样性，结果表明基因芯片法获得的结果与环境 16S rRNA 基因克隆、测序法基本一致。目前，这种方法已用于其他微生物类群，如变型菌纲 β 亚纲的红环菌目（Rhodocyclales）（Loy *et al.*，2005）和肠球菌物种（Lehner *et al.*2005）的检测。

尽管已取得一些进展，基因芯片在专一、灵敏和定量分析环境生境中微生物时，仍然面临一些重要的技术挑战。其中主要的原因是自然微生物群落中存在许多遗传关系未知的物种，群落的基因种类可能远远超出目前基因芯片的容量。高度曲解的微生物种类分布，近缘物种间的交叉杂交，种内菌株的变异以及环境中物种间 DNA 分离效率的差异会给分析结果带来偏差。用基因芯片分析未知环境样品时,其杂交结果的解释是一大挑战。基因芯片研究环境样品产生的数据数量可能很大,数据处理工作有待加强。一定程度上,用于分析基因表达数据的生物信息学工具可以用于环境样品的分析,但是在处理复杂的环境样品时仍然有很大困难。此外,如何制备适合于基因芯片分析的高质量的样品成为了研究的瓶颈,样品处理中的自动化和进一步完善将是未来研究的重点。

七、宏基因组学

宏基因组学(metagenomics),又叫元基因组学,也称环境基因组学(environmental genomics)或群落基因组学(community genomics),它是由 Handelsman 等于 1998 年提出的新名词,其定义为"the genomes of the total microbiota found in nature",即生境中全部微小生物遗传物质的总和。生态学中把多种微生物聚居在一起形成的系统叫作"微生物群落",群落中的所有微生物基因组的总和称为"宏基因组"。宏基因组学是指以环境样品中的微生物群体基因组为研究对象,以功能基因筛选和测序分析为研究手段,以微生物多样性、种群结构、进化关系、功能活性、相互协作关系及与环境之间的关系为研究目的,不依赖分离培养技术,直接分析菌群中微生物基因组序列和功能的方法。

鉴于自然环境中约有 99%至今尚不能培养并一无所知的微生物的存在,说明我们目前对微生物的种类和多样性的了解存在很大偏差。利用宏基因组学技术可以阐明比培养方法多得多的遗传信息,这些技术的应用将为人类研究和探明非培养微生物打开一扇大门。宏基因组学研究已渗透到各个领域,包括土壤、海洋、热液口、热泉、人体口腔及胃肠道微生物、空气悬浮物、动植物体附生微生物等。

宏基因组学的基本策略:从环境样本中直接抽提微生物 DNA,将 DNA 片段克隆到载体上,转化宿主菌,构建宏基因组文库。然后根据不同的目的分析宏基因组文库,对文库进行随机 DNA 序列测定以研究微生物群落的组成,筛选文库以发现特异的基因或表达的特殊表型。由于微生物在环境样品中的含量低,且环境样品中通常含有大量影响对 DNA 进行分子操作的物质,有效地纯化环境样品中得到的 DNA 是该方法的关键。

宏基因组学为研究复杂微生物群落及其功能提供了可能。近几年,宏基因组文库已逐渐成为微生物多样性研究的重要工具之一。例如,Schmeisser 等(2003)运用宏基因组学对饮用水输水管道橡胶阀门上微生物群落的系统发育、分解代谢和新陈代谢的能力,以及是否存在对人类健康潜在的威胁等进行了深入的分析,证明这些微生物群落中不存在和致病特征直接相关的 DNA 或蛋白质序列。Kruger 等(2003)研究了黑海西北部大陆架(northwestern Black Sea shelf)的微生物群落(该群落在厌氧条件下进行甲烷氧化产能),鉴定出占提取蛋白总量7%的镍蛋白,生化分析研究表明镍蛋白可能对厌氧条件下催化甲烷氧化起着关键的作用。

宏基因组学为发现新基因提供了方法,从环境样本中直接克隆微生物基因组,利用鸟枪法随机测定DNA序列,使人们可以研究自然状态下的微生物群落。它提供了大量非培养微生物的基因信息,这些信息是进行环境中难培养微生物的系统发育研究和功能研究所必需的(Beja *et al.* 2000,2001; Voget *et al.*, 2003)。Rondon等(2000)利用BAC载体构建两个土壤微生物宏基因组文库,共获得超过1Gbp的DNA分子,通过对16S rRNA序列的分析发现,BAC文库中包括,低(G+C)摩尔百分含量,革兰氏阳性的酸杆菌(*Acidobacterium*)、噬胞菌(Cytophagales)、变形细菌(Proteobacteria)等多种微生物。

宏基因组学还为发现新的生物技术和生物医药产品提供了丰富的基因资源。利用宏基因组学可以发现很多新的在可培养微生物中不存在的具有广泛应用价值的基因和蛋白质,目前人们主要的兴趣集中在从宏基因文库中筛选出具有特异功能的酶基因,如脂肪酶、氧化还原酶、水解酶等,以及分离新的治疗性分子和维生素合成酶基因等。

目前宏基因组学面临的主要问题是如何从宏基因文库中筛选功能基因,需要一个高通量的有效筛选平台。目前从几万或几十万个克隆中只能筛选到几个有活性的基因,这主要可能是由于宿主菌中缺乏有效的转录、翻译以及蛋白转运分泌机制,也可能是由于表达的蛋白不能很好地折叠装配,或者宿主中缺乏其他因子以及具有不同的密码子选择,等等。因此人们正在致力于研究新的载体和宿主菌,以及更敏感的筛选方法。其中,基因芯片技术的应用是非常有效的方法。但是,毋庸置疑,宏基因组学为人们研究复杂微生物群落及其功能,发现新的基因提供了很好的策略。利用宏基因组学,人们在99%的未培养微生物这个未知世界里必将会有更多发现,从而更加深入地认识微生物在地球和人类健康及变化的环境条件中所起的重要作用。

第四节 人类微生物组计划

人体内有两个基因组,一个是父母遗传的人类基因组,编码约2.5万个基因,另一个则是出生以后进入人体、特别是肠道内的多达1 000多种的共生微生物,其遗传信息的总和叫“微生物组”,也可称为“元基因组”,它们所编码的基因有100万个以上。两个基因组相互协调、和谐一致,保证了人体的健康。由于人类对自身体内或者表面存在的巨量与人体共生的微生物菌群的了解微乎其微,所以即使人类基因组计划已经完成,许多科学家仍认为解密人类基因组并不能完全掌握人类疾病与健康的关键问题。

基因与环境相互作用决定人体健康，目前大量的研究都集中在分析人的基因组成与疾病易感性和药物敏感性的关系上，但是在人体内发挥作用、影响我们生老病死的不仅有人的基因，还有大量的共生微生物的基因，研究基因与人体健康关系，一定不能忽略共生微生物基因的研究。

鉴于上述情况，人类微生物组计划被提出来了。

人类微生物组（human microbiome）一词由 Lederberg 等提出，指生活在人体内所有微生物（包括原核微生物、病毒和真核微生物）的总和。

人类微生物组计划（human microbiome project，HMP）是由美国国立卫生研究院（National Institutes of Health，NIH）于 2007 年 12 月 19 日宣布启动的一项新的基因工程，由美国主导，多个欧盟国家及日本和中国等十几个国家参加，将使用新一代 DNA 测序仪进行人类微生物组 DNA 的测序工作，是人类基因组计划完成之后的一项规模更大的 DNA 测序计划，也被科学家称为“人类第二基因组计划”。该计划旨在通过元基因组学方法绘制人体不同器官中微生物宏基因组图谱，以解析微生物菌群结构变化对人类健康的影响。

人类体内或者体表微生物细胞数量是人类体内细胞数量的 10 倍，而且其所含基因数目的总和是人类基因组所含基因数目总和的 100 倍。“人类微生物组计划”所含有的基因数量和复杂程度要远远超过人类基因组。

该计划将对人体内或者体表所有微生物群落进行测序和功能分析，其序列测定工作量至少相当于 10 个人类基因组计划，并有可能发现超过 100 万个新的基因，从而确定个体之间是否有共同的核心人体微生物组的存在，加深对人体微生物组的变化是否与人体健康状况相关的理解。

人类微生物组计划首先对 500 种新参考细菌的基因组序列测序，通过合并其他国际资助项目获得的微生物基因组信息，从而形成涵盖大约 1 000 种微生物基因组的数据库；然后对取自健康志愿者身体五个部位（肠道、口腔、皮肤、鼻腔和女性泌尿生殖道）组织样本内的微生物群落进行分析；最后从患有特定疾病的志愿者体内获得样本，从而将微生物组在人体特定区域的存在及变化情况与特定疾病建立联系。

2010 年 5 月，人类微生物组计划公布了首份研究报告，美国国立卫生研究院等单位的研究人员首先以“人类微生物组参照菌株跨越联盟（the Human Microbiome Jumpstart Reference Strains Consortium）”的名义，在 *Science* 上公布了“人类微生物组参照菌基因组目录（A Catalog of Reference Genomes from the Human Microbiome）”，报告了对 178 种菌株的基因组进行测序的研究结果，预测了 547 968种蛋白多肽。2011 年 5 月，人类微生物组计划通过“人类微生物组数据分析和协作中心（HMP Data Analysis and Coordination Center，DACC）”公布了 690 种微生物宏基因组（megagenome）鸟枪法测序和由健康人得来的 5 034 种微生物 16S rRNA 测序的结果。6 月又对数据库进行了扩充，包括所有与人类相关的参照基因组，以及最初几轮宏基因组测序的样品。2012 年 1 月，数据库进行升级，加入参照基因组、宏基因组鸟枪法和 16S rRNA 等序列数据。

人类微生物组计划不但阐明人类微生物基因及影响构成微生物分布和进化的因素，而且能够帮助科学家更好地理解人类遗传及生理多样性，加深对人体微生物组的变化是否与人体健康状况相关的理解，为当代人类进化提供一个新的视角，为进一步研究人体相关微生物群落奠定坚实的基础。

第十一章
微生物分子生态学

第一节　微生物分子生态学的由来

现代生态学正沿着宏观和微观两个方向发展。分子生物学及其技术的发展和变革开辟了生态学研究的新途径。分子生物学与生态学交叉的研究，越来越引起人们的重视，为两者之间架起沟通的桥梁，于是分子生态学便应运而生了。而微生物分子生态学则为其中的重要分支，它是运用分子的方法和技术，在基因水平上估计种的个体丰度，查明种的变异情况以及探究群落中微生物间相互关系的科学。

分子生物学的发展，使人们从分子水平来研究生命活动的规律。而生物技术应用于生态学研究，是生态学研究手段的一大突破。尤其对研究个体微小的微生物的微生物生态学来说，更是如虎添翼。大家都知道，自然界还存在许多我们不能培养或目前尚不能培养的微生物，采用传统的方法，我们难以对它们进行研究。分子水平研究手段和技术的应用，使我们不必培养微生物，而直接通过对环境中遗传物质的研究来分析其中的微生物，它为微生物生态学的研究开辟了新的途径。

一、自然种群结构鉴定的普遍性问题

在过去几十年中，关于微生物纯培养之间系统进化关系的信息已得到大量积累，但是人们对自然样品中微生物信息的收集相当得少。许多微生物种群难以被确定往往是由于方法学上的限制，其中最大的障碍是许多微生物不能在实验室条件下进行培养。一些不利的环境条件，如温度或气压不合适、培养基成分不合理、物理或化学因素导致失活等，通常会抑制生长，导致复活率降低，限制了我们对微生物的培养。培养基的成分影响微生物的生长状况，从而影响所得菌落的多样性（Johnsen and Nielsen，1999；Sφrheim *et al*.，1989）。也有研究表明菌落形成单位（CFU）的数量通常随培养基营养浓度的降低而增加（Martin，1975；Olsen，1987），然而，只有一小部分土壤微生物群落可用这种方法得到。

据估计，应用传统的微生物纯培养技术，在显微镜下能看到的微生物至少有

99%不可培养或未能在实验室中得到培养(Borneman *et al.*,1996; Giller *et al.*,1997; Pace,1997; Torsvik *et al.*,1998; Trevors,1998b),这样自然界中我们已知的微生物种估计只占20%或更少,而通过对环境中分离核酸的直接分析结果揭示了环境中不能被培养或尚未被培养的微生物的存在。而从DNA水平来对这些微生物进行分类鉴定,给这些微生物的研究带来了新的曙光。近年来,运用分子生物学方法调查温泉、水底微生物垫、特定深海、淋溶床、海洋等环境中的微生物,描绘了其自然状况下种群结构的轮廓,建立了一系列自然种群结构研究的新方法和新手段。

在许多环境中通常存在有活力但不能被培养的微生物细胞,而且即使那些可以被培养的微生物也有的难以划分到现有分类体系的分类单元中去,结果对新环境中种群结构的描述是相当缺乏的。自从三个世纪以前人们第一次描述微生物物种以来,确定微生物分类单元的客观标准一直相当缺乏。至今没有一个关于细菌或真菌种的确切定义(Colwell *et al.*, 1995)。Hey(2001)列举了24个关于种的定义,它们之间都各不相同。传统的种定义是建立在高等植物和动物基础上的,不完全适用于原核生物和无性生物(Godfray and Lawton, 2001)。细菌的遗传可塑性, DNA可以通过质粒、噬菌体和转座子在细胞间转移,使细菌种的定义更为复杂。微生物分类模式至今仍建立在一些模棱两可的生理生化特征和简单的形态学(如菌毛、鞭毛、染色反应以及致病性等)特征的基础上。虽然近来形势有所改观,测定特定细胞化学组分的技术的有效性有所提高,但有时可利用的表型特征不足以鉴定同一种中的不同菌株,许多新的分类实体仍然难以被分类,或者虽已被人为地确定却不能反映微生物的自然系统发育关系。真菌的分类面临类似的问题,现有的真菌分类体系是以真菌的有性阶段为基础的,例如蘑菇和块菌,仅从地下营养菌丝结构就难以区分(Horton,2002)。许多分子生物学方法,如内部可转录间插序列(ITS)和18S rDNA限制性片段长度多态性分析等已被用于真菌鉴定。然而,这些数据的积累仍不足以避免种群结构分析时未知种的出现。丛枝菌根真菌(AFM)的分类体系也模糊不清,传统的分类以孢子形态和染色结果为依据,这使得一些孢子形态结构相似的种难以区分它们的系统发育相关性,从而进行精确分类。近年来,Redecker等(1997,1999,2000,2001)修正了几个关于AFM系统发育关系的错误,结果新定义了两个科。许多研究结果表明,分子技术的灵敏性和专一性使更多的AFM物种得以区分,也使这些微生物能够被深入研究。但是,由于我们对AFM遗传多样性相关知识缺乏了解,从另一方面限制了分子技术在AFM研究中的应用。单个孢子可以包含许多ITS和5.8S rDNA的变异(Redecker *et al.*, 1999),因此,单序列-单物种假说不适用于AFM,否则其多样性可能被高估(Dodd *et al.*,2000; Schubler *et al.*,2001)。

二、利用遗传信息鉴定微生物种群的可行性

第一次提出利用生物大分子比较系统发育关系可以追溯到 1965 年。随着分子生物学的发展,人们对 DNA、RNA 的结构,基因的结构与功能的关系以及变异方式的认识不断深入,揭示了遗传信息传递的规律——中心法则,即 DNA 是 RNA 的模板,RNA 又是合成蛋白质的模板。这预示着 DNA、RNA 和蛋白质均是携带信息的分子。基因通过一条精确的途径决定了细胞的特征。在自然环境中 DNA 序列和数量不断发生变异,无论这些变异是点突变还是诸如缺失、易位或插入的大突变,核酸的一级结构与原始序列相比,均已大大偏离。随着时间的推移,变异频繁发生,结果起源相同的 DNA 有了明显的差异。假如两个物种 DNA 的一级结构有所差异,但在一定程度上有一定的相关性,则说明这些物种起源于共同的祖先。DNA、RNA 和蛋白质的一级结构今天已被阐明,序列分析被认为是"分子钟"或"活化石"。通过比较不同微生物的同源生物大分子来揭示它们之间的亲缘关系。亲缘关系越近的微生物,其序列相似性程度越高,序列越不相似表明亲缘关系越远。

不同物种之间基因一级结构的差异取决于基因产物的功能,编码 rRNA 和蛋白质的同源基因在结构和功能上有很大的保守性,表现在一级结构上有高度的相似性。虽然,对整个基因组序列的分析和比较提供了大量的信息,但真正的情况仍难以搞清。DNA(如 DNA-DNA 杂交)和特定基因(DNA-rRNA 杂交,抗体交叉反应)的序列相似性的测量比较,或真实分子如核糖体 RNA 和部分 DNA 基因组片段的序列分析。运用这些方法对上千种纯培养进行了测定,不仅使我们对原核生物进化的理解有了革命性的突破(通过对 16S rRNA 的分析,提出了三界系统的学说,即新提出了古细菌的概念),而且将导致一个新的分类系统的出现,在这个分类系统中,系统发育关系将在分类单元轮廓中扮演一个主要角色。许多过去分类系统中用以描述分类单元的表型性状,被证明不足以反映真实关系,这正是传统生态研究中鉴定自然个体时所面临的问题。

由此可见,利用遗传信息鉴定微生物有其独特的优势,有着很好的应用价值。而分子生物学新方法的采用主要建立在核酸信息的实用性,参比微生物以及物种所在属的相对系统进化年龄的基础之上。

第二节　自然种群鉴定的策略

分子技术的应用,使纯培养的鉴定有了长足的发展,却不足以阐明自然种群的结构。从简单纯培养获得的知识向复杂微生物群落转换面临的障碍是缺乏足够灵敏的检测微生物的方法,尤其是对那些在群落结构中占比例相当小的微生

物。从一个生态系统研究得来的方法却不能用于其他生态系统的研究。一个自然样品中生命和非生命物质的组成将会对细菌细胞和核酸的回收产生巨大影响,因此必须根据样品的组成来重新设计和选取合适的方法。

对可培养细胞的富集培养就可估计自然样品中微生物个体的多样性。为了研究群落中的微生物状况,可以采取不同的方法。一是对自然样品中特殊标记细胞的直接鉴定。二是从自然样品中尽可能提取生命物质,然后从中分离核酸。三是回避取样直接从环境中提取核酸物质。

一、单细胞的直接鉴定

近年来研究发现,标记的寡核苷酸探针可穿透经甲醛固定的微生物的细胞壁,与细胞内特定的靶序列进行杂交,从而开辟了直接鉴定微生物基因型的方法。荧光染料是最常用的标记方法。阳性反应则通过荧光显微镜检测术来检测。显然这一方法成败的关键在于胞内 rRNA-rDNA 复合物的形成,每个细胞中一般存在上千个 rRNA 拷贝,其中包含了大量的分类专一性信息,其中主要是 16S rDNA 探针。利用界、属、种专一性探针分辨混合培养物中的细胞类型的可行性已充分显示。系统发育株被证明在种和亚种的水平上扩大了分类单元的范围。这一方法的应用使寄主组织中的专性内共生和致病胞内微生物的直接检测可能性增大。以通用探针或专一性探针作用细胞百分率来估计混合样品中特殊微生物的相对含量。不同荧光染料标记的多种探针的使用,使一个样品中多种细胞类型同时鉴定成为可能。这一方法面临的问题是:环境样品的自身强荧光背景,目标生物的数量少,靶细胞的染色强度低。通过发展信号放大系统,以便迅速筛选许多显微视眼并对阳性反应自动记录,这样或许可以解决这一问题。

二、从自然样品中抽提细胞

鉴定环境样品中微生物个体最直接的方法是直接进行菌落杂交。必备的条件是:用选择性培养基培养细胞;富集靶细胞;可利用的有关的专一性探针。菌落经一系列探针测试,或者被证明与选择的微生物有同一性,或者被设定的专一性探针排除于特定的分类单元之外。与明显的生物化学特征一样,高度选择性培养基和针对特定靶基因的 DNA 探针被用于专一性鉴定细菌。类似地,质粒、噬菌体同样能被检测,例如在根癌农杆菌(*Agrobacterium tumefaciens*)中的 T1 质粒的致瘤率,离开自然环境的大肠杆菌(*Escherichia coli*)的存活率,环境中基因工程微生物内外源或变化的 DNA 的维持状况。

然而,自然界中能被培养的微生物是有限的,大约有 90%的水生菌可透过膜过滤器而被分离,但只有 37%的超微浮游生物能通过直接过滤和真空圆柱状过滤器而分离。从复杂样品(如瘤胃、污水、土壤等)中几乎不能抽提到细菌细胞,这是由于细菌细胞与环境物质(黏土、金属离子、附属物、低聚糖等)之间存在吸收和诱捕等相互作用。从土壤中抽提细胞最成功的方法也最多只能得到30%左右的细胞,这一数量虽已足以提供关于分离部位的较为满意的细菌状况,但不足以反映所有种群的分布情况。

在一种新方法中,采用荧光标记的16S rRNA寡核苷酸探针与流式细胞仪相结合来分析微生物个体。现在,流式细胞仪已被用于在形态和生化特征基础上分离细胞。系统发育株的应用,拓展了这种方法用于系统发育水平上收集、鉴定和计量细胞的潜力。

探针的使用起初被限制在探针最初获得的那些细胞类型,更为复杂的分子技术使它用于新种鉴定成为可能。其前提是成功地裂解细胞,包括一系列酶促和机械处理。分离高相对分子质量DNA用于限制性酶切分析需要温和的酶处理过程。在蒸馏水中煮沸细胞以便释放足够的DNA用于PCR分析。但一些菌株对这些简单的处理有抵抗作用。大rRNA物种可通过高压和其他机械裂解的方法回收。低相对分子质量RNA可通过细菌的几次冻融循环,再用热醛处理而获得。从细胞中得到的DNA或RNA可通过CsCl密度梯度离心或凝胶电泳纯化,然后再加以分析。

从长岛南部,加勒比海和马尾藻海(Sargasso)地区分离到的群落的不同浮游细菌凝结物的总DNA杂交表现出惊人的相似性(20%~50%),而百慕大(Bermuda)附近珊瑚礁与湖中群落的浮游细菌凝结物的DNA则表现出低相似性(低于10%)。虽然这种方法不能用于鉴定和计量物种的组成,但它提供了一种直接检测群落随时间和空间季节性变化的简单且迅速有效的方法。

三、从自然样品中直接抽提核酸

该方法中,细胞分离这一步骤被免去,而是通过强烈的机械方法直接裂解环境样品中的细胞,再从中抽提核酸,然后加以纯化。为了使整个抽提过程得以在微量离心管中完成,往往使用少量样品(250mg到1g不等),抽提率可以达到80%以上(Zhou *et al*., 1996; Kuske *et al*.,1998)。从环境样品中直接分离核酸面临的主要问题是:水环境中核酸被高度稀释;土壤样品中生命和非生命物质大量存在,吸附在砂和黏土中的DNA难以被分离;而且分离到的核酸成分复杂,腐殖质很难去除,要获得高纯度的DNA相当困难;还有,分离到的DNA有一部分来自死的或半死状态的细胞。自然界中DNA在诸如174~357℃热气流这样的恶劣条件下仍有存在。近年来,常用凝胶电泳从土壤样品中分离DNA,而不用CsCl密度梯度离心。凝胶电泳更为迅速,许多样品可同时被提取。有一点可以肯定,从土壤中直接抽提核酸要比先抽提细胞再从中分离核酸所得的核酸量要多得多。

从预先分离的生命物质中或直接裂解抽提获得的核酸可用前述方法分析。

大量 DNA 和 rRNA 可被对应于特定分类单元的 rDNA 探针或特定基因的 DNA 探针探测。混合培养物中物种检测和计数的主要差别是基因库的增加,需要对群落中个体成员的基因进行分离和检测。随着可利用基因序列的增加,将来的研究是更多地在菌落水平应用 PCR 引物去扩增基因。而传统的限制性酶切消化分析将被用于缺乏 PCR 引物的基因分析。对一些自然发生生命物质(如马尾藻海、Octopus 温泉和黄石国家公园的浮游细菌)的调查非常仔细,均检测了所获细胞中分离的核酸。第一种方法是 DNA 上的 16S rRNA 基因通过 PCR 扩增,得到单链的克隆片段加以测序。第二种方法是通过 16S rRNA 逆转录出拷贝 rcDNA(松弛环 DNA),随后进行克隆和测序。这些研究均证明自然群落比原先通过培养技术所描绘的具有更丰富的种类。

环境中存在新的微生物种,但通过传统的方法却不能分离、检测,这对于微生物学家来说是一个挑战。存在专一性探针靶位点的新序列可以被检测,并通常作为系统发育株用微生物方法来检测未知微生物。流式细胞仪通常被用于富集细胞,随后对这些细胞进行化学分类,生化,形态以及超微结构的调查。有关未培养微生物的最密切的亲缘关系的信息将提示我们怎样在实验室条件下培养它们。这对于我们更好地利用自然界的微生物资源是十分有益的。

第三节 微生物分子生态学研究方法的优势和不足

一、微生物分子生态学研究方法的优势

微生物分子生态学研究方法和手段的出现,由于无需培养微生物,使一度受限制的自然界未培养微生物的研究取得了一些突破性进展。一些非培养研究方法的出现,使研究者能够研究那些在自然界存在但不能被培养或尚未得到培养的微生物群落组成和种群数量。因此,取得了一些重大发现,例如:古细菌大约占了远洋生态系统的三分之一(DeLong *et al.*,1994);酸杆菌属(*Acidobacteria*)在一般土壤里也普遍存在(Kuske *et al.*,1997);“简单”温泉微生物垫并不简单(Ward *et al.*,1990);许多极端环境(如深海火山喷发口附近)活跃着许多尚未被培养的微生物类群(Miteva *et al.*,2004;Marteinsson *et al.*,2001;D'Hondt *et al.*,2002;Edwards *et al.*,2000);许多熟悉环境譬如人的牙龈的微生物多样性非常复杂(Kroes *et al.*,1999);甚至是一些太空环境也发现了原核微生物的存在,其中还有一些是新种。总之,在过去的 20 多年里,有大量新的微生物分类单元被发现。这些报道如此之多以至于发现新物种已成了司空见惯的事。

这些进步应该归功于 Carl Woese 和 Norm Pace 及他们的学生和同事的开创性工作,应用系统进化描绘微生物多样性,依据它们的进化关系进行分类(Wheelis *et* al.,1992; Woese,1987,1998; Delong and Pace,2001;Olsen *et al.*,1986)。他们的方法都是通过比较 DNA 分子上(16S 和 18S)小亚基 RNA(SSU rRNA)基因序列来推断系统进化关系。他们的这些努力发现了古细菌域(Archaea)的两个次域,泉古细菌界(Crenarchaeota)和广古细菌界(Euryarchaeota);能够区分的微生物分类单元数量也扩大了三倍(Hugenholtz *et al.*,1998)。许多细菌分类单元,如酸杆菌(*Acidobacterium*)和疣微菌(*Verrucomicrobium*),以及其他通过培养后测序难以表现或对其生理生态几乎一无所知的分类单元得以描绘(Ludwig *et al.*,1997; Hedlund *et al.*,1997; Hugenholtz *et al.*,1998; Dunbar *et al.*,2002)。

这些关于微生物分类和多样性的研究进展,打开了生物学家的视野,使他们发现了一个事实:地球上原核生物的种类远远超过其他生命形式(Curtis *et al.*,2002),地球上绝大多数的生物量来源于原核生物(Whitman *et al.*,1998)。地球上原核生物的总细胞数估计可以达到$(4\sim6)\times10^{30}$个,总细胞碳达 350~550Pg($1Pg=10^{15}g$),其碳氮磷的总量与热带植物的总质量差不多。原核生物的物种拥有极其丰富的遗传和代谢多样性。它们是地球化学循环和气候变化的主要参与者,在农业、医疗、动物营养、废弃物处理、生物技术等诸多领域有着广阔的应用前景。因此,更好地理解微生物多样性结构和功能对地球的可持续发展和评估人类活动对生态系统的影响是非常重要的。这些关于微生物多样性的发现,进一步证实了 Mark Weelis 的断言:"地球是一个微生物星球,大型生物只是一些新近的加入者,虽然他们比微生物更加引人注目,也更为复杂,但是他们对全球的影响却不如微生物重要"(引自 Woese,1998)。鉴于原核生物在生物圈的优势地位,阐述微生物群落的多样性,及其组成和功能的时空变化对生态学家来说已变得越来越重要。

二、微生物分子生态学研究方法的不足

虽然分子生态学方法的应用取得重大进展,但是建立在 SSU rRNA 系统发育关系分析基础上的微生物多样性研究方法也有其自身缺陷。建立在 SSU rRNA 基因基础上的生物系统发育关系和建立在表型特征基础上的分类体系之间会出现矛盾,难以协调。用于微生物多样性分析的方法,存在的问题主要有:

1. 取样的代表性问题

从样品中提取 DNA 是非培养方法研究微生物多样性的第一步。因此,从样品中获得能代表其群落多样性的基因组 DNA 是非常重要的。换句话说,样品中存在的所有微生物都能有大致相当的细胞裂解效率是非常重要的,这样样品中所有的种群才能被平等的代表。回收的 DNA 量多少并不重要,只要能满足后续分析的需要即可,质量要符合后续操作的要求(例如,PCR 扩增)。具有讽刺意味的是,许多提高和优化从环境样品中抽提基因组 DNA 的努力都集中在 DNA 得率,几乎无人留意提取的基因组 DNA 是否能够完全代表样品的微生物组成

(Duarte *et al.*, 1998; Frostegard *et al.*, 1999; Griffiths *et al.*, 2000; Hurt *et al.*, 2001)。不同微生物类群的细胞裂解效率是不同的,例如孢子和菌丝之间,不同菌龄的菌丝之间,细胞裂解效率会有明显差异,这将会影响 DNA 抽提的得率。如何评价从样品中抽提的 DNA 是否具有代表性还不明确,但是,调查者应该明白基因组 DNA 的分离,并据此进行分析可能带来明显偏差。

2. 通用引物并不“通用”

用于评价微生物多样性的引物选择是非常重要的。理想情况下,用于扩增真细菌和古细菌 SSU rRNA 基因的引物是可行的,这些所谓的通用引物被广泛采用,但是它们并非“通用”。例如,Baker 等评估了核糖体序列数据库中所有用于扩增细菌 16S rRNA 基因的引物(表 11-1),还测定了它们的特异性,结果发现,这些引物的“通用性”有显著差异,许多引物对真细菌的特异性较差。选择引物扩增古细菌的 16S rRNA 基因时也遇到了类似困难。Baker 等比较了 51 种古细菌引物对初古细菌门(Korarchaeota)和纳古细菌门(Nanoarchaeota)序列的扩增效果,发现 18 种适用于初古细菌门(Korarchaeota),仅有 11 种适用于纳古细菌门(Nanoarchaeota)。由此可见,一些类群会随着引物的选择而被排除在外。

简并引物(在序列上指定区域有一个以上核苷酸)或在指定位置有次黄嘌呤(能于 DNA 上的所有四种碱基配对)的引物的使用可以增加引物的通用性。此外,退火温度、PCR 反应混合物的组成都可以能影响引物的通用性。当这些参数调节以获得引物通用性增加的同时,一些非目标序列也被扩增了。

表 11-1 用于扩增细菌 16S rRNA 基因的常用 PCR 引物(引自 Forney,2004)

引物	序列 5′—3′	特异性[a]			匹配数[b]
		B	A	E	
E8F	AGAGTTTGATCCTGGCTCAG	+++	+	−	2 424
E9F	GAGTTTGATCCTGGCTCAG	+++	+	++	2 741
E334F	CCAGACTCCTACGGGAGGCAGGC	+++	−	−	13 172
E341F	CCTACGGGIGGCUGCA	+++	+	−	16 685
E786F	GATTAGATACCCTGGTAG	+++	+	−	12 616
E553R	TIACCGIIICTICTGGCAC	+++	+	++	18 724
E926R	CCGICIATTIITTTIAGTTT	+++	+++	++	19 950
E939R	CTTGTGCGGGCCCCCGTCAATTC	+++	−	−	8 620
E1115R	AGGGTTGCGCTCGTTG	+++	−	−	1 355
E1541R	AAGGAGGTGATCCANCCRCA	+++	+	−	1 355

注:a. 与真细菌(B)、古细菌(A)和真核生物(E)的匹配用如下符号表示:-表示没有匹配;+表示<25 条序列匹配;++表示 25~100 条序列匹配;+++表示>100 条序列匹配。

b. 核糖体数据库中的总匹配序列数。

为什么这么多的通用引物并不“通用”呢?首先,SSU rRNA 基因上确实存在保守序列,但是即使是这些保守序列也是有差异的。因此,未能发现真正通用引物完全是由于 rRNA 基因序列的异质性。Baker 研究表明,与 E8F 和 E9F 引物相匹配的序列数相对较少,这使它们很少被用作通用引物。当我们将 E8F 引物与序列数据库进行比对时,其中的部分秘密被解开。例如,当我们将 E8F 引物与乳杆菌(*Lactobacillus*)的序列进行比较时,我们会发现大约有一半出错,不能与引物配对,因为与引物 E8F 的匹配的区域是未知和模糊的。用引物 E1541R 匹配时也会出现类似的结果。显而易见,评价引物应该考虑许多数据库中含有许多不完全序列的事实,公正评价引物应考虑这些序列中的目标区段。而且,随着已知序列数据的增加,应该重新评估以前从更小数据库评估得出的引物特异性和效用。

还有更重要的一点是,即便引物与核糖体序列数据库(RDP)中大部分序列匹配,并不意味着是一个好引物。近年来,SSU rRNA 基因数据急剧增加,它们不是由一套系统的方法获得的。而且,如果估计的细菌物种多样性是接近事实的,那么 RDP 数据库中已知的序列(~80 000)仅仅占了估计总数(~10 000 000)的很小一部分(<1%)。综合以上两个事实,试图寻找通用引物的计划会由于数据库信息的缺乏而夭折,一些应该被包括的分类单元会因此而忽略。换句话说,你将不能发现你未知的部分。而事实上,我们将尽我们所能利用可以利用的最好引物和 PCR 条件去鉴定和分析各种样品的最大可能的多样性信息。

3. 语言障碍

在研究生物多样性时,使用相同的语言显得非常重要。研究大型生物的生态学家根据物种和多样性差异将生物多样性分为三个水平:α、β 和 γ。α 多样性指数用以测度群落内的物种多样性;β 多样性指数用以测度群落的物种多样性沿着环境梯度变化的速率或群落间的多样性;γ 多样性指数则是一定区域内总的物种多样性的度量。一个区域的多样性通过三个参数来描绘:种的数目或丰(富)度(species richness)是指一个群落或生境中物种数目的多寡;种的均匀度(species evenness or equitability)指一个群落或生境中全部物种个体数目的分配状况,它反映的是各物种个体数目分配的均匀程度;种的组成(species composition)是指一个群落或生境中确切存在的实际物种。许多微生物多样性的调查应用了术语"多样性",却只描述了一种变化状态或没有变化。这些状态总体上是不精确的,缺乏数据支持。很自然,由于使用的是以 SSU rRNA 基因的 PCR 扩增为基础的方法,分析结果代表的仅仅是所用引物对应的种群。由于 DNA 的 PCR 扩增是一个竞争性酶促反应,样品中被扩增的 SSU rRNA 模板大致上与其丰度对应。因此,数量丰富种群的 SSU rRNA 基因更多地被 PCR 扩增,扩增产物通过 DGGE 或 T-RFLP 分析来描绘群落特征。在群落中数量少于总群落数量 1%的种群(虽然其数量仍然大于 10^5 个/g 样品)在这种分析中通常不能表现出来,也就是说存在一个分析极限,这些方法充其量只是一些半定量的分析手段。结果,群落的确切物种丰富度(或依赖于所用引物的生理群)仍然未知,可能难以确切描绘。但是可以通过各种数学模型估计(Dunbar *et al.*,2002;Hughes *et al.*,2001)。假如调查是看群落的 SSU rRNA 基因轮廓差异,则暗含一个前提物种丰富度的差异是由于 DNA 片段的多寡;换而言之两者所代表的微生物多样性无明显差异。事实上,这种差异可能完全是由于种群数量的差异造成的,而没有物种数量的差异。序列丰度可能与种的数量没有直接关系。

4. 种的概念界定的矛盾

种的概念目前还是生物学中尚未完全解决的问题。在高等生物中,物种通常被看作是彼此杂交能繁殖的自然群体,这个群体与其他群体在生殖上是隔离的。在这里,"生殖隔离"被看作是区分物种的标准。由于原核生物缺乏严格意义的有性杂交,尽管也有人根据能否通过转导、转化、接合等途径进行基因物质交换来定种〔称之为基因种(genospecies)〕,但因涉及基因交换机制的各种障碍,仅根据这个标准定种存在许多问题;目前还可根据基因序列资料来分种,Wayne 等(1987)提出两个同种菌株之间,DNA 杂交同源性必须≥70%,而且其 $\Delta T_m \leqslant$ 5℃;Stackebrandt 和 Goebel(1994)提出 16S rRNA 序列同源性达 97%以上的菌株定为一个种。这些定种标准虽然都有其科学依据,但在微生物分类中,目前尚难以普遍采用。

SSU rRNA 分子的序列比较通常需要采用各种工具进行线性排列,并与有关细菌的相应序列比较,计算相互之间的碱基差异,并计算出碱基差异百分数表示序列之间遗传距离(或进化距离)。显然,研究者需要知道未知物种与哪些已知物种相关。而且,用双名法命名新物种也是必不可少的。目前,应用聚类分析进行细菌分类鉴定的方法已经建立,其中,表型特征谱是决定性的,用来确定培养物的相似性和遗传差异(Vandamme *et al.*,1996)。结果,在过去的 20 多年中,虽然用于原核生物分类的方法变得越来越复杂,但是仍然保留了一个以"表型种"为基础的林奈分类体系。相反,以基因序列(如 SSU rRNA 基因)系统发育关系为基础的原核生物分类方法,应用的是一个"系统发育种"的概念。这两个种的概念是完全不同的。对于 16S rRNA 序列同源性的 97%法则,也有研究发现一些不同种的 16S rRNA 基因序列相似性大于 97%(Yassin *et al.*,2003)。

实际上,目前微生物分类中已经描述的种仍主要是根据各种特征(其中主要是表型特征)综合分析划分的,因此微生物的种可以看作是:具有高度特征相似性的菌株群,这个菌株群与其他类群的菌株有很明显的区别。正是由于微生物种的划分缺乏统一的客观的标准,分类学上已经描述的种存在着不稳定性,有的种可能会随着认识的深入、分种依据的变化而进行必要的调整。许多种通常用于生物分类的相互独立、理论上有效的方法应用于原核生物的分类经常会出现不一致的结果。假如一个物种可以被划分到不同的分类单元,那么就会存在一些模棱两可的物种分类。原核生物的分类显得比较复杂，这可以通过美国微生物学会一次讨论会报告中的一句话反映出来："自然界微生物世界可以看成一个基因与基因组生态图，其中微生物之间相互交换遗传信息、共同进化，随时间推移不断改变它们自身和整个生物圈。微生物基因组进化是微生物群落通过突变、基因漂移以及引起这些变化的生态过程相互作用而造成的结果"（Buckley M.R.，2004）。

三、展　　望

纵观20多年来，微生物分子生态学的发展，众多研究产生了许多用于微生物群落分析的分子遗传学工具和方法。相信在未来的20年中，还将会有大量研究以克服混合基因组多样性分析的方法学限制。克服群落结构精确定量分析的障碍需要完善DNA的分离方法，加强群落结构分析手段。许多现在常用的方法都源自高等生物的遗传分析，而不是土壤群落。一些动物和植物遗传学方法的发展，譬如新出现的基因组学和蛋白质组学，将会给复杂的微生物群落结构分析提供更多的方法。也有可能一些专门用于分析微生物群落结构的新方法将使分子遗传学方法最终成为微生物生态学实验室完善的定量分析程序。显然，分子遗传学分析不能解决微生物群落结构分析的全部困难。因此，一个综合传统纯培养技术、功能分析以及分子遗传学方法的策略才能完整地描绘微生物生态系统中的个体特征，众多方法的有机结合是微生物生态分析的必然。

第十二章 微生物生态学的应用

第一节 农业微生物生态学及其应用

微生物生态学在农作物生长和调控应用领域具有悠久的历史和巨大的潜在应用前景,我们仅仅选择农业中土壤微生物特点和农作物的根系微环境生态平衡来说明微生物生态学在农业中的应用。

农作物赖以生存的基本基质是土壤环境,作物的根系所处的环境及其微生物的区系特点不仅为微生物提供稳定的生态系统,提供植物生存的营养元素,同时局部土壤环境的维持和污染的净化均可以看成是微生物生态的协调结果。土壤污染生态学问题实际是作物的营养供求的小生态环境的平衡和优化。例如,对于豆科植物的根系环境中作好固氮菌和环境的协调性,不仅可以促进植物正常发育,而且可以使两者的关系处于最佳状态,减少不必要的肥料补充,实际也减少了肥料成分对土壤的污染和过度营养成分的积累。

土壤微生物主要聚集在表土层或耕作层土壤中,它们多以微菌落的形式分布在土壤颗粒和有机质表面及植物根系。土壤 pH 的变幅为 3.5~8.5,多数土壤在 5.5~8.5 之间,这正是微生物的最适 pH 范围。农业微生物研究常常关心土壤微生物的种类、生物数量、分布特点及其在农作物生长中的作用和调控机制等问题。由于微生物种类和区系不仅受土质类别的影响。而且,在同一土质基地的不同深度和水平范围中也不相同。其本质的差异是不同微生物的适应性对不同微小生境的差异(营养成分差异,是否通风通气,温度变化等环境因子的差异)的响应机制差异所致。即使在冰雪常年覆盖的南极大陆土壤也会发现大量土壤微生物的生存。如肖昌松等(1995)对南极长城站地区土壤微生物进行调查时发现,氨化细菌共 7 个属:微球菌属(*Micrococcus*)、葡萄球菌属(*Staphylococccus*)、假单胞菌属(*Pseudomonas*)、芽孢杆菌属(*Bacillus*)、产碱菌属(*Alcaligenes*)、黄杆菌属(*Flavobacterium*)和节杆菌属(*Arthrobacter*),总生物量为 10^4~10^6 个/g 土;固氮细菌仅一个固氮菌属(*Azotobacter*),生物量为 10^5~10^7 个/g 土;硝化细菌两个属:硝化杆菌属(*Nitrobacter*)和硝化球菌属(*Nitrococcus*),生物量为 10^4 个/g 土;真菌 5 个属:青霉菌属(*Penicillium*)、金孢霉菌属(*Chrysosporium*)、枝孢霉菌属（*Cladosporium*）、曲霉菌属（*Aspergillus*）和散囊菌属（*Eurotium*），生物量较低（为 10^3 个/g 土）；反硝化菌 3 个属：假单胞菌属（*Pseudomonas*）、微球菌属（*Micrococcus*）和芽孢杆菌属（*Bacillus*），生物量为 $10^2 \sim 10^4$ 个/g 土；放线菌 3 个属：链霉菌属（*Streptomyces*）、小单孢菌属（*Micromonospora*）和诺卡氏菌属（*Nocardia*）（肖昌松，1995）。

一、作物根系环境的微生物区系

根系微生物区系（microflora）是在特定的土壤生态条件下，植物（作物）根系周围的微生物种类和数量组成综合体现（如细菌、放线菌、真菌和原生动物等）。它们受到植物种类、根系特点和土壤特性以及生物类群的相互影响。由于土壤通气和土层覆盖特点，土壤中广泛分布的微生物（细菌、真菌等）主要可以划分为以下几个主要类群。

1. 作物根系环境常见的细菌

细菌是土壤微生物中生物多样性最大、数量最多、功能最复杂的类群。总菌数一般可达 $10^6 \sim 10^9$ 个/g，生物量约占全部土壤微生物总量的 1/4 多。其中以异养型，无芽孢细菌占优势，且大都属中温型，需氧和兼性厌氧菌。主要类群，杆菌类：土壤杆菌（*Agrobacterium*）、棒杆菌（*Corynebacterium*）、短杆菌（*Brevibacterium*）、节杆菌（*Arthrobacter*）、芽孢杆菌（*Bacillus*）、柄杆菌（*Caulobacter*）、分枝杆菌（*Mycobacterium*）等；固氮菌类：根瘤菌属（*Rhizobium*）、固氮菌属（*Azotobacter*）；球菌属：八叠球菌属（*Sarcina*）、葡萄球菌属（*Staphylococcus*）、链球菌属（*Streptococcus*）等。

2. 作物根系环境常见的放线菌属

放线菌个体数量仅次于细菌（$10^5 \sim 10^8$ 个/g）。由于放线菌呈分枝丝状，所以个体较细菌大，其总生物量与细菌接近。放线菌的生长使土壤带有特殊的土腥味。土壤中放线菌的主要类群有链霉菌（*Streptomyces*）、诺卡氏菌（*Nocardia*）、小单孢菌（*Micromonospora*）和高温放线菌（*Thermoactinomyces*）。

3. 作物根系环境常见的真菌

在土壤中真菌数量排第三位（$10^3 \sim 10^5$ 个/g），许多类群能分解纤维素、木质素等难分解的有机物质，在土壤的形成和肥力提高上往往扮演着重要角色。另外，许多真菌在不良环境或缺少适宜的寄主时，能形成孢子或菌核等在土壤中休眠，度过恶劣环境。土壤中真菌的代表性类群主要有霉菌类：曲霉（*Aspergillus*）、地霉（*Geotrichum*）、腐质霉（*Humicola*）、青霉属（*Penicillium*）、丝核菌（*Rhizopus*）、木霉（*Trichoderma*）、毛霉（*Mucor*）、根霉属（*Rhizopus*）等种类。在大部分土壤中，还存在酵母菌，但一般含量较少，有时在某些植物根系的表面较多。常见酵母菌类有：酵母属（*Saccharomyces*）、红酵母属（*Rhodotorula*）、裂芽酵母（*Schizoblasto-*

sporion)和丝孢酵母(*Trichosporon*)等属。

4. 作物根系环境常见的微藻

微藻是水体重要的微型生物类群,人们对其研究相对较为关注(王家楫等 1980;沈蕴芬,1993),而对土壤微藻的研究进展比水域微藻的慢。其实,在土壤中分布着大量藻类,尤其在比较潮湿的区域,藻类有时表现生物多样性,和湿地生态系统具有较大的相似性。在一些教科书中,蓝藻门的部分种类一直被列入微生物类群,如蓝细菌(*Cyanobacterium*),其中鱼腥藻(*Anabaena*)、念珠藻(*Nostoc*)和颤藻(*Oscillatoria*)等藻类最为常见。在湿度适宜和表面的强光照和微光的生态环境中,藻类能够正常生长,尤其在土表层有腐殖质的区域,大量的土壤微藻构成了自养型微型生物种类。土壤理化因子(比如 pH、温度等)在很大程度上决定藻类的组成和演替。

根据藻类生长的营养需求特点,酸性土壤往往是绿藻门的适宜生存环境,相反,弱碱性且含硅酸盐成分较多的土壤最适于硅藻生长。根据藻类对温度的要求,温带区域春、秋季节适合藻类的生长,冬季由于土壤表层的冻土层形成,藻群迅速下降。夏季处于干旱和高温时间持续较长,土壤含水量降低,加上阳光的曝晒,藻类往往形成孢子抵御恶劣环境,种类和生物量均急剧降低。土壤的绿藻主要是绿球藻科的衣藻(*Chlamydomonas*)、小球藻(*Chlorella*)、绿球藻(*Chlorococcum*)以及双星藻科的双星藻(*Zygnema*),蓝藻类的念珠藻(*Nostoc*)、黏球藻(*Gloeocapsa*)和鱼腥藻(*Anabaena*)等。硅藻常见种类为曲壳藻属(*Achnanthes*)、拟气球藻属(*Botrydiopsis*)、异球藻属(*Heterococcus*)、无隔藻属(*Vaucheria*)等属中的一些种类。另外还有较少的黄绿藻(*Tribonema*)。

5. 作物根系环境原生动物和轮虫区系特点

原生动物在土壤中分布较广,各种土壤都有种类多样的原生动物。19 世纪就有学者开始关注土壤原生动物,直到 20 世纪才开始引起人们的重视,并认识到土壤动物与土壤肥力间的相关性,认为土壤原生动物和土壤细菌存在依赖关系,两者共存时,原生动物可以促进细菌的生长,明显提高细菌 CO_2 和 NH_3 的产量。我国学者伊文英院士等(1993)曾组织国内的专家学者,对我国典型地带土壤原生动物和一些微型动物(如轮虫)进行过详细研究,并对我国不同地理区域的生物区系特点进行了详细描述,有关农作物土壤中原生动物和细菌相关性研究报道较少。目前,土壤中的大多数原生动物一般是指排除植鞭亚纲外的、直接吞食其他微生物细胞或微粒物质的异养类群。土壤中的细菌、酵母菌、真菌的孢子或菌丝以及微藻都是原生动物的食物。基于此,也有人认为土壤原生动物是土壤细菌数量的重要限制因子(忻介六,1986)。土壤中的特定生物类群和有机碎屑是原生动物存在的物质基础。而土壤水分含量、pH、氧气含量和温度是决定原生动物物种多样性和生物量大小的重要环境因子。

土壤中常见的原生动物隶属于肉足虫纲（Sarcodina）、鞭毛虫纲（Mmastgophra）和纤毛虫纲（Ciliata）。变形虫类群中为有壳和无壳类的变形虫，如，润湿土壤中的无壳类的蛞蝓变形虫（*A.limax*）、泥生变形虫（*A.limicala*）。有壳的表壳虫（*Arcella*）、沙壳虫（*Difflugia*）和鳞壳虫（*Euglypha*）等。鞭毛虫类的主要种类有波豆虫（*Bodo*）、滴虫（*Cercobodo*）、钟虫（*Vorticella*）、肾形虫（*Colpoda*）、四鞭毛虫（*Tetramitus*）。纤毛虫虫类主要是施氏肾形纤毛虫（*Clopoda steini*）。

土壤轮虫主要是双巢纲的一些种类，一般在有苔藓覆盖的区域出现，但是在土壤表层湿润潮湿的地带也常常见到大量的轮虫，和淡水中轮虫不同，它们常常利用体表分泌物构筑"房屋"使自已居于其中。在 $1m^2$ 的表层样方中，可以达到11万个、落叶层可达50万~60万个，草地可以达到30万个（忻介六，1986）。我国学者对土壤分类工作做过介绍，而对土壤轮虫定量工作没有人涉及。

二、土壤微生物的生态功能

在作物根系周围环境的微生物群落的结构和动态变化受到多方面的影响，微生物间的各种关系、微生物和环境因子间的关系以及作物本身构成了根系生境。通过物质的转化和能量传递。即：有机物转化为无机C和各种形态的无机N，还有一些构成有机体必需的营养要素，如S、P、K、Na和Ca等。微生物的作用，营养元素在不同的形态间的转化，维持了土壤肥力丰度的时空变化和作物生产。另外，作为农作物根系而言，从营养补充角度，使用有机、无机肥料和生物肥料使该系统隶属于有补加的生态系统，其微生物的活动受到的外在影响更加明显。

细菌、放线菌和真菌几乎可以参与生态环境中所有的生物化学过程（物质循环和能量传递）。如由于细菌增殖能力快、周转迅速，而且异养细菌类可以分解有机物并合成腐殖质、自养菌转化营养盐类的存在形式，能旺盛地分解各种自然物质，故在土壤的物质转化过程中具有重要的作用；放线菌的活跃生理活动，参与分解土壤中的诸类有机物质，加速土壤中的物质转化过程；并以其菌丝缠绕土壤颗粒或有机质颗粒，对土壤团粒的形成有一定促进作用。真菌类对土壤表层的落叶分解具有主要意义，在酸性环境中，真菌是进行腐解作用的主要微生物。

藻类在适宜的环境条件下进行自养作用，增加环境中的有机碳总量，在植被被破坏的环境中发生次级生态演替，藻类作为先锋群落，由于藻类活动提供的有机物质为后续生物演替奠定了必要的物质基础。土壤中的原生动物和轮虫等微型动物类群，一般集中在有机质和微生物丰富的表层土壤中（5~10cm 的断层）。由于原生动物食物主要是有机碎片、藻片、细菌、真菌及其他微生物（尤其是细菌）的种类和数量起着重要的平衡和调控作用，对有机碳、氮、硫、磷和其他有机化合物具有矿化作用,并对有机营养物质转变成无机营养物质等具有重要作用。

1. 菌根真菌的意义

菌根是真菌和高等植物根系部位形成的共生系统,两者属于共生互利关系,菌丝体形成网状,围绕在根周围,形成假性的"根须",成为根吸收系统的辅助结构,通过其结构扩大了根系延伸和营养吸收范围,增加了相对吸收面积,增强了作物吸收水分和养料的能力。菌丝体可以通过生物转化分解周围土壤中的有机物质。菌丝体的代谢产物为植物提供维生素类和生物活性物质促进植物健康生长。另外,菌丝体生长所需的部分营养物质和能量需要植物提供,两者构成了互惠共存的关系。一旦微生物生态平衡被破坏,代谢失衡,就会造成菌丝体生长受到影响,进而影响到植物的生长、植物疾病抵抗力降低、抗逆能力和耐受水平降低。

根据其结构特点,菌根一般可以分为外生和内生菌根两种类型。外生菌根的特点是真菌在根结构外面形成致密的鞘套,少量细胞侵入根皮层细胞间隙,在被子植物和裸子植物中常见。在适宜环境条件下(温度、pH、湿度和光照)利用有机和无机营养源合成诸如生长素、维生素、脂肪酸和酶类。合成物又会对作物的某些抗性起到促进作用(如抗病性、耐盐和抗干旱)。

内生菌根主要分布在根皮层中,根外较少,往往又根据真菌是否有隔膜分为两种不同类别即无隔膜和有隔膜内生菌根。有隔膜者广泛存在于农作物和其他的草本类和木本类植物中,具有这种菌根的植物种类超过外生菌根和无隔膜内生菌根数量总和。在贫瘠或者不施肥的土壤中有隔膜内生菌根更具有生产意义。但是由于其外部形态不易辨别,常常被人忽略。

2. 根瘤菌和固氮的意义

根瘤菌是豆科农作物固氮的重要菌类(细菌和放线菌)。通过专一性(如豆科植物)侵入植物根部特定部位形成的具有固定游离氮的固氮共同复合体。根瘤内菌类固定大气中游离的 N,产生 NH_3,后者被类菌体以分泌的形式进入根瘤组织,合成氨基酸。而后通过主动运输等方式传递到植物组织(尤其是地上部分),为植物生长提供了营养。根瘤菌呈单独生活状态而不侵入植物根部时,没有固氮能力,只有选择性的菌类和特定的靶目标(豆科植物)结合才具有上述能力。根瘤菌的这种共生固氮机制是寄生菌和植物两方面共同决定的,前者具有固氮的遗传基因,后者决定是否形成根瘤,两者同时具备上述条件,才形成有效的固氮功能。从目前研究可知,和农作物密切相关的生物固氮微生物主要包括光合细菌固氮(如假单胞菌、硫细菌等)、微氧和好氧性固氮菌(如固氮螺菌 *Azospirillum*、固氮单胞菌 *Azomonas*、根瘤菌 *Rhizobium* 和固氮球菌 *Azotococcus*)、厌氧性固氮菌(芽孢杆菌 *Bacillus*)和固氮蓝细菌(如鱼腥藻 *Anabaena*、念珠藻 *Nostoc* 等)。光合细菌和固氮蓝细菌可以和植物根际形成能光能自生型的自生固氮体系，如在水生系统和南方稻田中，满江红和蓝细菌的鱼腥藻也可以构成固氮体系，促进作物生长，提高农作物产量，黎尚豪等采用在田间接种鱼腥藻（*Anabaena azotica*），结果发现水稻产量增加近1/4，鱼腥藻和念珠藻混合使用，水稻产量增加1/5（黎尚豪，1981）。另外的某些蓝细菌和豆科植物与某些菌构成的共生固氮体系是共生固氮体系。在一定土壤湿度、温度、光照、适宜pH和营养物质充足的情况下进行固氮作用，为作物生长提供营养元素，而作物分泌物和根际环境的相互作用为这些微生物提供营养，两者构成稳定的微生物生态环境，保证了彼此的正常生长。

上述是植物根系生态系统，微生物生态学功能有益的方面，但在相当多情况下和农作物生产中，微生物生态系统失调和群落的演替会给植物带来偏害。细菌、真菌、放线菌和原生生物也会给植物带来病害，影响植物的正常生长。根系微生物往往通过接触根表面，在适当的时机，经过创伤面或者气孔部位进入植物体，产生毒素，分泌酶类和其他物质，这些物质干扰植物的正常生长，随之使植物表现出症状。

第二节 医学微生物生态学及其应用

在人皮肤表面，某些器官内容物（如胃肠道）中分布有不同的微生物，这些微生物和人体构成了不同的关系（偏害、共生等）。在健康的个体中，这些微生物一般是无侵袭力的种类占据主要位置。人体结构的千差万别，环境条件不尽相同（如皮肤的干燥性、口腔黏膜和牙齿表面的温润性，胃肠道食物残渣和pH的不稳定性）使得微生物种类特点差异较大。本节着重介绍口腔、胃肠道微生物生态学知识。

一、口腔微生物与人类健康

口腔是连接机体内外的通道，口腔凸凹不平的结构，水分充分，温度稳定，营养间歇获得性，缺氧和富氧的间歇性等，加上摄食过程唾液和酶类的变化，为微生物附着和生长奠定了良好的基础。因此构成口腔的微生物和微生物间的相互作用关系，以及口腔微生物群落演替具有自己的特点。

口腔分泌的唾液成分复杂，但其中的生物活性物质和维生素类物质可以为乳杆菌提供适宜生长的物质条件，同时唾液的某些物质又会对另外的微生物的生命活动产生抑制作用，限制其无限制地增长。所以过分强调杀灭口腔菌类会杀死某些对人类没有危害但却可以抑制有害菌类生长的某些菌落。通常在口腔中可以见到革兰氏阳性和阴性菌类，根据对氧的需求，又分为好氧和厌氧性。形成牙齿龋齿主要菌群——链球菌在生物量上占据优势。另外某些酵母、放线菌、原生动物(肉足虫纲的极少部分)在口腔都有过报道,但其中有些种类是口腔生境特有的生物。

口腔微生物的活动通过生物彼此间的相互作用会促进或制约与之共同生存的菌群。好氧性和兼性菌首先消耗呼吸进的氧气,结果为专性厌氧菌创造了良好的生存条件,可分泌乳酸等酸性物质的链球菌可以抑制嗜碱环境的菌,彼此相互作用维系口腔菌落处于动态平衡阶段。

牙齿表面牙菌斑的形成是口腔菌落生态演替的结果,洁净的牙齿,短期内出现先锋群落——唾液链球菌,随后菌落多样性增加,种间关系趋于复杂化,群落总体接近顶极群落(链球菌、放线菌等多种菌的复合体),最后由于竞争关系,不适宜生存的种类被排除在外,可以共存的菌类构成了顶级菌落。在日常生活中洗漱和刷牙可以短时间暂时打破这种平衡关系,但其恢复速度也较快。

近年来,随着人类微生物组计划的实施,特别是口腔微生物组项目的开展,不仅发现了更多的与人类口腔疾病存在密切关系的微生物种群,而且还在一定程度上改变了人们对疾病病因学的认识。2008 年美国福赛斯研究所和英国国王学院联合在 NIH 牙颅颌面研究所(National Institute of Dentaland Craniofacial Research,NIDCR)建立了人类口腔微生物组数据库(human oral microbiome database,HOMD)。截至目前,HOMD 数据库中详细记录了 13 门 691 种口腔微生物分类群的系统发育树、16SrRNA 及基因组的信息。这 13 门分别是:放线菌门(Actinobacteria)、拟杆菌门(Bacteroidetes)、衣原体门(Chlamydiae)、绿弯菌门(Chloroflexi)、广古菌门(Euryarchaeota)、厚壁菌(Firmicutes)、梭杆菌门(Fusobacteria)、变形菌门(Proteobacteria)、螺旋体门(Spirochaetes)、SR1、互养菌门(Synergistetes)、柔膜菌门(Tenericutes)和 TM7。其中 49%的口腔微生物种已被正式命名,17%未被命名(但已被培养)34%未被培养。HOMD 数据库还提供了 315 种口腔微生物分类单元(占口腔微生物分类单元的 46%)的基因组。此外,口腔真菌组、口腔病毒组和口腔古细菌组的研究均表现出非常丰富的多样性,并与一些口腔疾病密切相关。

口腔宏基因组研究可比较健康和疾病状态下微生物组结构功能的差异,从微生物多样性、生态特征的角度揭示微生物和疾病的关系,并通过分析基因构成展现微生物群落生态功能的改变,为疾病防治提供新的靶点和思路。例如,致龋微生物组和正常微生物组在群落结构和基因功能上有显著的鉴别特征,可以作为龋病防治的生物标记;未患龋个体的微生物组是龋病防治的基因资源库,从中可以寻找有效的抗菌肽和益生菌作为新型的抗龋药物。Olson 等(2011)研究了西弗吉尼亚人群的龈下菌斑,发现轻度牙周炎和龋病的个体含有大量韦荣菌和链球菌以及中等数量的二氧化碳噬纤维菌,而重度牙周炎和龋病个体口腔微生物种类更丰富,包括一大类的梭菌目细菌,且梭菌是重复定植菌。这项研究提示口腔环境也可影响龈下菌斑的生物多样性。Pushalkar 等(2011)研究了 3 个口腔扁平细胞癌患者的唾液微生物组,共发现 8 门微生物,主要由厚壁菌门和拟杆菌门微生物组成。微生物多样性更为丰富,860 个(33%)已知菌种,非培养或未归类的菌种占 67%,还有 15 个独特种系型在 3 个患者唾液内都存在,提示口腔癌伴随有口腔微生物组的结构改变,口腔微生物组有可能用于口腔癌的早期诊断。鳞状细胞癌是口腔内最常见的恶性肿瘤,Koren 等(2011)研究发现在口底癌患者唾液微生物的构成中,机会性致病菌的比例较健康人群明显增加。

口腔微生物组也可能参与了远隔器官肿瘤的发生或被远隔器官发生的肿瘤所影响。以胰腺癌为例,缓症链球菌和长奈瑟菌在胰腺癌患者的唾液微生物组中的比例明显低于健康人群。动脉粥样硬化是常见的心血管疾病之一,Ford 等(2005)研究发现动脉粥样硬化斑块含有大量的链球菌和韦荣菌,几乎所有的动脉硬化粥样斑块中均可检出牙龈卟啉单胞菌和华丽单胞菌属。此外,Figuero 等(2011)研究还发现具核梭杆菌、福赛斯坦纳菌的检出率也高于 50%,梭杆菌、链球菌和奈瑟菌的分布水平与该疾病的危险信号如血浆胆固醇的水平相关。

二、胃肠道微生物与人体健康

微生物生态的另外一个主要例证是肠道菌落的平衡问题,正常情况下,肠道菌类间以及菌类和机体间保持动态平衡状态。肠道本身可以看成是一个密闭、恒温(37℃)的微碱性“发酵罐”。人体代谢尚未完全吸收的营养残留物、纤维素和水分为这里的微生物提供了适宜的生存场合。

研究表明,在正常情况下,肠道内的细菌有 1 000 多种,而对整个人类来讲,可以到达 10 000 到 40 000 种。肠道菌群约占粪便干重的 1/3,成为人体的正常菌群,它们和人体和睦相处,互相依存。人体肠道菌群是一个复杂的生态系统,包括细菌、古菌、酵母菌和丝状真菌。古菌和真菌各自只代表一个门,而人胃肠道中的细菌却富有多样性。人胃肠道中已经检测到 9 个细菌门,其中硬壁菌门(*Firmicutes*)、拟杆菌门(*Bacteroides*)和放线菌门(*Actinobacteria*)占优势,变形杆菌(*Proteobacteria*)也很常见,但相对较低。肠道细菌的数量和组成与不同的解剖部位有关,在肠道不同部位其微生态环境和所定殖细菌的数量和组成也存在明显差别。

一般情况下,肠道细菌一方面利用肠道中的物质维持自身平衡,另一方面为寄主清除部分有害的代谢残留物,代谢产物的纤维素和氨基酸为寄主所用。如人肠道中大肠杆菌就是典型的共生互利的关系。大肠杆菌产生的大肠杆菌素可以抑制一些具有疾病潜能的细菌或真菌生长。

往往在日常生活中,由于饮食不当、治疗疾病使用的化学制剂(口服酸性或碱性物质)不当,以及临床上长期大量应用广谱抗生素等原因,肠道内对药物敏感的细菌被抑制，破坏了菌群间的拮抗作用，引起菌群失调症，如耐药性金黄色葡萄球菌性肠炎。受风寒以及一些消耗性疾病的发生，也可以导致其中某些菌群失衡，进而影响机体的代谢平衡，表现出疾病状态。近年来，市场上出现为了迎合人们对美容的需求而提出的彻底清除肠道垃圾，达到美容目的的提法显然是一个误区。

在某些情况下人体抵抗力下降，如肠道手术后，滥用抗生素，将正常的细菌大量杀灭，使耐药强的有害细菌，特别是难辨梭状芽孢杆菌大量繁殖，而损伤肠黏膜，导致严重腹泻。病变还产生纤维样物质覆盖在肠道壁上，形成容易脱落的假膜成为特殊的大便。这种疾病来势汹汹，病死率甚高。暨南大学唐永煌教授认为，治疗时只能用万古霉素和灭滴灵，给患者灌入正常人的大便浸出液，使患者增加大量正常细菌，来对付致病菌。

目前这些疾病的治疗主要采用包含调节、服用相关物质改善菌类生存环境达到调节菌落失衡的问题；对于由于使用抗生素造成的菌落演替，使得有益菌削弱导致消化紊乱、腹泻等明显疾病状态，单纯饮食调节已经很难达到目的，只有使用专性或者以广谱抗生素彻底清除无益菌类，重新接种正常菌群。活菌制剂是 20 世纪后期广泛使用的生物活性物质，活体乳酸杆菌、双歧杆菌等已经成为日常生活频繁接触的菌群，近年来推崇的“高博特”盐水瓶、“昂立一号”等生物制品均属于此类。

在肠道菌群研究中，由于益生菌的效果不稳定，单一的益生菌效果不如复合益生菌，一种选择性的替代方法——粪便移植慢慢受到重视，近几十年，粪便移植已经开始应用于艰难梭菌、肠道炎性疾病（IBD）、肠道应激综合征（IBS）和慢性便秘等的治疗。Gough 等（2011）对 2011 年前的 27 篇相关报道的 317 名患者在接受粪便移植后的效果进行分析，结果表明，平均治愈率高达 92%，而且没有发现死亡或明显的副作用。

肠道菌群的强大代谢潜能还被用于特异性的局部给药，利用不同部位肠道微生物的特性进行结肠特异性给药已经应用在局部和系统药物治疗中，有研究表明，这种以细菌为靶标的结肠给药方法比以 pH 反应为靶标的给药方法效果更好。

人体肠道菌群可能编码了 300 多万个基因，这是人类基因组编码基因数量的 150 多倍。目前，从肠道菌群中挖掘新的活性物质，包括新药、功能食品成分和期望的代谢功能基因已经成为药物生物学关注的一个兴趣点。此外，研究肠道菌群复杂的相互作用，还可以用于个性化治疗方案的设计，使药效达到最高，而毒副作用降到最低。

三、呼吸道微生物与人类健康

呼吸道正常菌群是机体的天然屏障。呼吸道黏膜表面和其他与外界相通的黏膜组织一样，定植着相对稳定和特定种类的微生物种群。特别是上呼吸道有着独特的生境环境，受多种因素影响，维持其微生态平衡是保证机体呼吸系统健康的关键。

呼吸道正常菌群在一般情况下是相对稳定的，并对病原菌感染起到屏障作用。但是在病理因素的作用下，这种平衡会受到破坏，某些正常菌群成员被破坏、数量较少，从而破坏了正常菌群的均势，使"菌群失调"。上呼吸道感染的发生尤其是慢性咽炎和慢性鼻炎，除了真正有致病微生物感染外，很大一部分病例并无明显致病菌感染，而是生境微生态出现了正常菌群的生态失衡，原生境处于优势或次优势的微生物菌种比例明显下降，而处于冗余状态的菌群成了优势菌群。对于这两种慢性炎症采用传统的抗炎、抗过敏等治疗方法往往治疗效果不尽如人意。

鲁辛辛等(2001)查明了正常人咽黏膜菌群的丰度和密度：常见 7~8 个菌属，13~16 个菌种。以甲型链球菌为主(占 40%~60%)，球菌群和梭杆菌属(0~40%)；进一步查明了急性咽炎发作时致病微生物取代固有菌群演替成峰顶种群的过程及慢性咽炎菌群内部消长紊乱的现象，证实慢性咽炎很多情况下是固有细菌群落内部某些菌种异常增殖，而细菌总数接近正常，有些长期使用抗生素者、干燥性和萎缩性咽炎病人，微生物种群的密度和丰度极度减少甚至发生生境裸露。当然，我们也必须考虑到一些咽炎是由于致病微生物感染引起的，尤其是一些特殊细菌的侵犯，如链球菌感染菌株 M 分型改变，细菌 L 型感染及淋病奈瑟菌感染等，变态反应也是其影响因素之一，故在治疗感染性咽炎的同时，提示应用抗过敏治疗的重要性。致病菌的感染各年龄也有差异，婴幼儿呼吸道的葡萄球菌感染以金黄色葡萄球菌为主，与其他年龄段不同。

早在 1981 年就有文献提及链球菌对致病微生物的拮抗活性及其在鼻咽部微生物菌群生态学稳定性维持方面的作用，也有体外实验证实健康人鼻咽部存在的唾液链球菌具有保护鼻咽部，以及防止脑膜炎球菌的生长，它们的拮抗活性在很广的范围内变化，说明不同的菌株对于保护机体抵抗脑膜炎球菌感染方面的能力不同。最终证实了唾液链球菌具有保护鼻咽部，以及防止脑膜炎球菌建群的决定性作用。没有成熟的应用生物制剂补充鼻、咽部消亡菌及弱势菌来治疗咽炎鼻炎的方法，但有学者提出慢性咽炎、慢性鼻炎菌群失调问题。Sullivan 等(2001)认为正常的微生物菌群可以起到防止潜在的致病微生物建群及防止已经存在的机会菌过度生长的作用。在 1 岁以前所有婴儿的鼻咽部均建立了各自的微生物菌群，婴儿的细胞是这些菌群的主要来源。用抗微生物制剂进行处理，不论是起治疗作用还是起预防作用，都会引起正常的微生物菌群生态失衡。

截至目前，有关呼吸道微生物的研究多集中在致病微生物研究者上，而研究菌群失调的少；目前尚没有成熟的应用生物制剂补充鼻、咽部消亡菌及弱势菌来治疗咽炎鼻炎的方法。但肠道微生物制剂成功应用于临床之后对于探讨和研制上呼吸道微生物制剂的开发必将产生很大的推动和借鉴作用。

四、泌尿生殖道微生物与人类健康

人类的泌尿生殖道男女有别，但是就微生态系统而言，主要是指女性的泌尿生殖道的生态系统。它是人体四大生态系统之一，在人类的繁衍和防御技能方面起着重要作用。女性的泌尿生殖道包括内生殖器和外生殖器。内生殖器包括阴道、子宫、输卵管和卵巢。外生殖器又称外阴。健康女性的子宫、输卵管和卵巢等部位通常是无菌的。外阴是生殖器的外露部分，外阴及阴道又是性交、分娩及各种宫颈操作的必经之路，其中正常菌群主要分布在阴道四周侧壁，其次分布在穹窿，部分在宫颈。外阴菌群比较复杂，与个体的卫生条件等相关，不仅有细菌如葡萄球菌、链球菌、大肠杆菌、丙酸细菌和类杆菌等，还有原虫（如滴虫）、真菌（白色念珠菌、毛霉菌）、病毒等，是引起女性泌尿生殖道感染的主要来源。

阴道生态系统中，在阴道黏膜上不同微生物种群相继更替的过程，叫作阴道微生物群的演替。新生儿的阴道是无菌的，在出生后 7~8 小时，阴道就开始有菌出现，主要是葡萄球菌、肠球菌、类白喉杆菌等。2~3 天后厌氧的或兼性厌氧的乳杆菌取代了上述需氧菌，形成纯种状态。由于新生儿可以从母体获得雌激素，因此阴道黏膜上皮细胞内有糖原积聚，阴道分泌液呈酸性。过一段时期，雌激素消失，阴道黏膜上皮细胞内糖原蓄积停止，阴道乳杆菌减少或消失，代之以球菌为优势菌群。此时，阴道环境由酸性转变为碱性或弱碱性。到了青春期，雌激素又开始分泌和活跃，阴道黏膜上皮细胞内糖原又积聚，乳杆菌又出现，阴道内形成相对稳定的正常菌群定植。来自宫颈分泌的黏液，以及前庭大腺分泌的黏液，使阴道内保持湿润状态，并且阴道黏膜的上皮细胞，随激素中雌、孕激素的变化而发生周期性改变，如排卵前在雌激素作用下，阴道上皮底细胞增生，渐次演变成中、表层细胞，表层细胞增生并角化，细胞内糖原储存丰富。排卵后，在孕激素的作用下，阴道上皮细胞脱落、崩溃、糖原释放，成为阴道细菌生长的营养。加上上宫颈黏液的分泌，这些黏液是等渗的并含有一定量的氯化钠和糖蛋白，以及子宫内膜周期性剥脱和出血（即月经），其残留物都是细菌生长的营养源。

阴道生境的清洁度会对阴道菌群产生不同程度的影响。育龄期妇女检出细菌的种类和数量最多，阴道 pH 低，多半以乳杆菌为优势菌群。随年龄增加，阴道 pH 逐渐升高，检出细菌种类和数量减少，多数个体的阴道无优势菌群。

妊娠时,前庭和外阴的细菌增加,厌氧菌的分离率为25%,需氧菌和兼性厌氧菌的分离率为40%,这是因为前庭腺体和阴道排出物增加,外阴处于湿润状态,利于细菌的生长和繁殖。有研究在调查非妊娠的健康妇女阴道菌群时,检到需氧菌、兼性厌氧菌、真菌、厌氧菌等29种,而在妊娠时只检出19种,细菌的种类数量减少。健康孕妇阴道菌群中大肠杆菌、消化球菌、类杆菌的检出率低。孕期这种演替有利于孕妊和胎儿在妊娠期间的卫生。孕妇羊膜囊中羊水是无菌的。产妇破水后,阴道菌群的种类和数量都减少。这与羊水的冲洗作用,尤其是羊水的抑菌或杀菌作用有关。但是产妇破水后,随着处理时间的延长,子宫内和残存羊水内,厌氧菌的分离率都增加。破水过程中,可能存在阴道菌群对羊水的污染。

衰老过程阴道菌群的生态演替,与宿主内分泌功能及阴道生境改变密切相关。育龄期妇女雌激素分泌旺盛,阴道黏膜上皮细胞糖原储存丰富,脱落或崩溃后,经酶和菌群作用形成低 pH 环境,有利于乳杆菌等生长,而不利于 B 族链球菌和金黄色葡萄球菌生长。随年龄增加,雌激素分泌减少或停止,阴道上皮细胞糖原储存减少,阴道 pH 上升,乳杆菌等分离率减少,相反 B 族链球菌和金黄色葡萄球菌等分离率增加。可见,衰老过程中,宿主的内分泌功能减退,阴道生境改变。如黏膜上皮角化、增生力差、排泄减少、上皮细胞糖原储积减少、pH 上升、清洁度上升,必然导致阴道菌群的生态演替。反过来,这种演替又促进宿主的老化过程。因此,对更年期综合征和抗衰老的预防和治疗,除了恰当使用雌激素外,若能综合进行菌群调整疗法,将会收到更好的效果。

子宫颈外口连接阴道的顶端,子宫颈外口经产妇和未产妇不同。子宫颈黏膜受卵巢激素影响有周期性变化,如雌激素分泌旺盛时,子宫颈口松弛,黏液分泌增加,稀薄而透明,易拉成丝。排卵后受孕激素的影响,宫颈口闭合。黏液分泌减少,质地变黏稠而混浊,不易拉成丝。宫颈周围和宫颈口含有氯化钠、糖蛋白,以及氧分压低,为部分细菌(如厌氧菌)生长繁殖的场所。宫颈外口有时可分离到棒状杆菌、链球菌、白色念珠菌等,而且分离率都较低。但是厌氧菌常被分离到,有研究报道,厌氧菌分离率未产妇为8.7%,经产妇为20.7%,妊娠妇女为7.5%,妊娠妇女分离率最低。宫颈的常住菌是产黑色素类杆菌、厌氧消化球菌。从整体水平来看,宫颈生境中生态系与阴道生境中生态系类似,只是成员和数量少。但从种群来看,许多厌氧球菌(在宫颈的生境中)分离率高的个体,与阴道生境中的生态系的种群不同。

阴道腔内微生物与宿主、环境保持着协调、动态的平衡关系。人体的外生殖器菌群视个体的卫生情况而异。但是健康妇女的阴道菌群,对每个宿主来说,其种类、数量、比例和分布是相对一定的。伴随宿主终生的阴道微生物群恒定性,也是在长期适应、进化过程中形成的。阴道菌群中的常住菌有乳杆菌、表皮葡萄球菌、棒状杆菌、大肠杆菌、粪链球菌、白色念珠菌、消化球菌、类杆菌和支原体等，它们在宿主的内分泌功能和阴道生境改变时，也发生生态演替，即建立新的生态平衡。这样微生物群、环境、宿主处于动态、协调、和谐的平衡关系，这种平衡有益于宿主，如生物屏障的构成等。

常住菌中最重要的成员是乳杆菌。它在健康妇女阴道排出物标本中的分离率高达 50%~80%，尤其是以乳杆菌为优势菌群的个体，阴道 pH 低，清洁度为 1 度，许多条件致病菌分离率减少。因此，可以说乳杆菌在维持阴道的自净作用方面起主要作用。乳杆菌中尤以嗜酸乳杆菌为主，其分离率达 45% 以上，数量也超过 5×10^7/mL，主要分布在阴道侧壁黏膜上，酵解糖原作用最强。因此，它是阴道菌群中最重要的常住菌。

无论是宿主的年龄变化，或者是月经周期、妊娠、破水过程，显然阴道微生物群会发生生态演替，但这种演替也是微生物群与环境、宿主之间所建立的新的、协调的、和谐的动态平衡，它也是在生理范围内波动的生态平衡，这种平衡有益于宿主的健康。

五、皮肤微生物与人类健康

皮肤作为人体最大的器官，上面定居着各种各样的微生物，它们大部分是无害的，甚至对人体有益。健康皮肤的表面能够供养生命，各种外寄生物包括微生物能够利用角质层外层的环境和毛发覆盖，尽管后者具有限制表面寄居和阻止进入真皮的防御机制。皮肤表面的生态环境因不同的表面特征和外部因素而呈现不同的格局，使得分布于皮肤上的微生物群落出现差异。

皮肤的主要功能是作为物理屏障，保护机体免受外来生物或有毒物质的侵害。同时，皮肤也是人体与外界环境接触的场所，因此常驻有各类微生物，包括细菌、真菌、病毒等。通常这些微生物都是无害的，其中部分微生物还能为人类提供一些机体不具有的重要功能。如一些互生的微生物在皮肤表面广泛存在，可保护机体抵抗入侵的病原体；另外，还有一些微生物具有驯化 T 细胞的作用，使它们能对相似的入侵病原体做出应答。

如果将皮肤看作一个生态系统，那么它就是由各类微生物和皮肤表面的组织细胞及各种分泌物、微环境等共同组成的整体，维持着微生物群落与皮肤表面组织细胞之间的微妙平衡。这种平衡一旦被打破，可能会引起皮肤病或感染。这种扰动既可来自内在因素（如皮肤分泌物的组成变化引起某种特定菌群的生长），也可来自外在因素（如抗生素的使用或护肤品的涂抹）。

人的皮肤位于人体的外表，比肠道、阴道、呼吸道、口腔等生境受环境因素的影响更明显，像季节、气候、湿度、气温、生活习性和淋浴、洗脸等都对皮肤菌群有一定的影响。有学者曾对气象条件、表皮 pH 等环境因素影响健康皮肤的细菌群，如对葡萄球菌的动态变化进行过研究，结论是无论是洗脸或淋浴，脸部和胸部皮肤表面的表皮葡萄球菌 6~10 个小时后会恢复原来菌数，说明表皮葡萄球菌作为常住的优势菌在宿主皮肤表面具有相当的稳定性。表皮葡萄球菌在皮肤的检出总数随季节变化而增减，季节中的主要影响因素是气温和湿度。气温升高、湿度超过 70%时，皮肤葡萄球菌数增加。气温升高、湿度增加不明显时，葡萄球菌增加也不显著。湿度高，而气温过低时，葡萄球菌增加也不明显。就季节来说，人额部和上胸部葡萄球菌数量在夏季增加显著。多位研究者认为气温升高，皮肤角质层排出水分增加，若湿度超过 70%时，皮肤角质层水分不易蒸发，含水量增加利于细菌的繁殖和生长，因此皮肤表皮葡萄球菌增加。可见皮肤角质层栅栏状结构，以及鸟氨酸、赖氨酸、精氨酸等氨基酸类物质和电解质对于皮肤水分及体温调节起一定作用，当然更不能忽视增长的皮肤菌群参与调节作用。

人刚出生时皮肤是无菌的，但出生后不久，皮肤表面即寄居许多细菌和真菌，这些微生物种群的种类和数量从新生儿、婴幼儿、青少年、壮年到老年都符合一定的微生态学规律，通常情况下并不致病，从而成为人类生命存在不可分割的组成部分，在抵御外来病原菌的入侵过程中功不可没，一旦机体内环境或外环境发生变化，皮肤微生态学规律将受到破坏，正常菌群内的相互制约关系也受到扰乱。此时不但病原菌容易侵入，正常皮肤的微生物菌群也可引起疾病。

皮肤正常微生物菌群的种类较外界环境中不计其数的微生物来说，只是很小一部分，但从数目来看，每平方厘米也有 6 万~8 万个菌株。一般认为，皮肤上的微生物菌群主要存在于表皮最外层（即最外层疏松的角质层与表皮皮脂膜之间）以及毛囊开口处，大多数细菌以微小菌落的形式存在。

正常微生物群的种类和数量，在不同个体之间有一定差异。一般皮肤上的正常微生物群可见到表皮葡萄球菌、类白喉杆菌、厌氧性丙酸杆菌、绿脓杆菌、一些非致病性分枝杆菌、需氧芽孢菌、厌氧芽孢菌、大肠杆菌、变形杆菌、梭形芽孢杆菌、棒杆菌、新型隐球菌、皮癣菌、糠秕孢子菌等。

皮肤上的正常菌群与生活习惯、职业等密切相关。一般表皮葡萄球菌远较金黄色葡萄球菌为多，间或有化脓性葡萄球菌、厌氧痤疮棒杆菌、分枝杆菌以及许多无害的酵母等，后者与生活习惯、职业等密切相关。外耳道皮肤也有皮肤菌群，可找到肺炎链球菌、革兰氏阴性杆菌等。在正常皮肤上，真菌菌群也比较多，尤其是酵母或酵母样。

第三节 水生微生物生态学及其应用

一、水体基本特性

水是一种很好的溶剂，是我们地球上生命重要的介质，是水环境中能量和物质自然循环的载体，也是支撑某些生物的基质。水体的液体性、特殊热化学性、光照的吸收穿透性等特点，决定着水体生物区系的广泛性和复杂性。水体中含有 C、H、O、N、P、S、K、Na、Ca 和 Mg 等多种构成生命的元素，其中主要的 8 种离子为 K^+、Na^+、Ca^{2+}、Mg^{2+} 和 Cl^-、SO_4^{2-}、HCO_3^- 和 CO_3^{2-}，它们以有机或无机态出现在水体中。一般而言，江河、湖泊和池塘内的营养较为丰富，直接与土壤相毗连的沿岸区域比敞水区含的有机质多。

水体的热能主要来源于太阳的光能，水体温度生态幅变化较大，如海洋远海区域水温在 5℃以下，温带地区淡水水体的温度变化多在 0～30℃，河流的温度受季节影响大。温泉的水温可在 70℃以上，有些典型温泉可高达 100℃左右。水域生态系统中，氧是最重要的限制因子之一，氧在水中的溶解度较小，易被好氧微生物和自氧生物的呼吸作用耗尽，这在养殖池塘和静水湖泊内较为明显。而江河水域，由于水的流动可不断有氧溶入。淡水水体 pH 变化范围在4～11，江河、湖泊及池塘的 pH 在 7～8.5，比较适合水生微生物的生长。

二、水体中的微生物区系

水域生态系统主要包括湖泊、水库、江河和海洋生态系统等不同类型，而水库实际上是“人工湖泊”，有与湖泊基本相同的特征，本章节主要按照盐度简述淡水和海水生态系统微生物生态学问题。

淡水微生物特点在自然界水的循环过程中是人们可以直接观察并感受到的，水通过植物的蒸腾作用和地表的直接蒸发而进入大气层，在适当的条件下以降雨、雪、雹等形式回落地表。部分直接通过流域径流进入江、河、湖泊和海洋构成了水域生态系统（淡水生态系统和海水生态系统）。水体中溶解有机物、悬浮有机物和各种无机物质，虽然含量低于土壤中的绝对量，但是水体中生物在水-气、水-陆界上还存在物质交换作为部分补充，因此基本上能满足各种微生物的营养需求。因此，水体也是微生物广泛分布的第二个天然环境，在各种水体中存在有大量的各种微生物。在水域生态系统中，分布的不同数量的各种微生物构成其中的生产者（微藻、部分细菌）、分解者（细菌）等要素。

由于淡水区域的自然环境多靠近陆地，而且还存在水体与底泥界面的交换作用，因此，淡水中的微生物在水-气界面的交换、随污水的流入或动植物尸体的带入等，特别是土壤中的微生物，常随同地表径流进入江河、湖泊之中。使得水体微生物区系较为丰富。

静态池塘水体（尤其是从事水产养殖的池塘），被污染的江、河、湖泊水体，以及下水道的沟水中，有机物含量高，微生物的种类和数量非常高，每毫升一般在千万个以上，甚至达到几亿个。其中以能分解各种有机物的一些腐生型细菌、真菌、耐受污染的藻类和原生动物为主。但这些微生物往往又是进行水质处理的良好种类。淡水中常见的细菌有各种芽孢杆菌、弧菌（*Vibrio*）和螺菌（*Spirillum*）等。真菌以放线菌为主，另外还有相当大数量的酵母菌。

海水中常见的细菌主要有假单胞菌、枝动菌（*Mycoplana*）、弧菌（*Vibrio*）、螺菌（*Sprillum*）、硫细菌、硝化细菌和蓝细菌中的一些种；酵母菌有色串孢（*Torula*）和酵母属中的一些种；霉菌比细菌少。

总体而言，水体中的微生物无论种类还是数量，均比土壤中的少，微生物在水中的分布常受营养元素、溶解氧、光照、温度、酸碱度等环境因子的限制。水体特点差异决定了它们在水平分布、垂直分布和季节分布等时空分布上的差异非常明显。例如，有机质含量高的水体，微生物的物种多样性和丰度较高；温带水体内的微生物数量比极地极端环境水体的微生物多；水表区好氧微生物多、厌氧微生物少，相反的，水层内和水底区好氧微生物较少，厌氧微生物较多。池塘沿岸带、河流河口地带和海洋潮间带微生物种类和生物量远比敞水区和远海多。如河口海水中，每毫升含细菌可以达到10万个以上，远洋的海水中，每毫升不到1 000个。

三、水体微生物的作用

（一）水体生产力来源

整个地球表面，约有71%为水所覆盖，由此可知水体中各种生物的作用是巨大的。按照生态学家的划分标准，就水层区而言，水体生物可以划分为超微型浮游生物（0.2～2.0μm）、微型浮游生物（2.0～20μm）和小型浮游生物（20～200μm）。自氧作用的细菌和部分蓝细菌属于超微型浮游生物类群。广义上的水体微生物应当包括细菌、真菌、放线菌、蓝藻和原生动物，所以在多数水体中，光合合成和化能合成生产能量的生物是微生物范畴。在补偿深度以上的区域以光合细菌、蓝细菌和藻类生产有机物质；而在补偿深度以下的少氧或无氧区域则以化能合成的细菌生产有机物质。这些微生物，能通过光合作用或者化能合成作用，将无机物转变成有机物，组成其本身，被称为一级生产者。

细菌的光合作用主要指光能自氧菌——硫细菌在光和 H_2S 条件下合成有机物释放S的过程，这些细菌主要是细螺菌科（Rhodospirillaceae）、着色菌科（Chromatiaceae）和绿硫菌科（Chlorobiaceae）的种类。其合成过程如下：

$$CO_2 + 2\ H_2S \longrightarrow 1/6\ C_6H_{12}O_6 + H_2O + 2\ S$$

在一些有大量外来营养输入的水体（如富营养化的湖泊中，有机物除来自细菌和微藻外，很多来自周围陆地上的死叶片、腐殖质和其他有机腐殖质），在特定时间细菌的光合作用会超过藻类的光合作用，但总体而言细菌产生的生产量在整个生态系统中的份额较低，最高也不超过 25%。

化能合成作用主要发生在厌氧水层中，尤其在含氧和厌氧交界的区域最突出，其他地方和底泥区化能合成较微弱。

细菌在水体物质分解过程中的地位是其他生物无可比拟的，它们利用死亡的有机体作为营养，通过一系列生理活动转化为能被其他生物利用的无机营养元素，使得物质循环和能量传递维持下去。异养微生物成为富营养湖泊中的腐屑食物链（detritus food chain）。这些物质主要是受细菌和真菌的作用，并且被部分地转变成为微生物蛋白质。在这样的水体中，食物链可能不是由光合生物开始，而是从这些异养微生物开始。由此可见，微生物在水生环境的食物链中起着关键的作用，为浮游动物和鱼类提供了丰富的食料，具有重要的经济价值。

（二）水体富营养化因素

水体富营养化是指由于藻类的无限制增长和人类活动的污染，使得水体中营养物质增加，而异氧菌类的活跃代谢使有机物质快速转化为可以被藻类利用的无机营养盐，引起植物（尤其是微藻）过量增长，积聚在水表区，使整个水体生态平衡改变，从而造成危害的一种污染现象，称为水体的富营养化（eutrophication）。当水体接受了大量的有机物或无机物，特别是磷酸盐和无机氮化合物，使水中含有过多的含氮、磷等的营养物质，引起藻类过量生长，产生大量的有机物，异养菌（某些藻类）氧化这些有机物，耗尽水中的氧，使厌氧菌开始大量生长和代谢，并分解含硫化合物，产生 H_2S，从而导致水产生难闻的气味，并由于缺氧和有毒分泌物引起鱼和好氧微生物的死亡，最终引起水体出现大量沉淀物并发生水华（water bloom）。它使水体失去其利用功能。如果把蓝藻也归入微生物体系，可以讲藻类和微生物是水体富营养化的主导生物因子。

（三）水质检测和监测生物

水体微生物的分布具有独特的特点。从界面而言，有水-气界面、底泥-水体界面，各种微生物在水体均有分布，陆地上的菌类在水体均能找到它们的踪迹，如病毒、细菌、真菌、放线菌、微藻和微型动物等。由于微生物对营养需求不同，在不同的污染带其区系和生物量差异巨大，因此，人们可以根据不同区域微生物特点和微生物生化需氧量（BOD）指标来判定水体污染等级和污染程度。表 12-1 是 Saunders（1980）根据国际生物规划委员会（IBP）数据提出的湖泊细菌指标体系。

表 12-1 湖泊类型和细菌量

湖泊类型	细菌数量/($\times10^4$ 个/mL)	生物量/(g/m^3)
贫营养型	0.50	0.15
中营养型	1.00	0.70
富营养型	3.70	2.30
未施肥池塘	2.0~6.0	2.0~6.0
施肥池塘	5.0~20.0	5.0~25.0

(四) 养殖对象的病原体

水体微生物与水产养殖对象直接接触的菌群主要是细菌,除细菌外还有酵母菌、放线菌、噬菌体及病毒等,它们在不同水环境中的物种多样性和生物量不尽一致,在同一水域的不同季节微生物菌群和水体其他生物群落之间维持正常的生态平衡。随着水环境的污染,外来菌群的增加,使得病原微生物如沙门氏菌、肠道病毒,以及引起鱼虾病的嗜水气单孢菌、副溶血弧菌、呼肠弧病毒等也会在水中大量繁殖并形成浮游病毒群,水中微生物生态情况直接影响水生生物的生长系列,一旦致病条件成熟,感染养殖对象后,导致其代谢平衡失调,使本来无条件致病的病原也变成了有害或强毒病原,从而诱发养殖对象疾病。目前,随着微生物生态学研究的逐步深入,20 世纪 90 年代,人们发现了可以改良养殖环境的多种有益微生物,这些微生物可显著改善水质,防止养殖对象疾病发生,提高鱼虾产量。如,噬菌体、黏细菌、蛭弧菌和芽孢杆菌可以抑制有毒藻类形成赤潮和水华;光合细菌可以处理有机废水和净化水质;蛭弧菌可以净化湖水,清除致病的弧菌、大肠杆菌和点状气单孢菌。而“EM 原露”就是采用多种有益微生物(双歧杆菌、芽孢杆菌、光合细菌、蛭弧菌、放线菌、乳酸菌、醋酸杆菌和酵母菌等)混合培养制成的产品,它们在生长过程中的产物及其分泌物成为各自或相互生长的基质,正是通过这样一种共生增殖关系,形成了复杂而稳定的微生物关系。

(五) 水污染处理的生物技术

水体污染是从生物多样性角度解释的。水污染是指任何带进水体的物质使水体生物多样性指数下降的现象(Patrick,1953)。人类活动和自然界变化往往会使得污染物进入水体,一旦这种物质浓度超过水体稀释和自净负荷,使得水体和底泥的物理、化学性质或生物化学性质发生变化,降低了水体的使用价值,这种现象称为水体污染(water pollution)。无毒的污染物(主要指无机和有机形态)进入水体,使得微藻营养物质陡然增加,为藻类过度增殖提供了丰富的营养,导致水体出现水华等现象,造成水体富营养化。有机污染物(糖类、蛋白质、脂肪等)易于被微生物降解。有氧时,好氧微生物作用占主导地位,产物多为

CO_2、H_2O 等稳定化合物，在实际应用中多以生化需氧量（BOD）、化学需氧量（COD）和总需氧量（TOD）等指标表示其含量。但一些生活污水（城市污水）常常会带进一些致病细菌（如大肠杆菌 *Escherichia coli*）。在污染严重时也可以看到团块状、颜色多样的菌团漂浮物或水底沉积物，这些或许是真菌（如浮游球衣菌 *Sphaerotilus natans*）。

水体自净是受污染的水体由于水体物理过程（沉淀、稀释、混合）、化学过程（氧化还原、分解化合、吸附凝聚）和水体生物的生物化学过程（尤其是微生物），使污染物浓度逐渐降低，直至逐渐恢复到受污染前状态的现象，称为水体自净（self-purification of water body）。污染物中的重金属和杀虫剂类物质往往也会抑制某些可以降解污染物的细菌的正常生长、代谢和呼吸功能，影响水体的自净过程。根据水体细菌代谢和生态学特点，利用不同微生物区系组合搭配，借以合理的工艺流程，处理不同来源的污水。本节所讨论的主要是利用微生物生态学的方法进行污水处理的内容。

这里简单介绍水体污染处理的基本方法。一般生活污水的生物处理法分为好氧与厌氧两大类。由于好氧生物处理效率高、使用广泛，已成为生物处理法的主要方法，通常所说的生物法均指此类。而厌氧生物处理法主要用于水体底泥的处理和高浓度有机废水的处理。好氧生物处理采用的方法有活性污泥法和生物膜法。

1. 好氧生物处理法

（1）活性污泥法

活性污泥，是微生物群体及它们所吸附的有机物质和无机物质的总称。微生物以细菌为主，包括真菌、藻类、原生动物等。活性污泥法是利用人工培植和驯化的微生物分解废水中可供生物降解的有机物，通过生物化学反应，改变这些有机物的性质，再把它们从废水中分离出来，从而使废水得到净化的方法。我国目前常常采用在工业废水中连续通入空气，然后在曝气池中培养，经一定时间后因好氧性微生物繁殖而形成活性污泥。处理过程中生物相演替比较明显，初期以杆菌、球菌、短杆菌和螺旋菌为主，曝气几天后出现原生动物最后形成胶团状絮凝物——成熟的活性污泥。所以细菌是活性污泥法净化功能的主体，污水中的溶解有机物透过细胞膜而被细菌吸收。固态和胶状有机物先由细菌分泌的酶分解为溶解性物质，再渗入细胞而被细菌利用。有氧条件下，通过好氧微生物代谢活动生成 CO_2 和H_2O。

一般流程是先在曝气池中培养和驯化出具有适当浓度的活性污泥，然后引入待处理的废水与池中活性污泥混合为混合液，同时不断地供给空气，使氧转移到污水中促进好氧细菌的活动，并使污水中的有机物与活性污泥充分接触进行吸附氧化。经氧化分解后，混合液流出并进入二次沉淀池，使泥水分离，澄清水排出。沉淀的污泥一部分回流到曝气池前与污水混合,维持净化污水中的有机物所必需的活性污泥浓度,以实现连续的净化过程;超过需要的增长污泥部分则从系统中排出。

活性污泥降解有机物发生在曝气过程中,对有机物的降解分为两个阶段——吸附阶段和氧化阶段。成熟活性污泥蓬松、呈絮状、表面积大,具有吸附悬浮物和胶体物的显著特点。在吸附阶段,由于活性污泥具有巨大的表面积和活性污泥表面上含有的多糖类黏性物质,把废水中的有机物转移到活性污泥,废水主要靠活性污泥的吸附作用而得到净化,吸附阶段很短(一般在 10~45min)。在氧化阶段,在稳定的情况下,转移到活性污泥上的有机物质能通过微生物代谢被微生物所利用,该阶段需要的时间较长。

活性污泥处理方法的微生物区系是多种菌类复杂复合体的共同作用,包括了菌类(细菌、真菌和放线菌)、藻类、原生动物以及部分后生动物(轮虫、水生寡毛类等)。其中起到关键作用的是异养细菌类群。原生动物区系随水处理过程不断演替,先期是利用悬浮颗粒和溶解性物质的鞭毛虫类和纤毛虫类(游仆虫)。原生动物代谢过程的分泌产物(黏液和多糖)对污染物的絮凝吸附可起到很好的作用,同时原生动物种群的更迭也是水质处理效果的指示生物。由于活性污泥处理过程微生物区系的复杂性,任何环境因子(如温度、pH、营养物性质和污染强度)均可以改变其发生演替,影响到污水处理的最终效果。

(2) 生物膜法

生物膜法也是利用微生物来处理废水中有机物的方法。但生物膜中的微生物是附着生长在某些固体物体的表面,所以生物膜处理系统又称为附着生长系统。生物膜的微生物附着在介质表面上,为微生物提供附着介质的材料称为滤料(或载体)。废水与滤料或载体流动接触的过程中,其中的有机物被微生物同化并在滤料或载体的表面上逐渐形成生物膜。生物膜是由好氧菌、厌氧菌、兼性菌、真菌、藻类、原生动物和轮虫等微生物组成的生态系统。不同性质的废水和环境,不同的处理设施及部位,构成生物膜的微生物种类和数量是不相同的。

生物膜首先吸附附着在水层中的有机物,生物膜外侧的好氧菌将其分解;随着微生物的生长,膜厚度不断增加,当达到一定厚度时,靠近滤料或载体表面的薄层中造成厌氧环境而形成厌氧膜层。生物膜的内外进行着多种物质的传递:空气中的氧溶于流动水层中,并通过附着水层传给生物膜,供微生物呼吸用;有机物则由流动水层传递给附着水层,进入生物膜被降解。生物膜需要固着在载体上,所以增殖慢、世代时间长的菌类和其他微型生物(原生动物、轮虫、线虫、水蚯蚓等)物种较多,构成的食物网结构复杂。生物膜法处理较为彻底,此外其具有的良好硝化作用使得它与活性污泥法相比,处理工艺产生的污泥量少,劳动力和动力费较低,所产生的污泥宜于固液分离,可被农业生产二次利用。

2. 厌氧生物处理法

该法早期主要用于居住房屋和公共建筑的生活污水的处理，厌氧生物处理法是利用专性菌类（兼性厌氧菌和专性厌氧菌）降解有机大分子的物质，然后被转化成甲烷和二氧化碳等的处理方法。在厌氧生物处理时，有机物的分解过程可分为酸性（酸化）和碱性（甲烷化）阶段。

（1）酸性消化阶段

由产酸菌（异养型兼性细菌群）分泌的外酶分解有机物，分别形成单糖、肽和氨基酸、丙三醇和脂肪酸。水解产物进入产酸菌细胞内，再次代谢成更简单的丁酸、丙酸、乙酸和甲酸等有机酸以及醇类、醛类、氨、二氧化碳、硫化物、氢等，同时释放出能量。

（2）碱性消化阶段

酸性消化阶段的代谢物，在专性厌氧的甲烷细菌的作用下，进一步分解成生物气的阶段，其产生的生物气（消化气）的主要成分是甲烷、二氧化碳及少量氨和硫化氢等。

酸性消化和碱性消化是同时进行的，并且保持着某种程度的动态平衡。这一动态平衡一旦被 pH、温度、有机物负荷等外加因素所破坏，则碱性消化阶段（甲烷消化）往往即行停止，其结果将导致低级脂肪酸的积存和厌氧消化进程的失常。

具体的厌氧处理工艺有固、液、气三相分离功能的升流式厌氧污泥，有软纤维填料的升流式厌氧滤池等。

3. 氧化塘法

主要是利用水塘中的微生物和藻类对污水和有机废水进行需氧生物处理的方法，所以又称生物塘。简单的污水处理氧化塘实际源于水体自净的基本原理，即模拟自然水体自净过程和处理方法，它是一些适宜的自然池塘，或经过人工改造的自然池塘，或是人工修建的敞水池。经过细菌的好氧分解和厌氧发酵作用，降解水体污染物的过程。菌类区系主要是：细菌（杆菌、产碱菌类、光合红硫菌类）、真菌、微藻、原生动物、部分后生动物和高等微管束植物。这些池塘通过不同的工作原理和净化机理，诸如厌氧、好氧、兼性生物处理、水生生物净化、水生态系统净化、封闭式贮留、调贮控制排放等，以保证其排水的水量水质不超过受纳水体的自净容量。氧化塘主要关系如下：污染物进入氧化塘后被好氧分解（大气溶解、藻类光合作用和外界曝气增氧）和厌氧发酵产生 CO_2 及营养盐（含 N、P 和 S）；成为微藻光合作用及微管束植物生长的营养源，藻类和植物释放 O_2 供细菌和微型动物及鱼类呼吸；原生动物、微型动物和鱼类可以吞噬细菌、微藻和植物；多余的代谢废物以有机态释放到水体进入下一轮循环或者沉积在底泥中。氧化塘处理污水就是利用微生物彼此间的作用与反作用处理污水。

我国目前城镇生活污水处理系统仍然在广泛使用氧化塘方法，目前日处理万吨污水的处理厂在我国有上百座，各大城市生活废水处理场成为污水处理的主体。

第十三章 微生态学与微生态制剂

第一节 微生态学的概念

微生态学是研究微生物群与其宿主(人、动植物及微生物)相互关系的科学,它以现代科学技术为基础,研究微生物群在宿主这一生命环境系统中的发生、演化、组成、结构、功能等,从而指导对疾病的防治和促进宿主的健康。微生态学是生态学的微观层次,是细胞水平和分子水平的生态学。其研究任务主要是:

(1) 研究正常菌群的本质及其与宿主之间的关系;

(2) 阐明宿主的微生态平衡和失调的机制;

(3) 在此基础上,指导微生态制剂的研制和应用,借以调整宿主的微生态平衡,进而达到治疗和保健的目的。

微生态学与微生物生态学不同,微生物生态学着重研究微生物的群落结构和微生物与宏观及微观环境系统间相互作用的规律及其应用。微生态学与微生物生态学的区别在于微生态学着重于微生物群对其宿主的作用,研究微生物群与非生物环境之间的相互作用规律,以宿主为重点。而微生物生态学则以微生物为重点,两者的侧重点不同。但不可否认,微生态学与微生物生态学关系极为密切。

第二节 微生态学的创立与发展

微生态学这一术语是德国的 Volker Rusch 博士于 1977 年首先提出来的,并在德国汉堡建立起世界上第一个微生态学研究所。微生态学之所以起步晚,与人们的认识片面性不无关系。19 世纪末到 20 世纪初,霍乱、鼠疫、天花、伤寒等在世界范围内大流行,夺去了亿万人的生命,这使人们不得不集中主要精力去研究病原微生物。结果大部分传染病的病原体被发现了,但是,与此同时也形成了一种片面的错误认识,即微生物主要是有害的。其实,微生物对于宿主在本质上或在主要方面是有益的。

从 1945 年到 1970 年,由于抗生素的问世,在治疗中发现了菌群失调和二重污染,对人们提出了对抗生素和微生态系统进行再认识的要求。抗生素对人类确实具有不可磨灭的贡献,但是它也有弊端,就是它在消灭病菌的同时,也消灭了对宿主有利的生理微生物,即抗生素没有选择性,这样就会导致菌群失调和二重污染。例如,早在 1950 年魏曦教授和康白医生在治疗因患鼠咬热病而住院的病人时发现,此病原菌是鼠型链丝杆菌,对青霉素敏感,经用大量青霉素注射后,病情一度好转,但缓解不久又复恶化,3 天后死亡。经过检验,在患者心血、肝、脾等场所未分离到鼠型链丝杆菌,却发现肺炎杆菌。这是因为青霉素的应用,把鼠型链丝杆菌和其他革兰氏阳性菌都杀死了,为具有抗药性的肺炎杆菌的繁殖创造了条件。肺炎杆菌通过肠道侵入血液,造成败血症而死亡。在这里,青霉素虽然达到了杀菌的目的,却未能达到治疗的目的。一般来说,抗生素的抗菌谱越广,发生菌群失调和二重污染的频率越高。由于抗生素的应用,使那些具有耐药性的潜在的病原菌得以大量繁殖,越用抗生素,耐药性细菌越多。这提醒了人们对微生态平衡的研究。

现代技术的发展,也大大促进了微生态学的研究。自 20 世纪 50 年代开始,由于微生物与免疫学的研究进展,特别是现代技术的发展,如生化技术、荧光技术、电镜技术、气液相色谱、基因工程、生物工程、厌氧培养技术等都大大促进了微生态学的发展,促进了对正常微生物群的研究。

此外,无菌动物的出现,对正常微生物群的生理作用、营养作用、生物拮抗作用及其与宿主之间关系的研究产生了极大的推动作用,为正常微生物的有益说和有害说提供了有力的论证。无菌动物是一个不可缺少的实验模型,为了研究的需要,把无菌动物与一种或两种或更多的微生物相联系,分析微生物的相互作用及其与宿主的关系,从而大大地促进了微生态学的发展。

近十年来,随着基因组学技术的发展,特别是高通量测序技术的发展和成本持续降低,以及人类微生物组计划的实施,使微生态学研究手段和水平不断提升。宏基因组学的发展和成熟为微生态学研究插上了新的翅膀,取得了众多突破性的进展。例如,肠道元基因组领域的研究证实,不当饮食导致肠道菌群结构失衡进而引发的慢性炎症是造成代谢性疾病的主要因素,为慢性病的研究和治疗提供了新的方向和思路。

第三节 正常微生物群及其与宿主的关系

一、正常微生物群

正常微生物群是生物宿主体表或体内的原籍微生物群,是微生物与其宿主在共同的历史进程中形成的生态系。正常微生物群对其宿主非但无害，而且是有益的和必要的。例如，高等植物与真菌之间形成的共生互利现象（菌根），牛瘤胃微生物等。在有关人类方面，瑞典的 B.E.Gustafsson（1985）报道，一个健康成人全身寄居的微生物重量总计为 1 271g，大约 100 万亿个，而人体自身的动物细胞仅有 10 万亿个，这就是说，每个人自身的细胞仅为全身所带细胞的 10%，而 90%是微生物细胞。这还不包括人体细胞内所含有的正常病毒的非细胞形态。2010 年，中国深圳华大基因研究院承担了人体肠道菌群元基因组参考基因集的构建工作，该研究收集了 124 个来自欧洲人肠道菌群的样本，采用新一代大规模高通量的测序技术进行深度测序，产出近 6 000 亿个碱基序列。经过序列组装和基因注释分析，从中获得 330 万个非冗余的人体肠道元基因组参考基因，约是人体自身基因的 150 倍。这个基因集包含了绝大部分目前已知的人体肠道微生物基因，更多的是目前未知的微生物基因，由此估计人体肠道中存在 1 000～1 150种细菌，平均每一个体内约含有 160 种优势菌种，且多为人体所共有。可见正常微生物群含有庞大的基因库和种类繁多的酶系统，参与宿主能量、物质及遗传信息传递等一系列生理过程。因此，有人认为正常微生物群同呼吸循环系统一样，是宿主的一个重要的生理功能。

正常微生物群落分别对宿主和环境产生物质流、能量流及基因流，同时它们也受宿主遗传性的控制，从而构成宿主小生境的微生态系统。当正常微生物群落受宿主及外环境的影响，其菌种和菌量、活性发生了异常和定位转移时，这些菌群中就容易容纳外袭菌，即微生态系统失调，使宿主致病。

正常微生物群与其宿主的相互关系是，动植物为许多微生物的生长提供了适宜的环境，它们供给异养微生物所需的有机养料和生长因子，同时也为微生物提供了比较稳定的 pH 和渗透压条件，如果没有有机体，则正常微生物群也随之消失。就植物而言，其根部能够排出相当数量的糖类、氨基酸和维生素等物质，促进了细菌和真菌的广泛生长，同时也把一部分转化为自身细胞物质，当微生物死亡后，它的细胞物质又被分解为简单的物质供植物吸收。这样可以减少土壤养分的流失。根际微生物还能分泌出多种维生素和生长激素，促进植物生长，因此对植物是有益的。

二、正常微生物群与人和动物的关系

1. *营养作用*

在自然界中，微生物与动物的共生关系到处可见，如吃木料的白蚁，其本身不能消化纤维素，而是靠消化道中有纤维素酶的微生物来消化纤维素，它们之间形成了共生关系。在高等动物中，反刍动物与微生物之间也建立了共生关系。对于哺乳动物来说，肠内正常微生物群如双歧杆菌、乳杆菌、真杆菌、大肠杆菌等，能合成各种维生素（VB_1、VB_2、VB_6、VB_{12}、烟酸、泛酸、生物素、肌醇和叶酸等）和蛋白质等，供宿主利用。同时由于肠菌群的发酵作用，产生有机酸和气体，可刺激肠道，促进其蠕动。近年来，对动物进行了无菌实验，表明了肠道微生物群的重要性。无菌动物因无正常微生物群，生长娇弱，靠供给多种维生素和氨基酸才能维持生存。

2. 提高防御能力

对高等动物来说，肠道中厌氧菌占优势，约为95%，这些菌在代谢过程中可产生挥发性脂肪酸和乳酸，降低生境内 pH 与 E_h，从而抑制外籍菌的生长与繁殖。同时，厌氧菌与黏膜上皮细胞紧密结合，形成一层生物膜，称为膜菌群。这层膜对宿主起到了占位性保护作用。如果这层膜遭受到了抗生素或辐射的破坏，就会因外籍菌的侵入而导致肠道疾病。由于厌氧菌数目较大，在营养争夺上处于优势而限制了兼性菌的生长。此外，厌氧菌产生 H_2O_2 对不能产生 H_2O_2 酶的菌具有抑制作用。厌氧菌分解氨基酸产生的 H_2S 能抑制大肠杆菌的过量生长。皮肤、阴道也存在着正常微生物群，防御外袭菌的侵袭。

正常微生物群可提高防御能力，还可以从下述实验中得到证实：用鼠伤寒杆菌接种小鼠，致死量一般在10万个左右，而内服链霉素使肠道紊乱后再接种，则仅仅10个菌就可使同样大小的小鼠致死，则说明正常菌群的存在，可使小鼠对鼠伤寒杆菌的抵抗力提高一万倍。

3. 免疫作用

正常微生物群能刺激宿主建立完备的免疫系统。在检查无菌动物的免疫系统时，发现其淋巴系统、抗体系统和网状内皮系统等常发育不良。此外，从新生儿免疫系统的发育过程也可以看出正常菌群的作用。

从体液免疫和细胞免疫来看，无菌动物均低于普通动物，如无菌动物血中的 r 球蛋白含量较低，基本上测不出分泌型的 IgA。无菌小鼠血中的 IgG 含量仅为普通小鼠的1/10，无菌动物淋巴细胞增殖能力较低，浆细胞形成受抑制，细胞免疫反应能力弱。这说明正常微生物群不仅能刺激机体免疫器官的发育，而且对增强机体特异性细胞和体液免疫是不可缺少的。

原籍菌群一般不引起宿主产生抗体，即使产生也是低水平。这是因为原籍菌群与其宿主的抗原性不同，如果在出生后就大量定植了，也不会引起宿主产生抗体。但是在人和动物的血清和其他分泌物中，有时可找到对原籍菌群的自然抗体。其原因可能是：① 原籍菌转为外籍菌，即发生定位转移，如肠道的原籍菌如果转移到呼吸道，就会引起感染，从而引起宿主产生抗体；② 食物中的抗原刺激引起的。从无菌动物可以观察到，刚出生的无菌小鼠血清球蛋白水平很低，但进食后即迅速增加。

总之，正常微生物群与宿主的关系极为密切，接触频繁，已经形成了统一体，有关宿主对这些微生物的免疫反应的一些问题，目前正在深入研究中。

第四节　微生态学与微生态制剂

一、微生态制剂的含义和类型

微生态制剂（microecologics）又称为微生态调节剂（microecological modulator），目前使用得最广泛的是益生菌（probiotics）这一名词。这是一类根据微生态原理而制成的含有大量有益菌的活菌制剂，有的还含有它们的代谢产物和添加有益菌的生长促进因子，具有维持宿主的微生态平衡、调整其微生态失调和提高它们的健康水平的功能。

微生态制剂是根据微生态学原理，利用正常微生物群成员或其促进物质制成的调整机体微生态平衡的生物制剂，常常按其菌种特性、宿主类型、所含成分、作用部位、物理外观和生理功能等加以分类。

近期有人按照微生态制剂的主要成分而将其细分为三类：

1. 益生菌（或称为益生剂，旧译为“益生素”）

即狭义的微生态制剂，指一类通常分离于相应部位的正常菌群，以一至几种高含量的活菌为主体，一般以口服或黏膜的途径投入，为改善微生态平衡而发挥作用，达到提高宿主健康水平或健康状态的微生物以及代谢产物，有助于改善宿主特定部位的微生态平衡并兼有若干其他有益生理活性的新型生物制剂。目前应用于人体的益生菌有双歧杆菌、乳杆菌、肠球菌、大肠杆菌等。

2. 益生素（又称益生元）

益生素是由 G.R.Gibson 等于 1995 年提出来的，系指寡糖等一些不被宿主消化吸收，却能有选择地促进其体内双歧杆菌等有益菌的代谢和增殖，从而促进宿主健康的有机物质，常称双歧因子。益生素较益生菌有许多优越性，如不存在保存活菌数的技术难关，稳定性强，有效期长。

3. 合生剂（又称合生元，synbiotics）

合生剂理论上是兼有上述 1 和 2 两种成分和特性的合剂，但此定义极少被采纳。

微生态制剂应用的范围比较广泛，从其用途上可分为医用微生态制剂、兽用微生态制剂和农用微生态制剂等。

医用微生态制剂近年来在国内外迅速崛起，正方兴未艾，这是医学发展的必然和科技进步的结果。医用微生态制剂与其他的药物不同，它有病治病、未病防病、无病保健，其中重要的是无病保健。这就是说，即使健康人也可以通过使用医用微生态制剂增进健康素质，提高健康水平，同时达到治病和防病的目的。

兽用微生态制剂主要可分为两类：一类是兽医用微生态制剂，多采用双歧杆菌、乳杆菌、蜡样芽孢杆菌等活菌制剂用于防治畜禽鱼的消化道、泌尿道疾病；另一类是微生物饲料添加剂，多以乳杆菌、蜡样芽孢杆菌为主，用于猪、牛、鸡、兔等畜禽的育肥、抗病，可替代抗生素，减少有毒物质在体内的残留量。

农用微生态制剂主要是通过调节微环境、寄主、正常微生物种类和病原物之间的生态平衡，达到提高产量、改进品质和增强抗逆性的目的。

二、微生态制剂的作用机制

微生态制剂以其独特的作用机理和无毒副作用、无残留、无抗药性等优越性越来越受到世人的关注。它的应用可使各种原因导致的原有菌群的失衡恢复正常菌群关系，增强抗病能力。

微生态制剂的作用机制可概述如下。

1. 从微生物作用方式的角度

(1) 优势种群说

正常微生物群与动物和环境之间所构成的微生态系统中，原籍微生物种群之间相互依存、相互制约，形成一种相对的平衡关系，称之为微生态平衡，其中的优势种群对这种平衡起决定作用。这种平衡是动态的，当机体受到各种不良因素（如各种应激因素、抗生素的错误应用等）的影响，使机体的抵抗力降低，一旦失去了优势种群，原有优势种群发生更替，则使微生态平衡失调，病原微生物就会乘机大量繁殖，造成机体发病。此时应用微生态制剂补充有益菌，使有益菌占绝对优势，抑制了病原微生物的繁殖，从而达到新的微生态平衡，使机体康复。

(2) 微生物夺氧说

动物肠道内的正常微生物种群以专性厌氧菌为主，约占 99%，而需氧菌仅占 1%。微生态制剂中有强需氧菌，当微生态制剂中某菌种以孢子状态进入动物消化道后迅速繁殖，消耗肠内的氧气，使局部的氧分子浓度降低，则有利于肠道内的正常微生物种群的生长繁殖，从而恢复肠内微生物之间的微生态平衡，达到防病的作用。

(3) 膜菌群屏障说

动物肠道黏膜上皮都存在一层正常的微生物屏障，病原微生物只有首先突破这道屏障，才有可能生长繁殖，导致动物发病。给动物尤其是新生动物饲喂微生态制剂，使其在肠道黏膜上皮建立正常的微生物屏障，可阻挡病原微生物的侵害，这也就是优势种群说所指出的建立新的优势种群。

(4) “三流运转”理论

微生态制剂可以成为非特异性免疫调节因子，增强吞噬细胞的吞噬能力和 B 细胞产生抗体的能力。此外，还可以抑制腐败微生物的过度生长和毒性物质的产生，维持黏膜结构的完整，从而保证了微生态系统中基因流、能量流和物质流的正常运转。

2. 从微生物代谢方式的角度

（1）产酸抑制病原微生物

微生态制剂中大多含有乳杆菌属的菌株，它们在生长繁殖过程中产生大量的有机酸，使肠道中的 pH 下降，从而抑制病原微生物的生长繁殖。Ahrens（1987）报道，体外实验研究表明，在家畜饲料中添加芽孢属杆菌使空肠内容物 pH 下降，乳酸、丙酸、乙酸的含量上升。然而 Sogarrd（1990）指出，对于成熟的家畜肠道中 pH 改变的重要意义尚不清楚。

（2）产生过氧化氢

Wren（1987）报道，某些微生物在肠内一些特殊基质中可产生过氧化氢，而它对几种潜在的病原微生物具有杀灭作用。

（3）防止产生有害物质

肠内大肠杆菌活动增强，会导致蛋白质转化为氨和胺，两者均具有刺激性和毒性。而有益菌的大量繁殖，抑制了大肠杆菌的活动，从而减少蛋白质向刺激性较强的氨和胺的转化，使血液和肠道中的氨的浓度大大降低。Tsunekane 等（1972）给兔子饲喂含 6×10^9 个孢子/g 的饲料，结果静脉血中氨的浓度降低了 30%。

（4）产生各种消化酶

微生态制剂中的多种微生物在生长繁殖过程中能产生多种消化酶，如芽孢杆菌具有很强的蛋白酶、脂肪酶、淀粉酶的活性，而且还能降解植物性饲料中某些较复杂的糖类物质。从而促进了蛋白质、脂肪、糖类等营养物质的消化吸收，提高了食物的转化率。

（5）合成 B 族维生素

有益微生物在动物体内还可以产生多种 B 族维生素，从而加强动物体的营养代谢。Savage（1977）估计，盲肠中的微生物活动可供动物 B 族维生素营养需要量的 25%以上。但 Savage（1986）又指出，虽然微生物可为宿主动物提供少量的某些维生素、能量和氨，但这很可能对动物组织的营养并没有重大意义。

（6）产生抗生素类物质

微生态制剂中的某些有益微生物，在其代谢过程中能产生一些天然抗生素类物质，如多肽类等，对病原微生物有杀灭作用。Wren（1987）报道，某些乳酸杆菌和链球菌在体外可产生抗生素，但在体内的作用还不是很清楚。

目前对微生态制剂的真正作用机理尚不十分清楚，这有待于微生态学、营养学、生理学、生物化学、分子生物学，特别是随着各种组学研究手段的发展和应用而出现的系统生物学等多学科的科学工作者的通力协作才能全面深入地揭示其内在微生态平衡规律。

三、展 望

微生态学是一个飞速发展的学科领域,近 20 年来得到了迅速发展,主要表现在实验技术和研究手段不断完善和进一步发展;对动物和人正常微生物群的特征和作用有了进一步的认识;很多研究成果已用于实践。但还有许多问题需要进一步的深入研究,如正常微生物群与宿主、正常微生物群之间的相互作用及其调节机制;微生物在宿主中定植的决定因素与分子基础等;此外,许多微生物制剂的作用机制还不十分清楚。这些问题的研究解决必将推动微生态学的深入发展。

近十年来,随着研究技术手段的不断进步,特别是分子手段的广泛应用,许多微生态领域的疑难问题将被一一解开。宏基因组学的飞速发展,许多疾病与肠道菌群失调之间的密切关系及作用机制得以揭示,例如,近年来的研究发现,肥胖的发生与肠道菌群失调密切相关,其他一些疾病的微生态学研究也取得许多新的发现。这一领域的研究结果使科学家提出了以肠道菌群为靶标的防治策略,特别是对于慢性病。近来学界普遍接受了不当饮食导致肠道菌群结构失衡进而引发的慢性炎症是造成代谢性疾病的主要因素。

随着人类微生物组研究的重点从了解菌群结构向菌群功能的转变,人类-微生物及微生物-微生物间相互作用的分子机制慢慢取得进展。科学家们正在研究如何利用遗传学方法对人体微生物菌群进行改造和重建,从而使一些"丢失"的有益菌获得修复,或者利用一些"新发现的"益生菌获得期望的功能,从而达到防治疾病和改善健康的目的。

在人类微生态学不断取得进展的同时,新的研究方法和思路也同时被用于动物微生态学和植物微生态学的研究中。生物个体(包括植物或动物)是由细胞组织和体内微生物组成的复合体,研究生物体内微生物组成、功能、演替;微生物与微生物之间关系;微生物与个体微环境关系的研究都是现在微生态领域的热门研究领域。随着宏基因组学等研究手段的引入和发展,这些研究都已经深入到了分子水平。

在可以预见的未来,随着合成生物学和系统生物学方法在这一领域的应用,微生物组遗传学工程改造将渐渐创造一个新的平台,从而可以使用微生物细胞来调控人体生物学。另外,除了直接作用于宿主的微生物组遗传工程改造外,通过优化微生物组的功能间接影响宿主也是可能的,换句话说利用对各种微环境中微生物菌群的改造进行疾病防治将成为可能。例如,在益生元研究领域,众多的报道研究了人的溃疡性结肠炎、急性肠道综合征、结肠癌、胃肠炎、免疫反应、矿物质的生物相容性、冠心病、坏死性小肠结肠炎、孤独症、阴道炎和肥胖症等与益生元的相关性,这些以肠道菌群调整为目标的研究已被重点用于这些疾病的预防和治疗。

主要参考文献

蔡晓明. 2000.生态系统生态学. 北京:科学出版社

陈声明,林海萍主编. 2004.有机农业与源头产品.北京:中国环境科学出版社

陈声明,吴雪昌主编. 2001.经济微生物制品学.北京:中国农业科学技术出版社

陈声明,张立钦主编. 2006.微生物学研究技术.北京:科学出版社

陈声明,赵培洁主编. 2001.实用经济微生物学.北京:中国环境科学出版社

陈世和,陈建华,王士芬编著. 1992. 微生物生理学原理. 上海:同济大学出版社

陈文新.1990.土壤和环境微生物学. 北京:中国农业大学出版社

池振明主编.2005.现代微生物生态学.北京:科学出版社

邓盟,齐霞. 2013. 人体口腔微生物宏基因组的研究进展. 华西口腔医学杂志, 31(1): 107-111

冯瑞华. 2000. 慢生性大豆根瘤菌的遗传多样性的研究. 应用与环境生物学报,6(2),176-181

高鼎主编.1996.食品微生物学.北京:中国商业出版社

韩德民主编.2011. 耳鼻咽喉头颈科学(第2版).北京:高等教育出版社

贺延龄,陈爱侠. 2001.环境微生物学. 北京:中国轻工业出版社

黄秀梨等主编. 1997.微生物学.北京:高等教育出版社

贾跃明. 1995.地球上的第四大生命域(地下深部的高温生物圈).中国地质, 5:23-24

康白. 1996.微生态学原理.大连:大连出版社

李季伦等主编. 1994.微生物生理学.北京:中国农业出版社

李燕,何金枝,肖丽英,周学东. 2014. 口腔微生物组与疾病. 国际口腔医学杂志, 41(1): 118-122

林海萍,张立钦主编. 2005.经济微生物工艺学教程.北京:中国环境科学出版社

鲁辛辛, 黎琳, 张子敏,等. 2001. 呼吸道黏膜固有微生物种群与咽炎发展的关系. 中华医学杂志, 81(21): 1313-1315

沈萍主编. 2006.微生物学.第二版.北京:高等教育出版社

田扬捷,杨虹,李道棠,吴秀娟. 2004. 用 RISA 法评估地下水细菌群落结构差异及变化. 微生物学报,44(5),676-678

翁酥颖,戚蓓静,史家樑,等编著. 1985.环境微生物学.北京:科学出版社

夏淑芬,张甲耀编. 1988.微生物生态学. 武汉:武汉大学出版社

谢梅英主编.2000.食品微生物学.北京:中国轻工业出版社

邢婉丽,程京著.2004. 生物芯片技术.北京:清华大学出版社

许光辉,李振高主编.1991.微生物生态学.南京:东南大学出版社

杨家新主编.2004.微生物生态学.北京:化学工业出版社

叶京英,韩德民. 2004. 慢性咽炎的研究进展. 医学文摘. 耳鼻咽喉科学, 19(5): 268-271

殷蔚申主编.1991.食品微生物学.北京:中国财政经济出版社

尹业师. 2013. 肠道菌群一个被遗忘的“功能器官”. 生命奥秘, 9: 22-46

应时,全哲学. 2013. 人体皮肤微生物群落研究进展. 微生物与感染, 8(3):166-173

俞大绂,李季伦. 1985.微生物学.北京:科学出版社

张鸿雁,李敏,孙冬梅主编.2010.微生态学. 哈尔滨:哈尔滨工程大学出版社

张莉. 2006. 上呼吸道微生态平衡研究与益生菌制剂. 内蒙古大学学报(自然科学版), 37(6):714-717

张阳德编著.2004.生物信息学.北京:科学出版社

周德庆. 1999.我国微生态制剂的现状和发展设想.工业微生物,29(1):23-25

周德庆著. 2003. 微生物学教程(第二版). 北京:高等教育出版社

诸葛阳. 1987.生态平衡与自然保护.杭州:浙江科学技术出版社

Громов Б.В.Павлеко Г.В.1989.Экология Бактерий.Л:Издательство ЛГУ ЛГУ

Нетрусов А.И.и др. 2004.Экология Микроонизмов.М:Издательство ЛГУ МГУ

Нетрусов А.И.и др. 2005.Ппрактику по Микробиологии.М: Издательский Центр

Нетрусов А.И.и др.2006.Микробиология.М: Миздательский Центр

Antoon DL, Akkermans, Elsas JDV, *et al*.1995.Molecular Microbial Ecology Manual. London: Kluwer Academic Publishers

Aubel D, Renaud FNR, Freney J. 1997. Genomic diversity of several Corynebacterium species identified by amplification of the 16S-23S rRNA gene spacer regions. International Journal of Systematic Bacteriology, 47:767-772

Barkovskii AL, Fukui H. 2004. A simple method for differential isolation of freely dispersed and particle-associated peat microorganisms. Journal of Microbiological Methods, 56:93-105

Beja O, Aravind L, Koonin EV, *et al*. 2000. Bacterial rhodopsin: evidence for a new type of phototrophy in the sea. Science, 289:1902-1906

Beja O, Spudich EN, Spudich JL, *et al*. 2001. Proteorhodopsin phototrophy in the ocean. Nature, 411:786-789

Blixt Y, Knutsson R, Botch E, *et al*. 2003. Interlaboratory random amplified polymorphic DNA typing of Yersinia enterocolitica and Y.enterocolitica-like bacteria.International Journal of Food Microbiology, 83:15-26

Bochner B.1989."Breath prints"at the microbial level.ASM News,55:536-539

Bohn M,Utz FH,Melchnger AE, 1999.Genetic similarityes among winter wheat cultivars determined on the basis of RFLPs, AFLPs, and SSRs and their use for predicting progeny variance.Crop Science,39:228-237

Borneman, J, Skroch, PW, O'Sullivan, KM, *et al.*1996. Molecular microbial diversity of an agricultural soil in Wisconsin. Applied and Environmental Microbiology,62:1935-1943

Borneman J, Triplett E. 1997. Molecular microbial diversity in soils from eastern Amazonia:evidence for unusual microorganisms and microbial shifts associated with deforestation. Applied and Environmental Microbiology,63:2647-2653

Bostein D, White RL, Skolnick MH,*et al.* 1980. Construction of genetic map in man using restriction fragment length polymorphisms. American Journal of Human Genetics, 32: 314-331

Brune-Andreas. 2000. Microecology of the termite gut:structure and function on a microscale. Current-Opinion-in-Microecology. 3(3):263-269

Chansiripornchai N, Ramasoota P.2001. Differentiation of avian pathogenic Escherichia coli (APEC) strains by random amplified pulymorphic DNA (RAPD) analysis. Veterinary Microbiology, 80:75-83

Cho, JC, Tiedje, JM. 2001. Bacterial species determinationfrom DNA-DNA hybridization by using genome fragments and DNA microarrays. Applied and Environmental Microbiology, 67:3677-3682

Clement BG, Kehl LE, DeBord K, *et al.* 1998. Terminal restriction fragment patterns (TRFPs), a rapid, PCR-based method for the comparison of complex bacterial communities. Journal of Microbiological Methods,31:135-142

Colwell, RR, Clayton, RA, Ortiz-Conde, BA,*et al.* 1995. The microbial species concept and biodiversity.In: Allsopp D, Colwell RR, Hawksworth DL. (Eds.)Microbial diversity and ecosystem function: proceedings of the IUBS/IUMS workshop held at Egham, UK, 10-13 August 1993 in support of the IUBS/UNESCO/SCOPE 'DIVERSITAS' programme. CAB International, Cambridge, 3-15

Curtis TP, Sloan WT, Scannell JW.2002. Estimating prokaryotic diversity and its limits. Proceedings of the National Academy of Sciences,99:10494-10499

D'Hondt S, Rutherford S, Spivack AJ.2002.Metabolic activity of subsurface life in deep-sea sediments. Science,295:2067-2070

Damiani G. 1997. Comparison of an improved RAPD fingerprinting with different typing methods for discriminating clinical isolates of *Staphlococus* spp. European Journal of Epidemiology, 12:163-169

Delbes C, Moletta R, Godon J J. 2000. Bacterial and archaeal 16S rDNA and 16S rRNA dynamics during an acetate crisis in an anaerobic digester ecosystem. FEMS Microbiology Ecology, 35(1):16-26

DeLong EF, Pace NR. 2001. Environmental diversity of bacteria and archaea. Systems Biology, 50:470-478

DeLong EF, Wu KY, Prezelin, *et al*. 1994. High abundance of archaea in antarctic marine picoplankton. Nature, 371:695-697

Dewhirst FE, Chen T, Izard J, *et al*. 2010. The human oral microbiome. Journal of Bacteriology, 192(19):5002-5017

Dodd JC, Boddington CL, Rodriguez A, *et al*. 2000. Mycelium of arbuscular mycorrhizal fungi (AMF) from different genera: form, function and detection. Plant Soil, 226: 131-151

Donegan KK, Palm CJ, Fieland VJ, *et al*. 1995. Changes in levels, species and DNA fingerprints of soil microorganisms associated with cotton expressing the *Bacillus thuringiensis* var. Kurstaki endotoxin. Applied Soil Ecology, 2:111-124

Donnel GO, Cortes HE. 1999. 16 S rDNA methods in soil microbiology. Current Opinion in Biotechnology, 10:225-229

Duarte GF, Rosado AS, Seldin L, *et al*. 1998. Extraction of ribosomal RNA and genomic DNA from soil for studying the diversity of the indigenous bacterial community. Journal of Microbiological Methods, 32:21-29

Duineveld BM, Kowalchuk GA, Keijzer A, *et al*. 2001. Analysis of bacterial communities in the rhizosphere of chrysanthemum via denaturing gradient gel electrophoresis of PCR-amplified 16S rRNA as well as DNA fragments coding for 16S rRNA. Applied and Environmental Microbiology, 67:172-178

Duineveld BM, Rosado AS, van Elsas JD *et al*. 1998. Analysis of the dynamics of bacterial communities in the rhizosphere of the chrysanthemum via denaturing gradient gel electrophoresis and substrate utilization patterns. Applied and Environmental Microbiology, 64:4950-4957

Dunbar J, Barns SM, Ticknor LO, *et al*. 2002. Empirical and theoretical bacterial diversity in four Arizona soils. Applied and Environmental Microbiology, 68: 3035-3045

Dunbar J, Takala S, Barns SM. 1997. Levels of bacterial community diversity in four arid soils compared by bacterial groups from soils of the arid southwestern united states that are present in many geographic regions. Applied and Environmental Microbiology, 63: 3614-3621

Dunbar J, Ticknor LO, Kuske CR. 2001. Phylogenetic specificity and reproducibility and new method for analysis of terminal restriction fragment profiles of 16S rRNA genes from bacterial communities. Applied and Environmental Microbiology, 67 (1):190-197

Dunbar J, Takala S, Barns SM, *et al*.1999. Levels of bacterial community diversity in four arid soils compared by cultivation and 16S rRNA gene cloning. Applied and Environmental Microbiology, 65:1662-1669

Edwards KJ, Bond PL, Gihring TM, *et al*. 2000. An Archaeal iron-oxidizing extreme acidophile important in acid mine drainage. Science, 287:1796-1799

Fang HP., Zhang T, Liy Y. 2002. Characterization of an acetate-degrading sludge without intracellular accumulation of polyphosphate and giyeogen. Water Research, 36:3211-3218

Ferris MJ, Muyzer G, Ward DM. 1996. Denaturing gradient gel electrophoresis profiles of 16S rRNA-defined populations inhabiting a hot spring microbial mat community. Applied and Environmental Microbiology, 62:340-346

Figuero E, Sánchez-Beltrán M, Cuesta-Frechoso S, *et al*. 2011. Detection of periodontal bacteria in atheromatous plaque by nested polymerase chain reaction. Journal of Periodontology, 82(10):1469-1477

Fisher, MM, Triplett EW. 1999. Automated approach for ribosomal intergenic spacer analysis of microbial diversity and its application to freshwater bacterial communities. Applied and Environmental Microbiology, 65:4630-4636

Fodor SPA, Read JI, Pirning MC, *et al*. 1991. Light-directed, spatially addressable parallel hemical synthesis. Science, 251:767-773

Fogel GB, Collins CR, Li J, *et al*.1999. Prokaryotic genome size and SSU rDNA copy number: estimation of microbial relative abundance from a mixed population. Microbial Ecology, 38:93-113

Ford PJ, Gemmell E, Hamlet SM, *et al*. 2005. Cross-reactivity of GroEL antibodies with human heat shock protein 60 and quantifi cation of pathogens in atherosclerosis. Oral Microbiology Immunology, 20(5): 296-302

Forney LJ, Zhou X , Brown CJ.2004. Molecular microbial ecology: land of the one eyed king. Current Opinion in Microbiology, 7: 210-220

Frostegard A, Courtois S, Ramisse V, *et al*. 1999. Quantification of bias related to the extraction of DNA directly from soils. Applied and Environmental Microbiology, 65: 5409-5420

Garland JL. 1996. Analytical approaches to the characterization of sample microbial communities using patterns of potential C source utilization. Soil Biology & Biochemistry, 28: 213-221

Garland JL. Mills AL. 1991. Classification and characterization of heterotrophic microbial communities on basis of patterns of community-level sole-carbon-source utilization. Applied and Environmental Microbiology, 57: 2351-2359

Gelsomino A, Keijzer-Wolters AC, Cacco G, *et al*. 1999. Assessment of bacterial community structure in soil by polymerase chain reaction and denaturing gradient gel electrophoresis. Journal of Microbiological Methods, 38: 1-15

Gibson G, Rastall R 编. 胡学智，李平作，雷肇祖译. 2008. 益生元开发与应用. 北京：化学工业出版社

Giller KE, Beare MH, Lavelle P, *et al*. 1997. Agricultural intensification, soil biodiversityand agroeco-system function. Applied Soil Ecology, 6: 3-16

Godfray HCJ, Lawton JH. 2001. Scale and species numbers. TREE, 16: 400-404

Gough E, Shaikh H, Manges AR. 2011. Systematic review of intestinal microbiota transplantation (fecal bacteriotherapy) for recurrent Clostridium difficile infection. Clinical Infectious Diseases, 53: 994-1002

Grayston SJ, Prosser JI. 2001. Impact of cultivation on characterization of species composition of soil bacterial communities. FEMS Microbiology Ecology, 35 (1): 37-48

Greene EA, Kay JG, Jaber K, *et al*. 2000. Composition of soil microbial communities enriched on a mixture of aromatic hydrocarbons. Applied and Environmental Microbiology, 66: 5282-5289

Greene EA, Voordouw G. 2003. Analysis of environmental microbial communities by reverse sample genome probing. Journal of Microbiological Methods, 53: 211-219

Griffiths RI, Whiteley AS, O'Donnell AG, *et al*. 2000. Rapid method for coextraction of DNA and RNA from natural environments for analysis of ribosomal DNA- and rRNA-based microbial community composition. Applied and Environmental Microbiology, 66: 5488-5491

Griffiths BS, Ritz K, Ebblewhite N, *et al*. 1999. Soil microbial community structure: effects of substrate loading rates. Soil Biology & Biochemistry, 31: 145-153

Haack SK, Garchow H, Klug MJ, *et al*. 1995. Analysis of factors affecting the accuracy, reproducibility, and interpretation of microbial community carbon. source utilization patterns. Applied and Environmental Microbiology, 61: 1458-1468

Halda-Alija L, Hendricks SP, Johnston TC. 2001. Spatial and temporal variation of enterobacter genotypes in sediments and the underlying hyporheic zone of an agricultural stream. Microbial Ecology, 42:286-294

Handelsman J, Rondon MR, Brady SF, *et al.* 1998. Molecular biological access to the chemistry of unknown soil microbes: a new frontier for natural products. Chemistry Biology, 5: R245-R249

Head IM, Saunders JR. Pickup RW. 1998. Microbial evolution, diversity and ecology: adecadeof ribosomal RNA analysis of uncultivated microorganisms. Microbial Ecology, 35:1-21

Hedlund BP, Gosink JJ, Staley JT. 1997. Verrucomicrobia div nov, a new division of the Bacteria containing three new species of Prosthecobacter. Antonie van Leeuwenhoek, 72:29-38

Heuer H and Smalla K. 1997. Evaluation of community-level catabolic profiling using BIOLOG GN microplates to study microbial community changes in potato phyllosphere. Journal of Microbiological Methods, 30:49-61

Hey J. 2001. The mind of the species problem. TREE, 16: 326-329

Hilton AC, Banks JG , Penn CW. 1996. Random amplification of polymorphic DNA (RAPD) of Salmonella: strain differentiation and characterization of amplified sequences. Journal of Applied Bacteriology, 81:575-584

Holbe WE, Feris KP, Kettunen A, *et al.* 2004. GC-fractionation enhances microbial community diversity assessment and detection of minority populations of bacteria by denaturing gradient gel electrophoresis. Applied and Environmental Microbiology, 70:2263-2270

Horton TR. 2002. Molecular approaches to ectomycorrhizal diversity studies: variation in ITS at a local scale. Plant Soil, 244:29-39

Hubert C, Shen Y, Voordouw G. 1999. Composition of toluene-degrading microbial communities from soil at different concentrations of toluene. Applied and Environmental Microbiology, 65:3064-3070

Hugenholtz P, Goebel BM, Pace NR. 1998. Impact of culture independent studies on the emerging phylogenetic view of bacterial diversity. Journal of Bacteriology, 180: 4765-4774

Hughes JB, Hellmann JJ, Ricketts TH, *et al.* 2001. Counting the uncountable: statistical approaches to stimating microbial diversity. Applied and Environmental Microbiology, 67:4399-4406

Hurt RA, Qiu X, Wu L, *et al.* 2001. Simultaneous recovery of RNA and DNA from soils and sediments.Applied and Environmental Microbiology,67:4495-4503

Insam H. 2001. Developments in soil microbiology since the mid 1960s. Geoderma, 100:389-402

Jaenicke Rainer. 2000. Stability and stabilization of globular proteins in solution. Journal of Biotechnology, 79(3):193-203

John WD, Alice JJ.1996. Methods for assessing soil quality.SSSA special publication number 49, Soil Science Society of America, Inc Madison Wisconsin USA, 203-272

Johnsen K,Nielsen P. 1999.Diversity of pseudomonas strains isolated with King's B and Gould'S1 agar determined by repetitive extragenic palindrome-polymerase chain reaction,16S rDNA sequencing and fourier transform infrared spectroscopy characterization.FEMS Microbiology Letters,173:155-162

Kaplan CW, Astaire JC, Sanders ME, *et al*. 2001. 16S ribosomal DNA terminal restriction pattern. Applied and Environmental Microbiology, 67:1935-1939

Kirk JL, Beaudette LA, Hart M, *et al*. 2004. Methods of studying soil microbial diversity. Journal of Microbiologial Methods,58:169-188

Kjoller R, Rosendahl S. 2000. Detection of arbuscular mycorrhizal fungi (Glomales) in roots by nested PCR and SSCP (single stranded conformation polymorphism). Plant Soil,226:189-196

Knshner DJ. 1978. Microbial Life in Extreme Environments.London:Academic Press

Koren O, Spor A, Felin J, *et al*. 2011. Human oral, gut, and plaque microbiota in patients with atherosclerosis. Proceedings of the National Academy of Sciences, 108(Suppl1):4592-4598

Kozdrój J,van Elsas JD. 2000. Application of polymerase chain reaction-denaturing gradient gel electrophoresis for comparison of direct and indirect extraction methods of soil DNA used for microbial community fingerprinting. Biology and Fertility of Soils ,31(5):372-378

Kroes I, Lepp PW, Relman DA.1999. Bacterial diversity within the human subgingival crevice. Proceedings of the National Academy of Sciences,96:14 547-14 552

Kruger M, Meyerdierks A, Glockner F O, *et al*. 2003. A conspicuous nickel protein in microbial mats that oxidize methane anaerobically. Nature, 426:878-881

Kuske CR, Barns SM, Busch JD.1997. Diverse uncultivated bacterial groups from soils of the arid southwestern United States that are present in many geographic regions. Applied and Environmental Microbiology,63:3614-3621

Laake K O. 1999.Influence of fermented milk on clinical state,fecal bacterial counts and biocherical characteristics in patients with idealpouch-anastomosis. Microbial Ecology in Health and Disease, 11(4): 211–217

Lander ES and Botstein D. 1989. Genetics, 121: 185–199

Lee DH, Zo YG, Kim SJ. 1996. Nonradioactive method to study genetic profiles of natural bacterial communities by PCR single strand conformation polymorphism. Applied and Environmental Microbiology, 62: 3112–3120

Lehner A, Loy A, Behr T, *et al.* 2005. Oligonucleotide microarray for identification of *Enterococcus species.* FEMS Microbiology Letters, 246: 133–142

Liu WT, Chan OC, Fang HP. 2002. Microbial community dynamics during start-up of acidogenic anaerobic reactors. Water Research, 36: 3203–3210

Liu WT, Marsh TL, Cheng H, *et al.*, 1997. Characterization of microbial diversity by determining terminal restriction fragment length polymorphisms of genes encoding 16s rRNA. Applied and Environmental Microbiology, 63: 4516–4522

Longato S, Bonfante P. 1997. Molecular identification of mycorrhizal fungi by direct amplification of microsatellite regions. Mycological Research, 101: 425–432

Loy A, Schulz C, Lucker S, *et al.* 2005. 16S rRNA gene-based oligonucleotide microarray for environmental monitoring of the betaproteobacterial order ‘Rhodocyclales’. Applied and Environmental Microbiology, 71: 1373–1386

Lucchini Vittorio. 2003. AFLP: A useful tol for biediversitv conservation and management. Comptes Rendus Biologies, 326: 43–48

Ludwig W, Bauer SH, Bauer M, *et al.* 1997. Detection and *in situ* identification of representatives of a widely distributed new bacterial phylum. FEMS Microbiology Letters, 153: 181–190

Lueder T, Friedrich M. 2000. Archaeal population dynamics during sequential reduction processes in rice field soil. Applied and Environmental Microbiology, 66: 2732–2742

Maarit-Niemi R, Heiskanen I, Wallenius K, *et al.* 2001. Extraction and purification of DNA in rhizosphere soil samples for PCR-DGGE analysis of bacterial consortia. Journal of Microbiological Methods, 45: 155–165

MacNaughton SJ, Stephen JR, Venosa AD, *et al.* 1999. Microbial population changes during bioremediation of an experimental oil spill. Applied and Environmental Microbiology, 65: 3566–3574

Marsh T L, Saxman P, Cole J, *et al.* 2000. Terminal restriction fragment length. polymorphism analysis program, a web-based research tool for microbial. community analysis. Applied and Environmental Microbiology 66: 3616–3620

Martin JK. 1975.Comparison of agar media for counts of viable bacteria. Soil Biology & Biochemistry,7:401-402

Miteva VI, Sheridan PP, Brenchley JE. 2004. Phylogenetic and physiological diversity of microorganisms isolated from a deep Greenland glacier ice core. Applied and Environmental Microbiology,70:202-213

Moeseneder MM, Arrieta JM, Muyzer G, *et al*. 1999. Optimization of terminal-restriction fragment length Polymorphism analysis for complex marine bacteria plankton communities and comparison with denaturing gradient gel electrophoresis. Applied and Environmental Microbiology,65:3518-3525

Muyzer G.1999.DGGE/TGGE a method for identifying genes from natural ecosystems. Current Opinion in Microbiology,2:317-322

Muyzer G, de Waa, EC, Uitterlinden AG. 1993.Profiling of complex microbial populations by denaturing gradient gel electrophoresis analysis of polymerase chain reaction amplified genes coding for 16S rRNA,Applied and Environmental Microbiology, 59(3):695-700

Myers RM, Fischer SG, Lerman LS, *et al*. 1985. Nearly all single base substitutions in DNA fragments joined to a GC-clamp can be detected by denaturing gradient gel electrophoresis. Nucleic Acids Research, 13(9): 3131-3145

Niemi RM,Heiskanen I,Wallenius K, *et al*. 2001.Extraction and purification of DNA in rhizosphere soil samples for PCR-DGGE analysis of bacterial consortia. Journal of Microbiological Methods,45:155-165

Nubel U,Engelen B,Felske A,*et al*.1996.Sequence heterogeneities of genes encoding 16S rRNAs in *Paenibacillus polymyxa* detected by temperature gradient gel electrophoresis.Journal of Bacteriology,178:5636-5643

Nusslein K, Tiedje, JM. 1999. Soil bacterial community shift correlated with change from forest to pasture vegetation in atropical soil. Applied and Environmental Microbiology,65:3622-3626

Ogram A. 2000. Soil molecular microbial ecology at age 20:methodological challenges for the future. Soil Biology & Biochemistry, 32:1499-1504

Olsen RA,Bakken LR.1987.Viability of soil bacteria:optimization of plate-counting technique and comparison between total counts and plate counts within different size groups.Microbial Ecology,13:59-74

Olson JC, Cuff CF, Lukomski S, *et al*. 2011. Use of 16S ribosomal RNAgene analyses to characterize the bacterial signature associated with poor oral health in West Virginia.BMC Oral Health, 11: 7

Orita M, Suzuki Y, Sekiya T, *et al*. 1989. A rapid and sensitive detection of point mutations and genetic polymorphisms using polymerase chain reaction. Genomics, 5:874–879

Pace NR. 1997. A molecular view of microbial diversity and the biosphere. Science, 276:734–740

Peters S, Koschinsky S, Schwieger F, *et al*. 2000. Succession of microbial communities during hot composting as detected by PCR single strand conformation polymorphismbased genetic profiles of small-subunit rRNA genes. Applied and Environmental Microbiology,66:930–936

Petersen SO, Debosz K, Schjonning P, *et al*. 1997. Phospholipid fatty acid profiles and C availability in wet stable macroaggregates from conventionally and organically farmed soils. Geoderma, 78:181–196

Pfender WF, Fieland VP, Ganio LM, *et al*. 1996. Microbial community structure and activity in wheat straw after inoculation with biological control organisms. Applied and Environmental Microbiology,3:69–78

Porter KG,Feig YS. 1980. The use of DAPI for identifying and counting aquatic microflora.Limnol Oceanogr,25:943–948

Prosser JI. 2002. Molecular and functional diversity in soil microorganisms. Plant Soil,244:9–17

Pushalkar S, Mane SP, Ji X, *et al*. 2011. Microbial diversity in saliva of oral squamous cell carcinoma. FEMS Immunology and Medical Microbiology, 61(3): 269–277

Qin J, Li R,Raes J, *et al*. 2010. A human gut microbial gene catalogue established by metagenomic sequencing. Nature, 464:59–65

Ramasota P, Chansiripornchai N, Kallenius G, *et al*. 2001. Comparison of Mycobacterlum avium complex (MAC) strains from pigs and humans in Sweden by random am plified polymorphic DNA(RAPD) using standardized reagents. Vete Microbiol, 78:251–259

Ranjard L,Poly F, Nazaret S. 2000. Mornitering complex bacterial communities using culture-independent molecular techniques:application to soil enviroment. Research in Microbiology,151:167–177

Ranjard L, Brothier E, Nazaret S. 2000. Sequencing bands of ribosomal intergenic spacer analysis fingerprints for characterization and microscale distribution of soil bacterium populations responding to mercury spiking. Applied and Environmental Microbiology,66:5334–5339

Raskin L, Stromley JM, Rittmann BE, *et al.*1994. Group-specific 16S rRNA hybridization probes to describe natural communities of methanogens. Applied and Environmental Microbiology, 32:1232-1240

Redecker D. 2000. Specific PCR primers to identify arbuscular mycorrhizal fungi within colonized roots. Mycorrhiza, 10:73-80

Redecker D, Hijri M, Dulieu H, *et al.* 1999. Phylogenetic analysis of a dataset of fungal 5.8S rDNA sequences shows that highly divergent copies of internal transcribed spacers reported from Scutellospora castanea are of ascomycete origin. Fungal Genetics and Biology, 28:238-244

Redecker D, Morton JB, Bruns TD. 2000. Ancestral lineages of arbuscular mycorrhizal fungi (Glomales). Molecular Phylogenetics and Evolution, 14:276-284

Redecker D, Thierfelder H, Walker C, *et al.* 1997. Restriction analysis of PCR-amplified internal transcribed spacers of ribosomal DNA as a tool for species identification in different genera of the order Glomales. Applied and Environmental Microbiology, 63:1756-1761

Reed-Dan. 2000. Microecology of macroalgal biooms. Journal of Phycology, 36(1): 1-2

Rondon MR, August PR, Betteermann AD. 2000. Cloning the soil metagenome: a strategy for accessing the genetic and functional diversity of uncultured microorganisms. Applied and Environmental Microbiology, 66(6):2541-2547

Schena M, Shalon D, Davis S, *et al.* 1995. Quantitative monitoring of gene expression patterns with a complementary DNA microarray. Science, 270:467-470

Schmalenberger A, Tebbe CC. 2003. Bacterial diversity in maize rhizospheres: conclusions on the use of genetic profiles based on PCR-amplified partial small subunit rRNA genes in ecological studies. Molecular Ecology, 12(1):251 -262

Schmalenberge A, Schwieger F, Tebbe CC. 2001. Effect of primers hybridizing to different evolutionarily conserved regions of the small-subunit rRNA gene in PCR-based microbial community analyses and genetic profiling. Applied and Environmental Microbiology, 67:3557-3563

Schmeisser C, Stöckigt C, Raasch C, *et al.* 2003. Metagenome survey of biofilms in drinking-water networks. Applied and Environmental Microbiology, 69 (12): 7298-7309

Schramm A, Larsen LH, Revsbech NP, *et al.* 1996. Structure and function of anitrifying biofilm as determined by in situ hybridization and the use of microelectrodes. Applied and Environmental Microbiology, 62:4641

Schubler A, Gehrig H, Schwarzott D, *et al*. 2001. Analysis of partial Glomales SSU rRNA gene sequences: implications for primer design and phylogeny. Mycological Research, 105: 5-15

Schwieger F, Tebbe C. 1998. A new approach to utilize PCR single-strand-conformation-polymorphism for 16S rRNA gene based microbial community analysis. Applied and Environmental Microbiology, 64: 4870-4876

Shalon D, Smith SJ, Brown PO. 1996. A DNA microarray system for analyzing complex DNA samples using two-color fluorescent probe hybridization. Genome Research, 6(4): 639-645

Shen Y, Stehmeier LG, Voordouw G. 1998. Identification of hydrocarbon-degrading bacteria in soil by reverse sample genome probing. Applied and Environmental Microbiology, 64: 637-645

Shim SI, Jorgensen RB. 2000. Genetic structure in cultivated and wild carrots revealed by AFLP analysis. Theoretical and Applied Genetics, 101: 227-233

Simon L, Levesque RC, Lalonde M. 1993. Identification of endomycorrhizal fungi colonizing roots by fluorescent singlestrand conformation polymorphism-polymerase chain reaction. Applied and Environmental Microbiology, 59: 4211-4215

Sliwinski MK, Goodman RM. 2004. Spatial heterogeneity of crenarchaeal assemblages within mesophilic soil ecosystems as revealed by PCR-single-stranded conformation polymorphism profiling. Applied and Environmental Microbiology, 70 (3): 1811-1820

Smalla K, Wachtendorf U, Heuer H *et al*. 1998. Analysis of biological substrate utilization patterns by microbial communities. Applied and Environmental Microbiology, 64: 1220-1225

Smalla K, Wieland G, Buchner A, *et al*. 2001. Bulk and rhizosphere soil bacterial communities studied by denaturing gradient gel electrophoresis: plant-dependent enrichment and seasonal shifts revealed. Applied and Environmental Microbiology, 67: 4742-4751

Stach JEM., Bathe S, Clapp JP, *et al*. 2001. PCR-SSCP comparison of 16S rDNA sequence diversity in soil DNA obtained using different isolation and purification methods. FEMS Microbiology Ecology, 36: 139-151

Sullivan A, Edlund C, No rd CE. 2001. Effect o fantimicrobial agents on the ecological balance of human microflora. Lancet Infectious Diseases. 1(2): 101-114

Sφrheim R, Torsvik VL, Goksφyr J. 1989. Phonotypical divergences between populations of soil bacteria isolated on different media. Microbial Ecology, 17:

181-192

Theron J, Cloete TE. 2000. Molecular techniques for determining microbial diversity and community structure in natural environments. Critical Reviews in Microbiology, 26: 37-57

Tiedje JM, Asuming-Brempong S, Nusslein K, *et al*. 1999. Opening the black box of soil microbial diversity. Applied Soil Ecology, 13: 109-122

Torsvik V. 1998. Microbial diversity and community structure in two different agricultural soil community. Microbial Ecology, 36: 303-315

Torsvik V, Ovreas L, 2002. Microbial diversity and function in soil: from genes to ecosystems. Current Opinion in Microbiology, 5: 240

Torsvik V, Daae FL, Sandaa RA, *et al*. 1998. Review article: novel techniques for analysing microbial diversity in natural and perturbed environments. Journal of Biotechnology, 64: 53-62

Torsvik V, Goksoyr J, Daae FL. 1990. High diversity in DNA of soil bacteria. Applied and Environmental Microbiology, 56: 782-787

Torsvik V, Salte K, Soerheim R, *et al*. 1990. Comparison of phenotypic diversity and DNA heterogeneity in a population of soil bacteria. Applied and Environmental Microbiology, 56: 776-781

Trevors JT. 1998b. Bacterial biodiversity in soil with an emphasis on chemically-contaminated soils. Water Air and Soil Pollution, 101: 45-67

Vahjen W, Munch JC, Tebbe CC. 1995. Carbon source utilization of soil extracted microorganisms as a tool to detect the effects of soil supplemented with genetically engineered and non-engineered *Corynebacterium glutamicum* and a recombinant peptide at the community level. FEMS Microbiology Ecology, 18: 317-328

Valinsky L, Vedova GD, Scupham AJ, *et al*. 2002. Analysis of bacterial community composition by oligonuncleotide fingerprinting of rRNA genes. Applied and Environmental Microbiology, 68(8): 3243-3250

Van Elsas JD, Duarte GF, Rosado AS, *et al*.1998. Microbiological and molecular biological methods for monitoring microbial inoculants and their effects in the sea environment. Journal of Microbiological Methods, 32, 133-154

Van Elsas JD, Wolters A. 1995. Polymerase chain reaction (PCR) analysis of soil microbial DNA. In: Akkermans ADL, van-Elsas JD, de-Bruijn FJ (Eds.). Molecular Microbial Ecology Manual. Boston: Kluwer Academic Publishing.

Van DBN, Simons G, Gorkink R, *et a1*.2004. A new high-throughput AFLP approach for identification of new genetic polymorphism in the genome of the clonal microorganism *Mycobacterium tuberculosis*. Journal of Microbiological Methods, 56:49-62

Vandamme P, Pot B, Gillis M, *et al*. 1996. Polyphasic taxonomy, a consensus approach to bacterial systematics. Microbiological Reviews, 60:407-438

Voget S, Leggewie C, Uesbeck A, *et al*. 2003. Prospecting for novel biocatalysts in a soil metagenome. Applied and Environmental Microbiology, 69 (10): 6235-6242

Voordouw G, Shen Y, Harrington CS, *et al*. 1993. Quantitative reverse sample genome probing of microbial communities and its application to oil field production waters. Applied and Environmental Microbiology, 59:4101-4114

Voordouw G, Voordouw JK, Karkhoff-Schweizer RR *et al*. 1991. Reverse sample genome probing, a new technique for identification of bacteria in environmental samples by DNA hybridization, and its application to the identification of sulfate-reducing bacteria in oil field samples. Applied and Environmental Microbiology, 57: 3070-3078

Voordouw G, Voordouw JK, Jack TR, *et al*. 1992. Identification of distinct communities of sulfate-reducing bacteria in oil fields by reverse sample genome probing. Applied and Environmental Microbiology, 58:3542-3552

Ward D M, Weller R, Bateson MM. 1990. 16S rRNA sequences reveal numerous uncultured microorganisms in a natural community. Nature, 345:63-65

Weidner S, Arnold W, Puhler A. 1996. Diversity of uncultured microorganisms associated with the seagrass *Halophila stipulacea* estimated by restriction fragment length polymorphism analysis of PCR-amplified 16S rRNA genes. Applied and Environmental Microbiology, 62(3): 766-771

Wells GB, Dickson RC, Lester RL. 1996. Isolation and composition of inositolphosphorylceramide-type sphingolipids of hyphal forms of Candida albicans. Journal of Bacteriology, 178:6223-6226

Wheelis ML, Kandler O, Woese CR. 1992. On the nature of global classification. Proceedings of the National Academy of Sciences, 89:2930-2934

Whitman WB, Coleman DC, Wiebe WJ. 1998. Prokaryotes: the unseen majority. Proceedings of the National Academy of Sciences, 95:6578-6583

Woese CR. 1998. Default taxonomy: Ernst Mayr's view of the microbial world. Proceedings of the National Academy of Sciences, 95:11 043-11 046

Woese CR. 1987. Bacterial evolution. Microbiological Reviews, 51:221-271

Xu JP. 2006. Microbial ecology in the age of genomics and metagenomics: concepts, tools, and recent advances. Molecular Ecology, 15(7):1713-1731

Yang Y, Yao J, Hu S. 2000. Effects of agricultural chemicals on DNA sequences diversity of soil microbial community: a study with RAPD marker. Microbial Ecology, 39:72-79

Yassin AF, Kroppenstedt RM, Ludwig W. 2003. *Corynebacterium glaucum* sp. nov. International Journal of Systematic and Evolutionary Microbiology, 53:705-709

Zeze A, Hosny M, Gianinazzi-Pearson V, *et al*. 1996. Characterization of a highly repeated DNA sequence (SC1) from the arbuscular mycorrhizal fungus *Scutellospora castanea* and its detection in planta. Applied and Environmental Microbiology, 62(7):2443-2448

Zhang T, Fang H P. 2001. Phylogenetie diversity of a SRB-rich marine biofilm. Applied and Environmental Microbiology, 57:437-440

Zhou J. 2003. Microarrays for bacterial detection and microbial community analysis. Current Opinion in Microbiology, 6:288-294

Zhou J, Thompson DK. 2002. Challenges in applying mieroarrays to environmental studies. Current Opinion in Microbiology, 13(3):204-207

Zhou J, Thompson D. 2000. Microarrays: applications in environmental microbiology. In: Bitton G. ed. Encyclopedia of Environmental Microbiology. New York: John Wiley & Sons Press. 1968-1979

Zumstein E, Moletta R, Godon JJ. 2000. Examination of two years of community dynamics in an anaerobic bioreactor using fluorescence polymerase chain reaction (PCR) single-strand conformation polymorphism analysis. Environmental Microbio-logy, 2:69-78